移动机器人原理与应用

（基于ROS操作系统）

何顶新　刘智伟　胡春旭　顾强◎编著

清華大学出版社
北　京

内 容 简 介

移动机器人是智能机器人的重要形态之一，在各行各业都有广泛的应用前景。机器人操作系统（ROS）是无人驾驶领域所涉及的关键技术平台。本书内容将围绕移动机器人展开，首先讲解 ROS 的基本原理和开发方法，然后介绍智能移动机器人的控制原理与传感器应用，接下来通过丰富的案例讲解机器人视觉处理、建图导航、语音交互等核心应用的开发方法，最后通过自动驾驶场景下的综合实践提高移动机器人的开发者综合应用的开发能力，做到融会贯通。

本书配套完整的应用代码，同时提供了详细的视频课程讲解，强调通过动手操作培养学生开发智能移动机器人应用的实践能力。

本书可用作高校机器人相关专业的教材，也可供智能移动机器人开发相关人员参考。

图书在版编目（CIP）数据

移动机器人原理与应用：基于 ROS 操作系统/何顶新等编著. —北京：清华大学出版社，2023.10

ISBN 978-7-302-64127-8

Ⅰ. ①移…　Ⅱ. ①何…　Ⅲ. ①移动式机器人－高等学校－教材　Ⅳ. ①TP242

中国国家版本馆 CIP 数据核字(2023)第 129535 号

责任编辑：杨迪娜
封面设计：杨玉兰
责任校对：郝美丽
责任印制：丛怀宇

出版发行：清华大学出版社
网　　址：https://www.tup.com.cn，https://www.wqxuetang.com
地　　址：北京清华大学学研大厦 A 座　　**邮　　编**：100084
社 总 机：010-83470000　　**邮　　购**：010-62786544
投稿与读者服务：010-62776969，c-service@tup.tsinghua.edu.cn
质量反馈：010-62772015，zhiliang@tup.tsinghua.edu.cn
课件下载：https://www.tup.com.cn，010-83470236
印 装 者：涿州汇美亿浓印刷有限公司
经　　销：全国新华书店
开　　本：170mm×240mm　　**印　　张**：16.75　　**字　　数**：339 千字
版　　次：2023 年 11 月第 1 版　　**印　　次**：2023 年 11 月第 1 次印刷
定　　价：79.00 元

产品编号：099189-01

前言

机器人的发展横跨七八十年，经历了三个重要时期。

1. 电气时代：2000 年之前

这个时代的机器人主要应用于工业生产，称为工业机器人，由示教器操控，帮助工厂释放劳动力。此时的机器人并没有太多智能可言，完全按照人类的命令执行动作。人们更加关注机器人在电气层面的驱动器、伺服电动机、减速机、控制器等设备，这是机器人的电气时代。

2. 数字时代：2000—2015 年

计算机和视觉技术的应用逐渐增多，机器人的类型不断丰富，出现了 AGV、视觉检测等应用。此时的机器人传感器更加丰富，但是依然缺少自主思考的能力，智能化有限，只能感知局部环境，这是机器人的数字时代，也是机器人大时代的前夜。

3. 智能时代：2015 年之后

随着人工智能技术的快速发展，机器人成为了人工智能化时代的最佳载体。家庭服务机器人、送餐机器人、四足仿生机器狗等机器人智能化应用呈井喷状爆发，移动机器人时代正式拉开序幕。

移动机器人应用越来越多，伴随机器人硬件的快速发展，软件系统也不断升级，其中最为广泛使用的就是机器人操作系统（ROS），ROS 的便利性也加速移动机器人公司的迅速成长，会有更多的移动机器人出现在我们的生活当中。

为帮助大家快速学习、掌握移动机器人的相关技术，本书的编者结合多年移动机器人开发的经验，总结撰写本书。本书内容围绕移动机器人展开，共分为四篇。

第一篇：认识移动机器人，包含第 1、2 章，介绍移动机器人和机器人操作系统的发展现状，以及移动机器人的组成和操作方法。

第二篇：移动机器人原理，包含第 3～6 章，介绍机器人操作系统的核心概念和常用工具，以及移动机器人的基础编程和运动学原理。

第三篇：移动机器人应用，包含第 7～10 章，介绍移动机器人的视觉处理、SLAM 地图构建、自主导航、语音交互四个核心方向的应用方法。

第四篇：移动机器人自动驾驶应用，包含第 11～13 章，这是本书的综合应用，模拟实现自动驾驶场景下的多项功能，融会贯通之前章节所学习到的知识和技能。

在本书的编著过程中，离不开很多朋友的帮助。首先感谢清华大学出版社的支持，杨迪娜编辑为本书的编排、出版付出了大量心血；其次要感谢华中科技大学人工智能与自动化学院，本书中的大量设备和实验都是在学院的支持下完成的，编者团队也都来自于该学院；最后还要感谢 ROS 机器人社区——古月居，这里汇聚了上百万机器人开发者和他们提供的优质技术内容，为本书的编著提供了大量素材。

本书配套完整的应用代码，既可以作为科技工具图书，供各位读者学习实践，又可以作为高校机器人相关专业的教材，培养学生提高开发移动机器人应用的综合能力。

为了便于读者理解，古月居专门针对本书录制了详细的视频课程，视频和代码资源扫描封底二维码获取。

机器人系统错综复杂，书中难免有不足和错误之处，欢迎各位读者朋友批评指正。

编者团队

目录

第一篇　认识移动机器人

第二篇　移动机器人原理

第三篇 移动机器人应用

第四篇　移动机器人自动驾驶应用

认识移动机器人

移动机器人是机器人“大军”中非常重要的一种类型，在我们的生活中已经普遍存在，大家脑海里可以想到哪些移动机器人呢？你可能会想到昨天还在家里用扫地机器人干活，或者上次去餐厅刚享受过送餐机器人的服务，这些都是典型的移动机器人。

第1章

移动机器人导论

移动机器人是一个集环境感知、动态决策与规划、行为控制与执行等多功能于一体的机器人综合系统。

移动机器人的概念非常广泛，自动驾驶汽车、无人机、水下机器人等各种位置可变的机器人都可以算作移动机器人。在这里我们先划分一下界限，本书所讲的“移动机器人”主要指地面上的移动机器人。

扫地机器人作为目前出货量最大的一种移动机器人，如图1-1所示，已成为一种比较常见的家用电器。目前，中高端的扫地机器人已经安装了激光雷达、相机、超声波传感器、红外线传感器等多种元件，拥有SLAM、路径规划、多传感器融合等算法，确保在家庭复杂的环境中依然可以高效地完成扫地、拖地等功能。

图1-1　扫地机器人

扫地机器人被放入室内环境5分钟后，便可对室内环境了如指掌，不仅可以平稳绕过拖鞋、插线板等障碍物，还可以根据场景动态调整风量、水量的大小，具备自动回充、语音识别等功能。

这样一个小小的扫地机器人，就是一个典型的移动机器人系统，我们就从这里正式开始移动机器人原理与应用的学习。

1.1 移动机器人发展现状

机器人诞生之后，首先在工业领域得到了广泛应用，随着大范围移动的需求，移动机器人这一分支也逐渐产生。

工业移动机器人如图 1-2 所示，也就是我们常说的 AGV（Automated Guided Vehicle，自动导引运输车）和 AMR（Autonomous Mobile Robot，自主移动机器人），它们是目前移动机器人领域应用非常广泛的种类。比如，电商平台会利用 AMR 构建智能化仓库，我们购买的商品会被自主移动机器人以最快的方式分拣并送到快递员手上；我们平时邮寄包裹，在快递公司的仓库中，也是被这样的机器人快速分拣，去往不同目的地的传送带上；还有一些生产电子产品的工厂，也可以使用这样的移动机器人替代原本需要很多人力才能完成的物料搬运工作。这些移动机器人拥有众多传感器并融合智能算法，比如动态路径规划、自主躲避障碍物或行人、配合外部设备完成上下料等，这些功能可有效应对不同工业场景中的复杂需求。

图 1-2　工业移动机器人

自动驾驶汽车也是一种典型的移动机器人系统，如图 1-3 所示。为了保证驾驶过程绝对安全，汽车上装配了非常多的传感器和极为复杂的控制算法。它可以

图 1-3　自动驾驶汽车

通过多个相机、雷达、超声波传感器来实时构建周围环境的三维信息，不仅可以动态识别路面上的行人车辆、车道线、交通指示灯等，还可以安全完成超车、会车、跟车、转向等重要功能，同时面对突发状况也可以及时处理，比如躲避突然出现的车辆，礼让行人等，最终能够自动行驶入库，把我们安全顺利地送到目的地。

从以上应用领域来看，目前移动机器人的研究热点集中在更为复杂场景的智能化需求：

- **环境的感知与建模**：把机器人放在陌生环境中，它需要尽快熟悉环境之后才能开展工作，在扫地、送货等机器人中都会用到。
- **定位与导航**：这是移动机器人的基本技能，只要机器人移动，它就需要知道自己的位置，以及如何运动到目标位置。这种行为的实现在复杂场景中并不容易，比如货架的位置挡住了原本的路径，或者突然出现的行人，都会影响机器人的定位与导航。
- **环境理解**：这一点对于移动机器人来说是非常困难的，在有限的环境信息中还好处理，但是由于人类的生活环境较为复杂，比如在酒店中如何精准识别客人，或者通过已知的图像推理出来看到的物体是什么，以及如何进行操作就比较困难。
- **多机器人协同**：未来机器人肯定是多样化存在的，这些机器人之间也需要沟通，这就涉及多个机器人协同，不只是两个、三个，有可能是成千上万个，比如大街上跑的都是自动驾驶汽车，那后台的调度系统一定是非常复杂的。
- **人机交互**：机器人是服务于人类的，交互行为必不可少，比如我们可以和机器人语音沟通，机器人也可以通过我们的肢体或表情理解我们的指令。

针对以上研究热点，未来的移动机器人需要通过多种传感器感知环境信息，也需要一个大脑不断动态决策、规划各种功能，还需要一系列驱动装置控制执行设备，完成大脑下发的指令，缺一不可。如何高效地开发机器人，在技术层面上是非常重要的一个问题，针对这个问题，2007 年一群斯坦福大学的有志青年尝试给出一个解决方案——机器人操作系统。

1.2　机器人操作系统发展与现状

机器人操作系统(Robot Operating System，ROS)，历经十几年的发展，已经成为机器人开发中必然要使用的一个环节。这样一个复杂的软件系统，是如何诞生与发展的呢?

1.2.1　ROS 的历史起源

2007 年，一些斯坦福大学的学生产生了这样一个想法：我们有没有可能做一款个人服务机器人，帮助我们完成洗衣、做饭、收拾家务等我们不想做的事情，甚至还可以在我们无聊时，陪我们聊天玩耍。最后，他们真的“做出来”这样一款机器人。

他们深知做出这样一款机器人并不容易，机械工艺、电路、软件都要涉及，而且横跨很多专业，一个人做不了这些工作。那为什么不联合所有人一起干呢？如果我们设计一套标准的机器人平台和应用软件，就可以让所有人都在同一个平台上做应用开发，因为应用软件都基于统一的平台，所以我们就有机会共享其他人开发的应用软件。

初期的机器人原型是用实验室可以找到的木头和一些零部件组成的，后期有了充足的资金，才得以实现这款外观精致、性能强悍的机器人——Personal Robot 2（PR2），如图 1-4 所示。

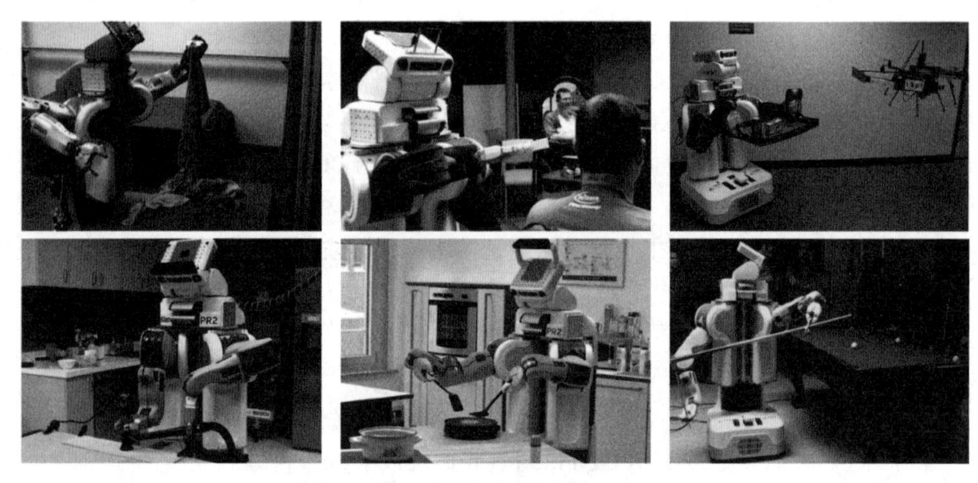

图 1-4　ROS 中的元老机器人——PR2

PR2 机器人可以完成叠毛巾、剪头发、空地协同、熨烫衣服、做早餐、打台球等一系列复杂的活动，以叠毛巾为例，这在当时是轰动机器人圈的重要成果，因为第一次有机器人可以完成柔性物体的处理，虽然效率不高，但在学术层面却推动机器人技术向前走了一大步。

PR2 中的软件框架就是 ROS 的原型，ROS 因这款个人服务机器人而被大家熟知，很快从 PR2 中独立出来，成为了更多机器人使用的软件操作系统。

1.2.2　ROS 的发展与现状

ROS 发展历程如图 1-5 所示，ROS 诞生于 2007 年的斯坦福大学，早期的 PR 机器人项目在 Willow Garage 公司的支持下，快速发展迭代。2010 年，第一批 20 台 PR2 机器人落地，Willow Garage 为这些机器人举办了毕业典礼，此时他们已经为其中的软件正式确定了名称，就叫作机器人操作系统（ROS）。同年，ROS 也肩负着让更多人使用的使命，正式开源。

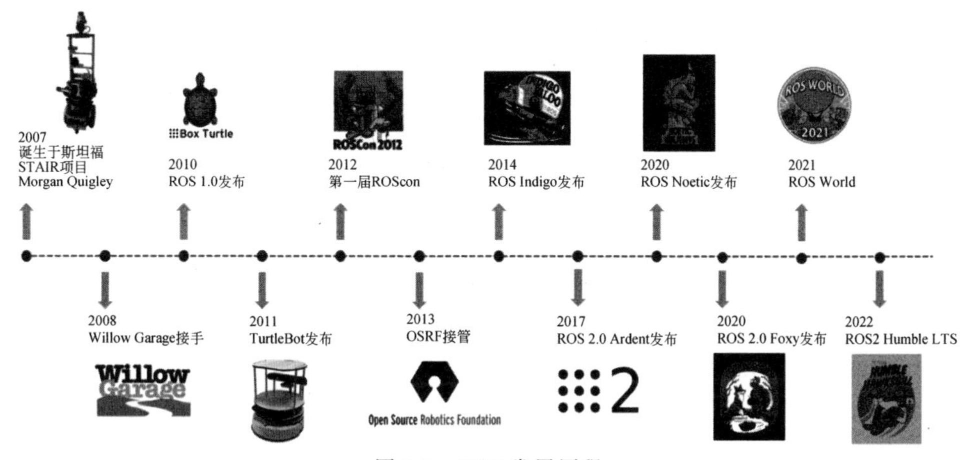

图 1-5 ROS 发展历程

PR2 机器人虽好，但是成本居高不下，几百万的价格让绝大部分开发者望而却步，官方在 2011 年发布了一款性价比更高的机器人——TurtleBot，这款机器人采用扫地机器人的底盘，加上体感传感器 Kinect，使用笔记本电脑就可以控制。其支持 ROS 众多开源功能，更关键的是价格便宜。这款机器人的普及，很大程度上也推动了 ROS 的应用。

从 2012 年开始，使用 ROS 的人越来越多，ROS 官方也开始每年举办一届 ROS 开发者大会——ROS Conference(ROSCon)，来自全球的开发者齐聚一堂，分享自己使用 ROS 开发的机器人应用，持续至今。这也是 ROS 一年一度的盛会，参与人数和企业越来越多，其中不乏亚马逊、Intel、微软等大公司的身影。

经历前面几年野蛮而快速的增长，ROS 逐渐迭代稳定。2014 年起，ROS 跟随 Ubuntu 系统，每两年推出一个长期支持版，每个版本支持五年时间，这就意味着在支持期间，ROS 自身的变动不再会频繁导致上层应用出现问题，这让 ROS 又一次加快了普及的步伐，2016 年的 Kinetic 版本、2018 年的 Melodic 版本、2020 年的 Noetic 版本，表明 ROS 一步一步进入稳定迭代周期。ROS 机器人应用案例如图 1-6 所示。

图 1-6 ROS 机器人应用案例

时至今日,ROS已经广泛用于各种机器人的开发,无论是机械臂、移动机器人、水下机器人,还是人形机器人、复合机器人,统统都可以看到ROS的身影,可以说ROS已经成为机器人领域的普遍标准。ROS发展迅猛,正在推动机器人革命这波浪潮,相信每一个人在其中都大有可为。

1.3 本章小结

本章介绍了移动机器人的发展现状,我们一起认识了常见的移动机器人,它是集环境感知、动态决策与规划、行为控制与执行等多功能于一体的综合系统;同时介绍了机器人开发中重要的软件系统——机器人操作系统(ROS),经过十几年的发展,ROS已经成为机器人领域的普遍标准,也是我们开发机器人的重要工具。

第2章

移动机器人认知

本章围绕移动机器人展开，移动机器人到底是由哪些部分组成的呢，接下来我们就一起认识一下。

2.1 移动机器人的组成

移动机器人是机器人中的重要分支，也是我们在生活中最为常见的一种机器人类型，大家可以回想一下常见的移动机器人包括扫地机器人、送餐机器人或者工厂里的物流机器人。

2.1.1 移动机器人的四大组成部分

从控制的角度来讲，移动机器人可以划分为图 2-1 中的四大组成部分，分别是执行机构、驱动系统、传感系统和控制系统。

1. 执行机构

执行机构是机器人动起来的重要装置，比如移动机器人需要“移动”，如何带动轮子旋转呢？这需要使用电机、舵机来执行运动。但并不是所有的运动部位都会安装电机，比如一辆真实的汽车，一般只有一个电机或者发动机，如何让两个轮子甚至四个轮子都转起来呢？这就需要一个完成动力分配的传动系统，比如转弯时动态调整左右两个轮子的速度，这就要用到差速器的功能。

除了移动机器人，在一些工业机器人中，驱动机器人的关节电机、抓取物体的吸盘夹爪，也可以看作是执行机构。总之，执行机构就是执行运动的一套装置。

2. 驱动系统

为了让执行机构准确执行动作，还需要在执行机构前连接一套驱动系统，比如要让机器人的电机按照 1m/s 的速度旋转，如何动态调整电压、电流，达到准确的

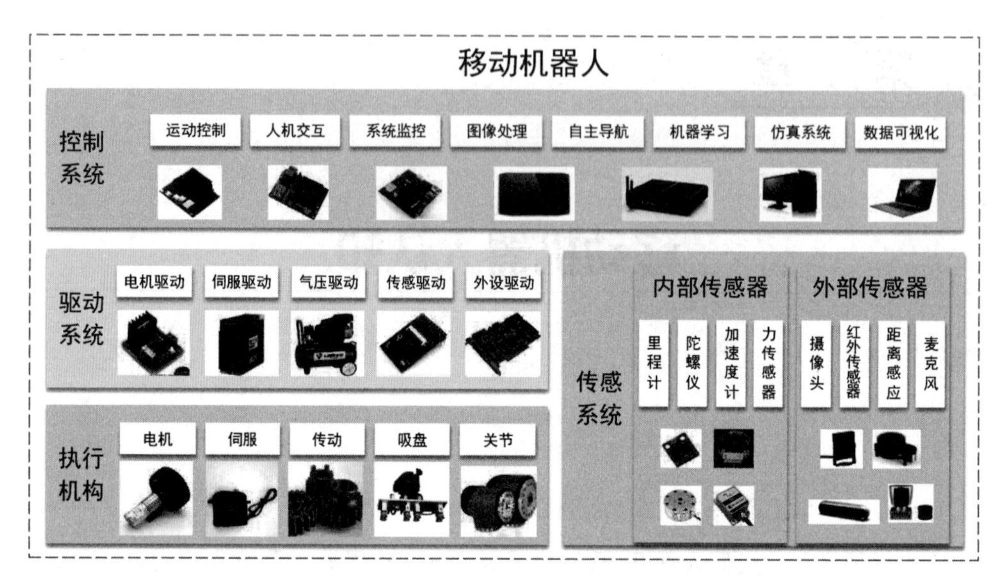

图 2-1　移动机器人四大组成部分

运动目的呢？这是由电机驱动系统来实现的。

如果是电动执行机构，配套的驱动系统一般都是由驱动板卡＋控制软件组成，这是嵌入式系统应用的重要领域，单片机、PID、数字电路等概念，都和这个部分紧密相连。驱动系统的选择是根据执行机构来的，比如普通的直流电机，用类似简单的电机驱动板就行，工业上常用的伺服电机，一般会用到 220V 甚者 380V 电压，这就得使用专业的伺服驱动器了；还有类似吸盘的气压驱动，外接键盘鼠标一样的外设驱动，以及各种各样的传感器驱动。总之，驱动系统的职责就是保证机器人各种设备的正常运行。

3. 传感系统

机器人只能移动是不行的，还需要具备感知能力，这就得靠传感系统了。传感系统一般分为内部传感器和外部传感器，内部传感器用来感知机器人的自身状态，比如通过里程计计算轮子旋转的速度，从而计算累积位移；通过陀螺仪感知机器人自身的角加速度，判断转弯时的状态；通过加速度计，感知机器人在各个运动方向上的加速度，可以用来判断运动趋势或者上下坡；还有力传感器，感知机器人自身与外部的相互作用力度，比如抓一个鸡蛋，但又不至于抓破。

与内部传感器相反，外部传感器帮助机器人感知外部信息，类似人眼，使用摄像头看到外部的彩色图像。不过机器人可以通过多种外部传感器超越人类的极限能力，比如使用红外传感器，在没有光线的情况下，也可以看到外部环境，类似夜视仪；利用激光雷达、声呐、超声波等距离传感器，感知某个角度范围内的障碍物距离；还有麦克风和喇叭，方便我们与机器人语音交流。

传感系统是智能机器人的重要组成，很多机器人甚至装备了几十或上百个传感器，感知自身与环境的各种信息。

4. 控制系统

在上述系统的上层，就是机器人的大脑——控制系统。控制系统一般由硬件+软件组成，硬件大多采用计算资源丰富的处理器，比如我们常用的笔记本电脑、树莓派、英伟达板卡等；其中运行的软件就是各种丰富的应用程序了，比如让机器人建立未知环境的地图，或者让机器人运动到送餐地点，再或者是让机器人识别人脸。

智能机器人的核心算法大部分是在控制系统中完成的，这也是未来做机器人软件开发的重要环节。

机器人的四大组成部分互相依赖，互相连接，组成了一个完整的机器人控制回路，如图 2-2 所示。

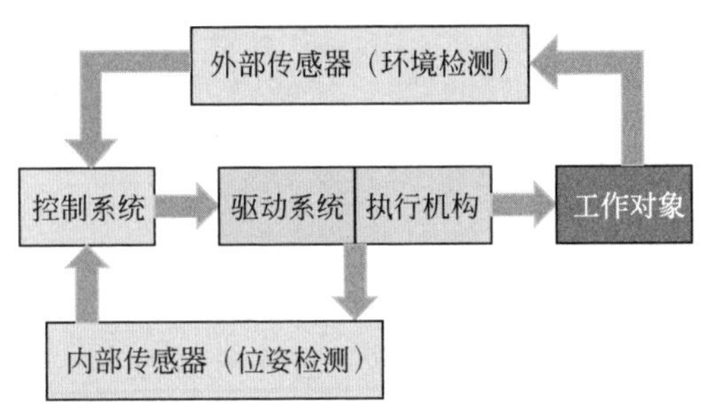

图 2-2 机器人四大组成部分的控制回路

如果把机器人比作一个人：执行机构就是人体的手和脚，完成具体动作的执行，同时也会和外部环境产生关系；驱动系统类似人体的肌肉和骨骼，为身体提供源源不断的动力；传感系统是人体的感官和神经，完成内部与外部的信息采集，并且反馈给大脑做处理；控制系统是大脑，实现各种任务和信息的处理，下发控制命令。

随着机器人软硬件的迭代升级，这四大组成部分也在不断进化和优化，共同推进着机器人向智能化迈进。

2.1.2 多模态移动机器人 LIMO

为了让大家尽量了解常用移动机器人形态的开发方法，本书选用了一款具备多种运动模态的移动机器人——LIMO，使用这样一台机器人，即可实现四轮差速、阿克曼、履带、全向移动等多种运动方式，如图 2-3 所示。LIMO 机器人以 Jetson Nano 为核心控制器，装备了多种传感器和执行器，能够完成自主导航、图像识别、路径跟踪等多种功能。

1. LIMO 机器人的执行器

LIMO 的执行器是什么呢？就是底盘上的四个电机以及连接的四个轮子。

LIMO 使用的是轮毂电机，电机的定子和转子都集成在了轮子内部，节省了一

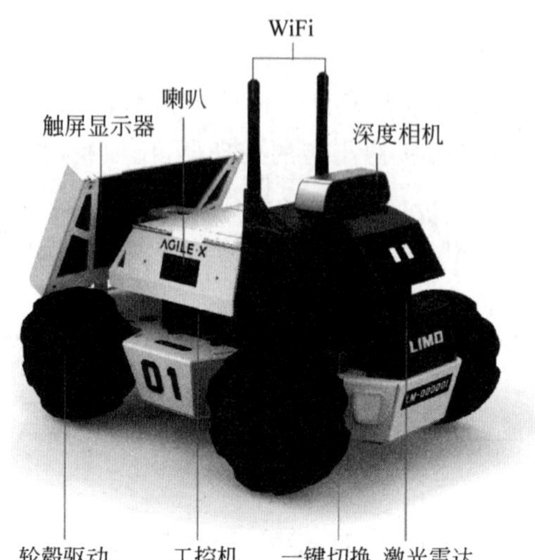

图 2-3 多模态移动机器人——LIMO

般小车中电机需要占据的空间，而且加减速控制性能也更加突出。不仅如此，LIMO 的底盘还设置了传动装置的切换开关，比如我们可以通过四个轮子单独的旋转运动，实现小车前进、后退、转弯；如果想要模拟真实汽车的阿克曼运动，直接拔起前边两个红色插销，就可以切换运动模态，通过前轮的平行转向实现小车的转弯；如果是在室外，可以把轮胎更换为履带，实现更好的越野性能；如果想要让小车像螃蟹一样横着走，还可以使用麦克纳姆轮来做全向运动。

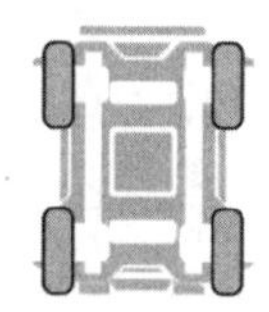

四轮差速型

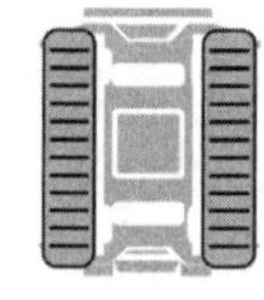

履带

麦克纳姆轮横移

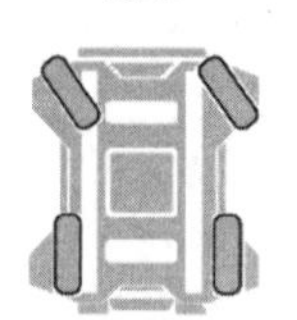

四轮阿克曼

图 2-4 LIMO 机器人的四种运动模态

所以在一台 LIMO 机器人身上，可以动态切换四种运动模式，如图 2-4 所示。这都是依赖小车本身执行机构的特殊设计实现的。

2. LIMO 机器人的驱动系统

为了驱动 LIMO 四种运动模态以及装备的多种传感器，驱动系统功不可没。

如图 2-5 所示，这块驱动板卡安装在 LIMO 的底盘之中，通过丰富的接口连接到小车的各种设备之上。这块板卡以 MCU 为核心，驱动程序运行在其中，通过接插件与外界产生联系。

LIMO 的驱动系统围绕驱动板卡，需要完成几个重要任务：

- 电源管理：LIMO 使用的锂电池是 12V，但电机、MCU、传感器、控制器等这些设备的电源不都是 12V 的，电源管理模块的任务就是给这些设备提供稳定的电源信号，电源滤波、电源保护、电压转换都属于电源管理的重要功能。

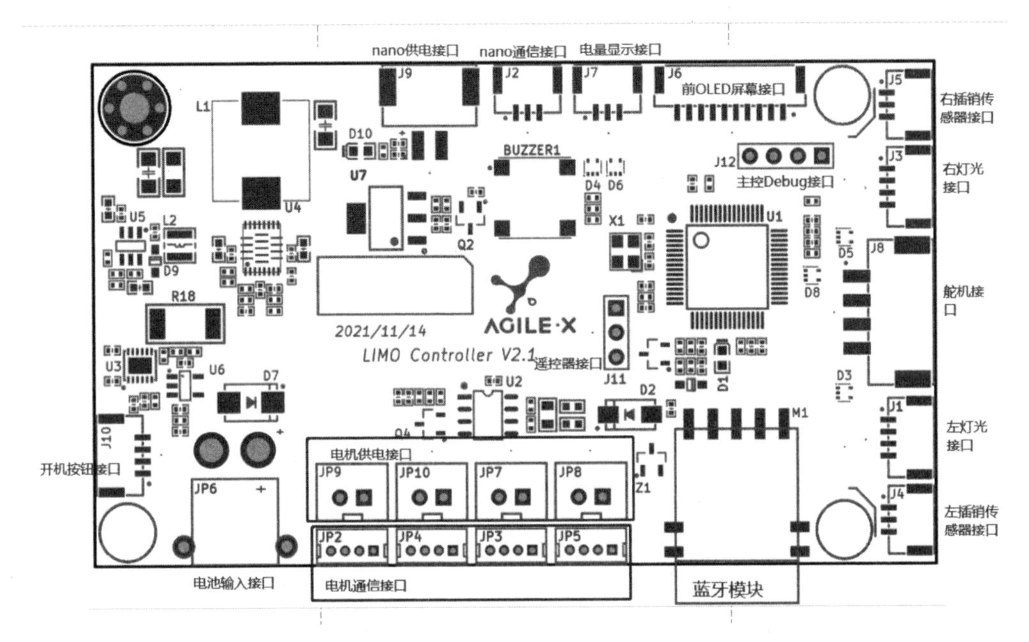

图 2-5 LIMO 机器人的驱动系统板

- 电机驱动：比如我们让 LIMO 旋转 90°，在每一种运动模态下，分配到四个轮子上的速度可能是不一样的，这个速度如何分配，又如何让轮子按照给定的速度旋转，都是电机驱动模块的任务。对应的一些名词有 PID 控制、移动机器人运动学等。
- 传感器接口：以内部传感器为主，比如里程计、IMU 这些传感器，基本都是 I^2C、串口等总线形式，使用嵌入式系统很容易实现数据采集的驱动过程。

别看这个板卡不大，其中涉及的功能可不少，这是机器人未来运动与传感器的底层保障。

3. LIMO 机器人的传感系统

LIMO 为了检测自身与外部信息，传感器系统必不可少。

类似于汽车记录行驶公里数的码表，可以通过轮子的旋转圈数记录里程，机器人一般也会在轮子或者电机上安装一个传感器，通过检测轮子的旋转速度，再对时间积分，得到机器人的实时位置和速度，这项功能所使用的设备叫作里程计。而实现这种功能的设备也并不是唯一的，比如大家在某些小车上，会看到电机旁边安装有一个码盘，上边有不少开缝，电机旋转带动码盘旋转，光电管发射的光线就会以某种频率穿过缝隙，被接收端采集到，通过这个采样频率就可以计算得到电机的旋转速度，从而得到机器人走了多远、旋转了多少度等自身状态信息。

LIMO 采用的里程计是另外一种，叫作霍尔传感器，如图 2-6 所示。轮毂电机里边有电机的线圈，线圈边有一个霍尔传感器，当电机旋转时，霍尔传感器跟随运动，通过感应周边磁场产生的信号，测量出电机的旋转速度，进而得到机器人的状态信息。

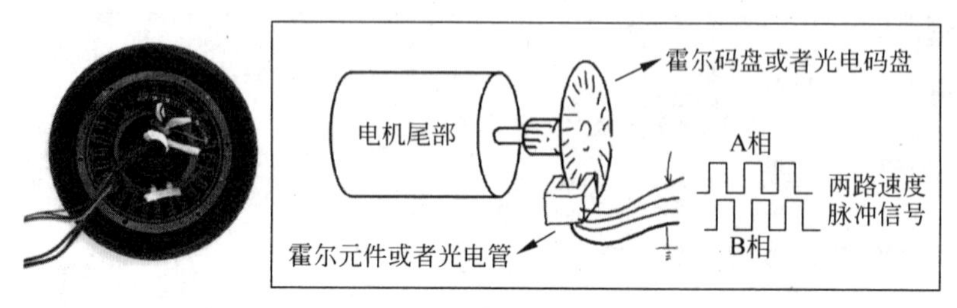

图 2-6　霍尔码盘测速

所以无论是光电码盘还是霍尔传感器，都是根据采样单位时间内产生的脉冲数计算出轮子旋转的圈数，再通过轮子的周长计算出机器人的运动速度，速度对时间积分后，就得到里程信息，这是里程计的基本原理。不过里程计也有一个问题，那就是每次测量会有误差，不断积分后，误差必然会被放大，也就是常说的里程计累积误差。

有了机器人自身的状态信息，外部环境信息该如何获取呢。LIMO 装备了两个重要的外部传感器。

一个是三维相机，如图 2-7 所示。类似于人眼，三维相机不仅可以看到外部环境的颜色信息，还可以获取每一个障碍物距离自身的深度信息，原理和人眼的双目定位不同。三维相机有三个眼睛，第一个眼睛是普通的摄像头，用于获取一幅图像的颜色信息。剩下的两个眼睛，一个负责发射红外光，不是一个点，而是一个面；另外一个负责接收反射回来的红外光，从而得到一幅深度图像。有了彩色图像和深度图像，接下来把两个图像重叠到一起，就可以知道每个像素点的颜色和深度信息，这就是配准的过程。通过这一系列复杂的采集和配准过程，最终就得到了完整的环境信息，也称为三维点云，每一个点都是由 RGB 颜色值和 X、Y、Z 坐标值组成。

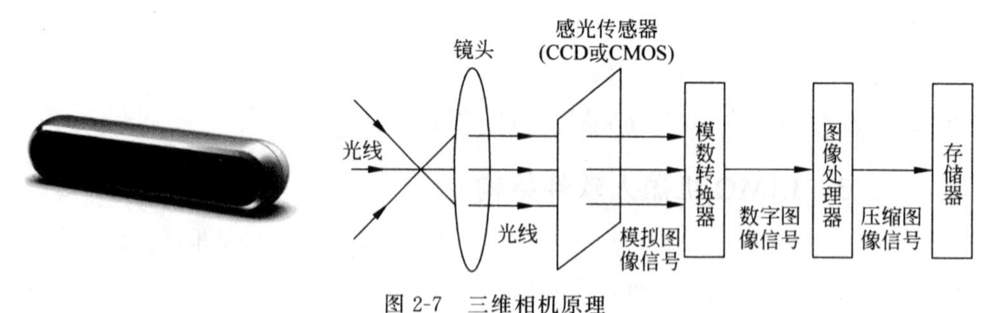

图 2-7　三维相机原理

三维相机虽然信息丰富，但是检测角度和精度都有限，所以移动机器人一般也会配置一台激光雷达。激光雷达的原理相对简单，一个激光头发射激光，另外一个接收头接收反射光，然后通过三角关系或者光的飞行时间测距，如图 2-8 所示。电机带动发射机和接收器匀速旋转，一边转一边检测，就可以得到 360°范围内很多个点的距离，从而得到雷达所在平面中的障碍物深度信息。

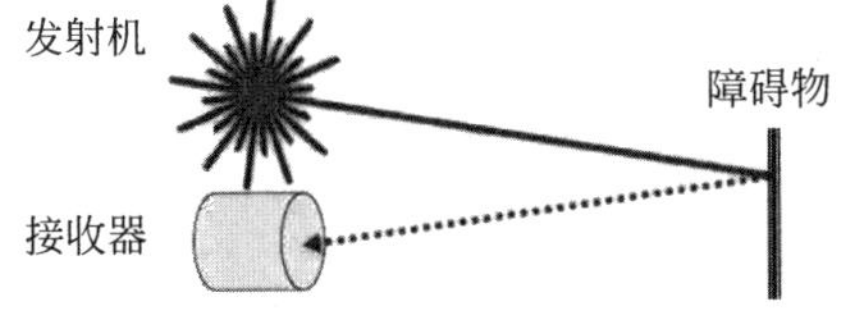

图 2-8 激光雷达原理

4. LIMO 机器人的控制系统

驱动系统、传感系统，最终都会连接到控制系统，即 Jetson Nano 控制板卡，如图 2-9 所示。这块板卡的核心集成一个四核 CPU，可以满足基础软件的运行，同时还有一个 128 核的 GPU，基本的图像处理和机器学习轻松运转。为了方便操作，LIMO 后部还有一个触摸屏幕，即使没有笔记本电脑，我们一样可以控制机器人行动。

GPU	128 Core Maxwell 472 GFLOPs (FP16)
CPU	4 core ARM A57 @ 1.43 GHz
Memory	4 GB 64 bit LPDDR4 25.6 GB/s
Storage	16 GB eMMC
Video Encode	4K @ 30 | 4x 1080p @ 30 | 8x 720p @ 30 (H.264/H.265)
Video Decode	4K @ 60 | 2x 4K @ 30 | 8x 1080p @ 30 | 16x 720p @ 30 | (H.264/H.265)
Camera	12 (3x4 or 4x2) MIPI CSI-2 DPHY 1.1 lanes (1.5 Gbps)
Display	HDMI 2.0 or DP1.2 | eDP 1.4 | DSI (1 x2) 2 simultaneous
UPHY	1 x1/2/4 PCIE 1 USB 3.0
SDIO/SPI/SysIOs/GPIOs/I2C	1x SDIO / 2x SPI / 5x SysIO / 13x GPIOs / 6x I2C

图 2-9 Jetson Nano 控制板卡

主控板上运行的是以 Linux 为核心的 Ubuntu 系统，未来需要进一步开发的机器人应用，都会以这个系统为平台展开，Ubuntu 系统也是后续机器人操作系统的核心，这里大家先明确 LIMO 机器人的四大组成部分即可。

2.1.3 LIMO 机器人软件架构

我们通过图 2-10 来明确 LIMO 机器人中控制板卡与外接设备之间的联系。

运动控制器作为驱动系统的核心，负责控制电机和舵机，其中电机驱动小车运动，舵机在阿克曼模式下驱动前轮转向；另外还需要连接内部传感器里程计和 IMU，完成对机器人自身状态的检测。

机器人控制系统是 LIMO 的大脑，完成自主导航、地图构建、图像识别等功能，同时也会兼具一部分传感器驱动的任务，通过 USB 采集外部相机和雷达的信息。这个控制系统和运动控制器之间的通信连接，通过串口完成。

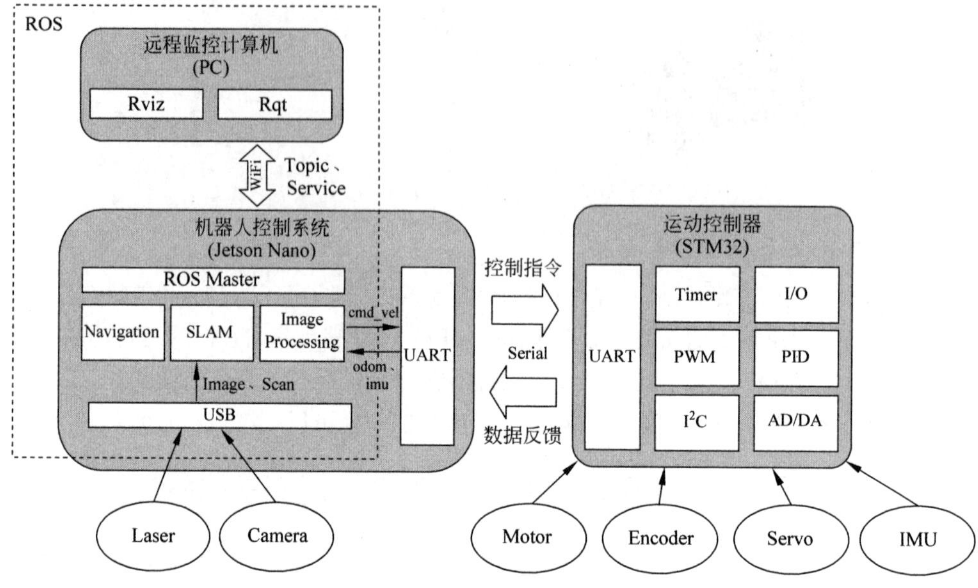

图 2-10 LIMO 机器人软件架构

为了方便机器人的操控，我们还会使用笔记本电脑连接机器人进行编码和控制。

在这个软件架构中，虚线框中的应用功能都是基于 ROS 环境开发实现的，运动控制器中的功能基于嵌入式系统开发实现。ROS 开发与嵌入式开发，一个偏向于上层应用，另一个偏向于底层控制，共同实现机器人的智能化功能。

2.2 移动机器人 LIMO 操作方法

2.2.1 系统启动

以上在机器人静态情况下分析了四大组成部分的设备和原理，接下来我们就让机器人动起来。

首先要启动 LIMO 机器人，如图 2-11 所示。按下机器人一侧的电源开关，进入启动过程，稍后可以看到开关周边的绿灯亮起，此时正在启动；当机器人后侧的屏幕显示桌面环境时，说明启动成功。

在使用过程中请及时关注电量指示灯，当电量低时，电源指示灯会闪红色并蜂鸣报警，需要及时充电。

为了快速控制 LIMO 运动，我们打开 LIMO 机器人的手机 App，如图 2-12 所示，扫描并且连接对应的蓝牙。

接下来就可以使用手机 App 控制机器人运动了，左边控制杆控制 LIMO 前进、后退，右边控制杆控制 LIMO 左转、右转，中间进度条显示当前的实时速度。

图 2-11 LIMO 机器人的开关与屏幕桌面

图 2-12 LIMO 机器人的手机遥控 App

2.2.2 多模态运动

1. 差速运动

LIMO 机器人的四轮差速模态如图 2-13 所示。确认机器人两端的插销都处于插入状态，车轮使用的是普通橡胶轮胎，前边的车灯显示为橙色。在手机 App 上选择差速模式，然后就可以通过两个模拟摇杆控制机器人运动了，左边控制前进后退，右边控制左转右转。

除了四轮差速之外，在一些越障能力要求比较高的场景中，也可以使用履带差速，如图 2-14 所示。此时还是保持机器人两端的插销都处于插入状态，在普通轮的外侧加装附带的履带配件，前边的车灯依然显示为橙色。手机 App 的设置还是选择差速模式，左摇杆控制前进后退，右摇杆控制差速转向。

图 2-13 LIMO 机器人的四轮差速模态

图 2-14 LIMO 机器人的履带差速模态

2. 阿克曼运动

马路上常见的汽车使用的是阿克曼运动模式，通过两个前轮的平行转向实现转弯，在 LIMO 机器人上也可以实现，如图 2-15 所示。这种模式下依然使用普通橡胶轮，但是需要将机器人两端的插销都拔起来，并且在拔起来之后旋转一下锁定住，两侧的车灯会变成绿色。

在手机 App 中切换为阿克曼模式，左摇杆控制前进后退，右摇杆控制两个前轮平行转向，两个摇杆同时操作，就可以实现转弯运动了。

3. 全向运动

如果想实现类似螃蟹一样横着走的效果，就需要切换到全向运动模态。

如图 2-16 所示，将机器人的四个轮子换成附带的麦克纳姆轮，注意将机器人两端的插销恢复到未拔起的状态，前边的车灯显示为蓝色。手机 App 上选择麦轮模式，此时左摇杆就支持左右摇动了，可以看到机器人出现了横向的运动效果，如果想要控制机器人差速转向，继续使用右摇杆左右转动，此时的运动原理和四轮差速是相同的。

阿克曼运动
插销拔出
普通橡胶车轮
绿色车灯

图 2-15 LIMO 机器人的阿克曼运动模态

全向运动
插销插入
麦克纳姆轮
蓝色车灯

图 2-16 LIMO 机器人的全向运动模态

2.3 本章小结

本章我们一起学习了机器人的组成，分别是执行机构、驱动系统、传感系统、控制系统；接下来以移动机器人 LIMO 为例，学习了移动机器人的操作方法，认识了机器人的多种运动模态，未来我们还会详细讲解这些运动的具体原理。

移动机器人原理

第3章

机器人操作系统核心概念

本章带领大家了解机器人操作系统 ROS 及其安装方法，熟悉其中的核心概念，结合移动机器人的运行案例，加深对这些概念的理解，这也是未来开发过程中会频繁出现的基础知识。

3.1 ROS 的组成与安装

3.1.1 ROS 的组成

在 ROS 诞生之前，如果我们想要做一款机器人，先得从机械设计开始研究，轮子什么样、如何安装、控制器选什么、程序如何一行一行开始写，做完可能三年过去了。殊不知这样的事情已经被很多人重复地做过无数次了，有点像原始的传统开发方式，想要做一个汽车，就得从轮子造起，效率肯定不高，如图 3-1 所示。

图 3-1 传统模式

现代模式则更强调分工合作，要造一辆汽车，可以选 A 家的轮胎、B 家的底盘、

C家的系统，原本需要三年的事情，现在只需要3个月就搞定了，然后专注在更关心的上层应用设计上，比如做自动驾驶算法。

机器人开发也是一样，ROS希望机器人开发者不要重复造轮子，别人已经做过的功能，在允许的情况下，直接用就可以了，站在巨人的肩膀上，才能看得更远。比如我们想要实现一个自主导航的机器人算法，就可以直接找到一款支持ROS的机器人，使用ROS提供的定位和导航算法，专注在目标场景之中的应用和调优上。

为了实现这个更大的目标，ROS在自身的设计上也做了很多考虑，比如多种功能之间可以点到点通信；每个节点可以使用C++、Python等多种语言编写，方便分工合作；整个ROS的架构要足够精简，同时提供多种调试和开发工具，提高机器人的开发效率；最后就是免费并且开源，我们可以参考社区中很多别人的工作成果。

ROS由四大部分组成，包括通信机制、开发工具、应用功能、生态系统，如图3-2所示。

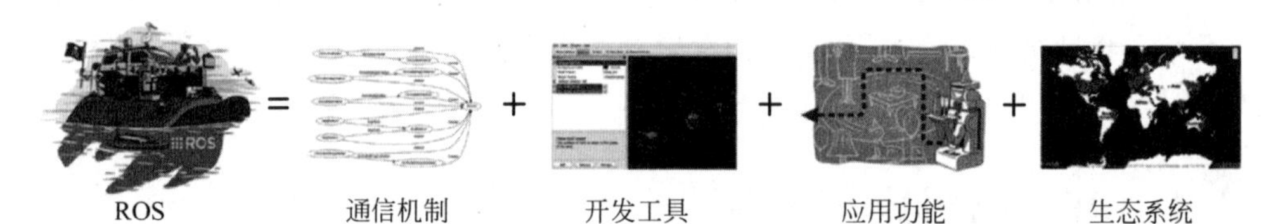

图3-2　ROS的四大组成

ROS中提供了大量的机器人开发工具，如图3-3所示。有帮助我们编译和调试机器人代码的软件，有各种各样机器人的底层算法，还有多种多样的可视化工具，比如我们想要查看机器人的速度曲线，可以通过Qt工具箱进行可视化显示；想要查看机器人模型、传感器数据，可以通过Rviz工具显示；如果身边没有机器人实物，还可以使用Gazebo软件进行仿真。

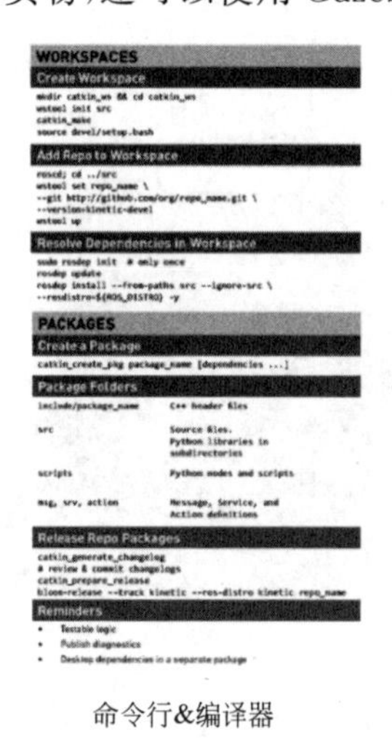

Qt工具箱

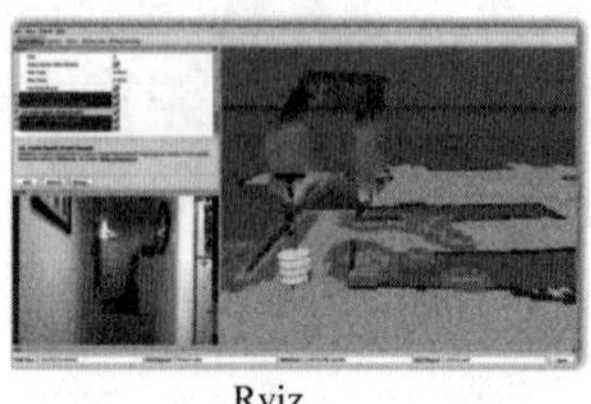

图3-3　ROS提供的开发工具

ROS 中提供的机器人应用功能如图 3-4 所示。在这些工具的支持下，我们还可以使用 ROS 社区中大量的机器人应用功能，比如自主导航、地图构建、运动规划等，只需要安装配置之后，就可以快速跑起来。

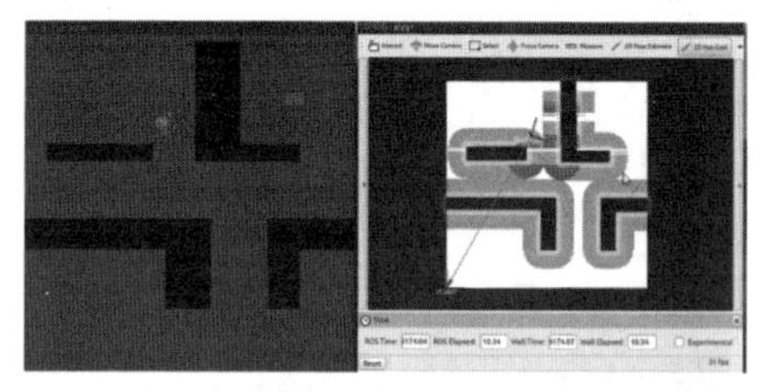

自主导航

地图构建

运动规划

图 3-4　ROS 中提供的机器人应用功能

3.1.2　ROS 的版本迭代

ROS 经过十几年的发展，历经了大量版本的迭代，如表 3-1 所列。早期的 ROS 不太稳定，每年都会有 1～2 个版本，现在已经相对稳定，也陆续推出了多个长期支持版，主流使用的是在 2020 年发布的 Noetic 版本，本书就以这个版本为主展开讲解。

表 3-1　ROS 所有发布版本的相关信息

发行版本	发布日期	海报	海龟	停止支持日期
ROS Noetic Ninjemys	2020 年 5 月 23 日			2025 年 5 月
ROS Melodic Morenia	2018 年 5 月 23 日			2023 年 5 月

续表

发行版本	发布日期	海报	海龟	停止支持日期
ROS Lunar Loggerhead	2017 年 5 月 23 日			2019 年 5 月
ROS Kinetic Kame	2016 年 5 月 23 日	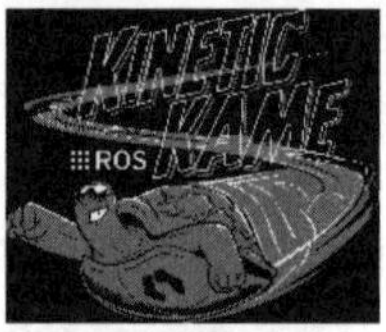		2021 年 4 月
ROS Jade Turtle	2015 年 5 月 23 日			2017 年 5 月
ROS Indigo Igloo	2014 年 7 月 22 日			2019 年 4 月
ROS Hydro Medusa	2013 年 9 月 4 日			2015 年 5 月
ROS Groovy Galapagos	2012 年 12 月 31 日			2014 年 7 月
ROS Fuerte Turtle	2012 年 4 月 23 日			—

续表

发行版本	发布日期	海报	海龟	停止支持日期
ROS Electric Emys	2011年8月30日			—
ROS Diamondback	2011年3月2日			—
ROS C Turtle	2010年8月2日			—
ROS Box Turtle	2010年3月2日			—

3.1.3 ROS的安装方法

当然，在开发之前，我们还需要把ROS装到Ubuntu系统中。大家可以参考以下步骤进行安装。

(1) 打开安装好的Ubuntu系统。

(2) 输入以下命令，添加ROS软件源，也就是ROS相关软件的下载地址：

```
$ sudo sh -c 'echo "deb http://packages.ros.org/ros/ubuntu $(lsb_release -sc) main" > /etc/apt/sources.list.d/ros-latest.list'
```

使用如下命令添加密钥：

```
$ sudo apt-key adv --keyserver 'hkp://keyserver.ubuntu.com:80' --recv-key C1CF6E31E6BADE8868B172B4F42ED6FBAB17C654
```

(3) 接下来输入如下命令，开始安装ROS：

```
$ sudo apt update
$ sudo apt install ros-noetic-desktop-full
```

（4）安装完成后，输入如下命令，设置环境变量，让系统知道 ROS 的安装位置：

```
$ echo "source /opt/ros/noetic/setup.bash" >> ~/.bashrc
$ source ~/.bashrc
```

（5）输入如下命令，安装一些依赖项：

```
$ sudo apt install python3 - rosdep python3 - rosinstall python3 - rosinstall -
generator python3 - wstool build - essential
```

（6）输入如下命令，初始化 ROS 依赖工具：

```
$ sudo rosdep init
$ rosdep update
```

（7）输入如下命令，启动 ROS 节点管理器，如果出现如图 3-5 所示的提示，说明 ROS 已经安装成功。

```
$ roscore
```

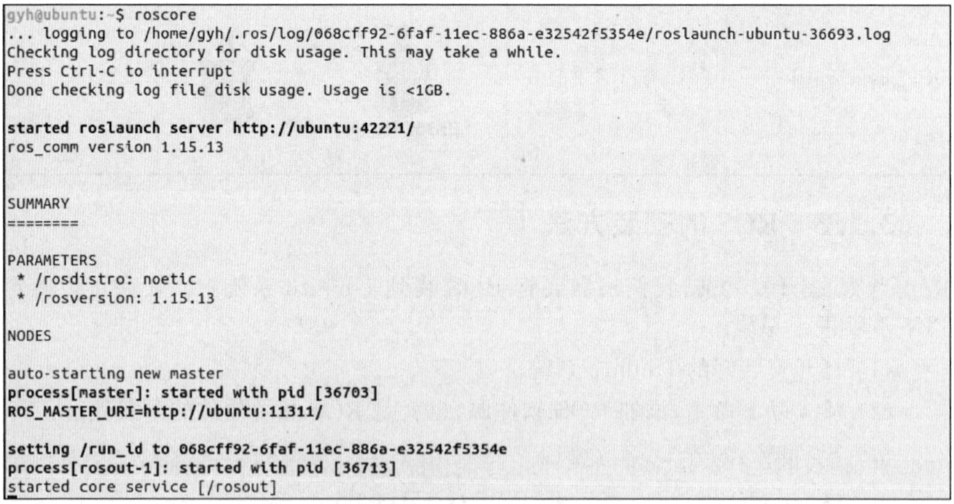

```
gyh@ubuntu:~$ roscore
... logging to /home/gyh/.ros/log/068cff92-6faf-11ec-886a-e32542f5354e/roslaunch-ubuntu-36693.log
Checking log directory for disk usage. This may take a while.
Press Ctrl-C to interrupt
Done checking log file disk usage. Usage is <1GB.

started roslaunch server http://ubuntu:42221/
ros_comm version 1.15.13


SUMMARY
========

PARAMETERS
 * /rosdistro: noetic
 * /rosversion: 1.15.13

NODES

auto-starting new master
process[master]: started with pid [36703]
ROS_MASTER_URI=http://ubuntu:11311/

setting /run_id to 068cff92-6faf-11ec-886a-e32542f5354e
process[rosout-1]: started with pid [36713]
started core service [/rosout]
```

图 3-5 启动 ROS 节点管理器

3.2 ROS 的核心概念

在 LIMO 机器人上安装有相机、雷达等传感器，这些传感器通过 USB 等线缆连接到机器人的控制器上。软件方面，控制器中需要安装一个传感器的驱动程序，获取具体数据，收到这些数据后，我们就可以使用后续物体识别等图像处理的功能了，同时还可以结合物体识别的结果，进行机器人运动控制，比如跟随某一物体运动。

在类似应用中，驱动、处理、控制，每一个功能都相对独立，彼此之间又有一些数据往来，如果把这个流程画成一张图，就是一个分布式的网络结构，如图 3-6 所示。其中每一个模块表示一项具体的功能，模块之间的连线表示数据传输。比如一个节点用来驱动相机获取图像数据，另一个节点用来显示摄像头数据，还有一个节点用来进行物体识别，每个节点完成一项具体的功能，相互连线就表示功能之间可传输图像或者指令数据。

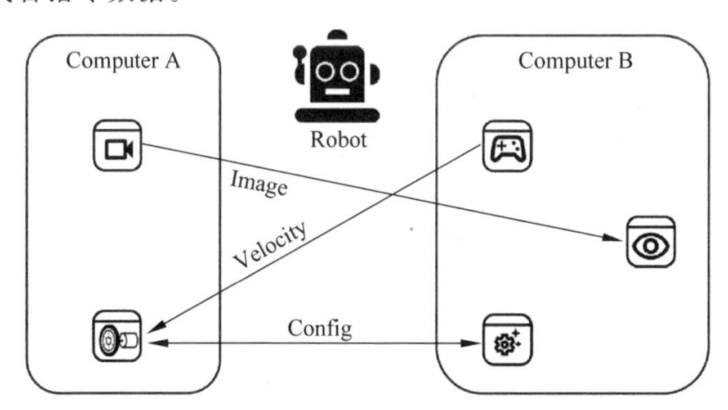

图 3-6　分布式网络结构

在 ROS 的分布式通信框架中，每个节点不仅可以使用不同的编程语言实现，还可以位于同一网络中不同的计算平台里，比如运动控制节点运行在小车的控制器中，视觉识别节点运行在笔记本电脑上，节点之间数据通信的建立，都依赖节点管理器这个核心中枢。

这个分布式的网络结构，我们也称为 ROS 的"计算图"，在这张图中就包含了 ROS 大部分的核心概念，我们依次认识下这些概念。

3.2.1　节点和节点管理器

首先来认识下节点和节点管理器，如图 3-7 所示。

相机是机器人的外设，通过驱动节点获取图像数据，这些图像数据又交给另外一个图像处理节点进行物体识别，同时在笔记本电脑上用一个节点来显示图像处理的结果，便于我们验证算法的效果。类似这样的功能就叫作节点。

在 ROS 分布式网络结构中，节点是每一个功能的执行单元，负责执行具体的任务，从计算机操作系统的角度来看，每个节点都是系统中的一个进程，也就是我们通常编译代码生成的可执行文件。所以每启动一个节点，都需要运行一个可执行文件。

既然每个可执行文件是独立运行的，带来的一个好处是每个节点可以使用不同的编程语言来实现，比如驱动偏底层，可以用 C 来写；图像处理偏应用，可以用 Python 来写；大家一起写代码时就可以使用各自擅长的编程语言了。

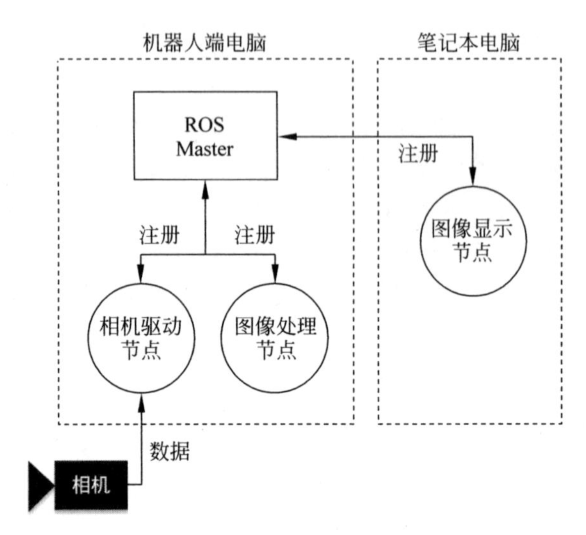

图 3-7 节点和节点管理器

节点在 ROS 中依靠节点名来查找和管理，不允许出现重名的节点，比如两个节点都叫“张三”，那需要干活时，就不知道该找谁了。这么多节点就像一个社交群，大家一开始都不认识，需要有一个“群主”帮大家介绍，这个角色就是节点管理器。每个节点启动时，都需要找节点管理器注册，告诉群主我是谁，我可以干什么，我想和别人聊哪些话题。当群主发现某些节点想要聊的话题一致，就会帮助它们建立通信连接，比如节点管理器会帮助相机驱动节点和图像处理节点建立联系，图像数据才能从一方传输给另外一方。

在这个过程中，节点管理器主要为节点提供了命名和注册服务，通过注册的信息，辅助节点相互查找并建立连接。

3.2.2 话题和消息

节点管理器帮助节点建立了连接，也就是建立了数据传输的通道，这个通道叫作话题（Topic）。

话题和消息如图 3-8 所示。比如相机驱动节点要发布图像数据，图像处理节点要订阅图像数据，上位机的显示节点也想订阅图像数据，这里的图像数据就是话题，我们给这个话题取了一个名字叫作 image_data，也就是话题名。当节点管理器发现这三个节点都在研究图像数据这个话题时，就给它们建立连接，当然每个节点对数据的需求是不一样的，驱动节点是产生并且发布数据的，叫作发布者 Publisher，处理和显示节点是接收数据的，叫作订阅者 Subscriber。在话题通信中，数据传输的方向是从发布者到订阅者，是一个单向的传输。

话题是 ROS 中用来传输数据的一种重要总线，或者说是一种方式，如图 3-9 所示。它采用的是发布/订阅模型，数据由发布者传送到订阅者，但是发布者并不知道订阅者是否收到数据，只能一直发送，所以这是一种异步通信的机制。

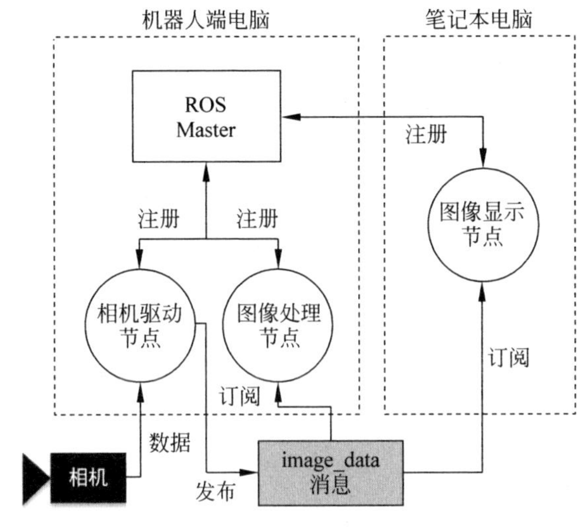

图 3-8　话题和消息

图 3-9　话题模型(发布/订阅)

如果把话题比喻成节点之间的隧道，消息就是穿梭于这个隧道中的数据。ROS 定义了很多常用的消息结构，类似于编程中的数据结构，比如图像数据如何描述、地图数据如何描述、速度指令如何描述，这些在 ROS 中都是标准化的，ROS 功能节点良好的可复用性，就建立在这些标准的数据接口上。当然，在某些情况下，ROS 的标准定义并不能满足我们的所有需求，此时我们还可以自己定义一些消息结构，而这种定义方式和编程语言无关，就像编程中的伪代码，只表示抽象的定义，具体代码会在后期的编译过程中动态生成。

3.2.3　服务

话题通信在 ROS 中出现的频率最高，它有点像我们生活当中的信件，写信的人把信邮寄出去之后，是不知道收信人有没有收到的，所以才会出现电话这种更加即时的通信方式。

话题通信在机器人中也同样工作，比如图像处理节点不需要驱动节点一直发送数据，需要时给一帧数据即可，这时就会涉及话题无法完成的双向通信了。处理节点先发送一个请求数据，请求驱动节点发一次数据，驱动节点收到之后就驱动一次相机，获取一幅图像数据，通过应答数据反馈给处理节点，此时就避免了驱动节点的无效工作。

这种通信方式在 ROS 中叫作服务(Service)，如图 3-10 所示。与话题不同，服务使用的是服务器和客户端的通信模型，类似我们平时上网，浏览器是客户端，网站是服务器，输入一个网址回车后就发送了一个请求，服务器收到请求之后反馈网

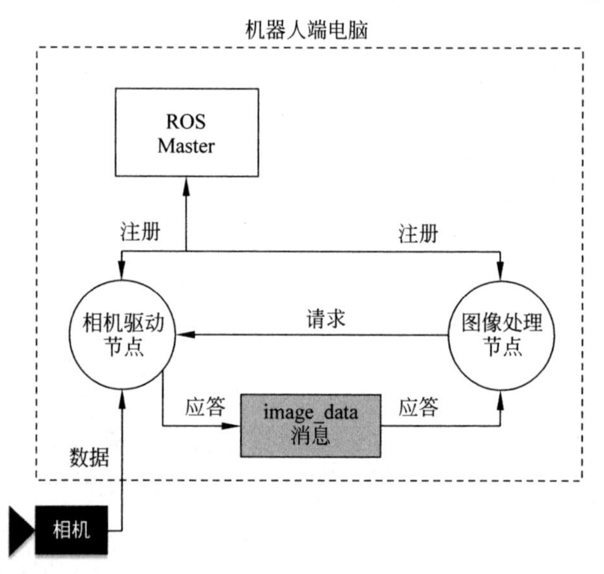

图 3-10 服务

站的页面作为应答，浏览器就可以看到页面了。如果我们不发送请求，服务器也不会主动应答数据。

客户端 Client 发送一个请求，通过服务 Service 这个通道传送到服务器端，服务器收到之后就可以进行处理了，处理之后，通过应答数据，再反馈给客户端，告诉它最终处理的结果，过程如图 3-11 所示。

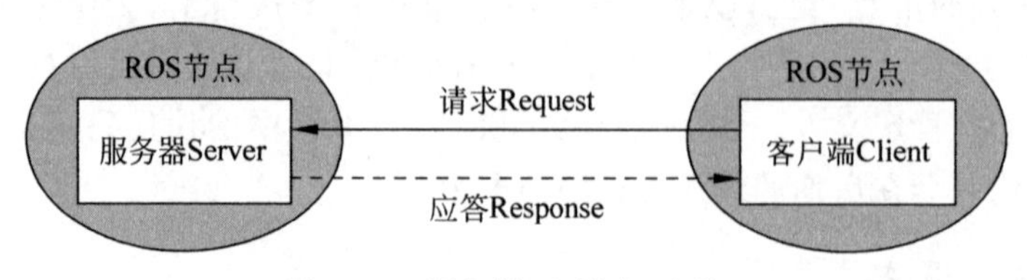

图 3-11 服务模型(请求/应答)

在 ROS 中，服务的通信模型是一对多的，提供服务的服务器只能有一个，而请求服务的客户端可以有多个。当有多个客户端时，我们需要注意：如果服务器正忙于处理某一个客户端的请求，此时另外一个客户端再发送一个请求，服务器不能分身，就无法响应这个请求了。

服务在ROS机器人开发中使用的也比较多，当我们需要触发机器人的某项功能，并且需要知道执行结果时，就可以使用服务。

3.2.4 参数

话题和服务是ROS中最重要的两种通信机制。除此之外，参数也可以用于某些情况下的数据共享。

参数模型(全局字典)如图3-12所示。比如一个节点启动后，在节点管理器中存储了一个全局参数foo，foo的值是1，另外一个节点运行过程中刚好需要使用foo这个参数，此时就可以查询节点管理器，节点管理器也很乐意帮忙查询，并且反馈foo的值是1。

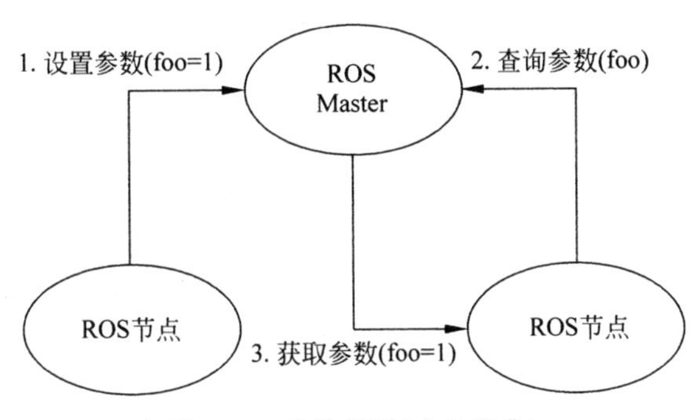

图3-12　参数模型(全局字典)

参数服务器很适合存储一些运行过程中的静态参数，也就是不发生变化的参数，如果某个节点心血来潮，把foo的值从1变成2，如果其他节点不知道这个变化，无人告知，或者没有服务器主动再查询一次，节点就只能继续用之前的值1进行运算了，这样就会出现很多问题。这也是我们在使用ROS过程中需要警惕的现象，比如之前的ROS系统没关掉，就启动了新的节点，很多参数还是之前的数据，就会出现莫名其妙的错误了。

3.3 移动机器人运行架构分析

3.3.1 小海龟仿真

ROS的核心概念不少，有节点、话题、消息、服务等，在实际机器人运行过程中，这些概念是如何体现的呢？

我们先来运行ROS一个经典的例程——小海龟，大家按照以下步骤进行操作。

(1) 打开终端，输入以下命令，启动ROS Master：

```
$ roscore
```

（2）打开一个新终端，输入以下命令行，启动小海龟仿真器。启动成功后，就会出现如图 3-13 所示的小海龟仿真器界面。

```
$ rosrun turtlesim turtlesim_node
```

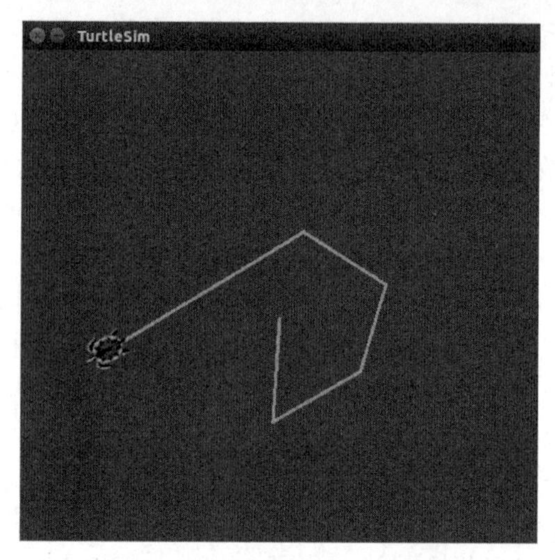

图 3-13　小海龟仿真器界面

（3）再打开一个新的终端，输入以下命令行，启动海龟控制节点，大家可以通过键盘的上下左右键来控制小海龟运动：

```
$ rosrun turtlesim turtle_teleop_key
```

启动海龟键盘控制节点界面如图 3-14 所示。

```
hcx@hcx-vpc:~$ rosrun turtlesim turtle_teleop_key
Reading from keyboard
---------------------------
Use arrow keys to move the turtle.
```

图 3-14　启动海龟键盘控制节点

在控制海龟运动的过程中一定要保证 turtle_teleop_key 节点终端在界面最前端，如果其他终端在前端，就没有办法被终端读取到数据。

小海龟功能跑起来了，那这个例程是如何基于 ROS 的核心概念实现的呢？接下来我们就分析一下例程背后的节点关系。

这里我们将用到 ROS 中一个重要的可视化调试工具——rqt_graph，用来显示 ROS 运行中的计算图，可以看到所有节点的运行关系。

打开一个新终端，输入以下命令，启动 rqt_graph 工具：

```
$ rqt_graph
```

启动完成后，就可看到如图3-15所示的计算图，这个界面会自动监控当前运行的ROS系统，并且把所有节点和节点间的关系动态地显示出来，其中椭圆表示节点，中间的箭头表示节点间的关系，箭头上的内容表示话题。

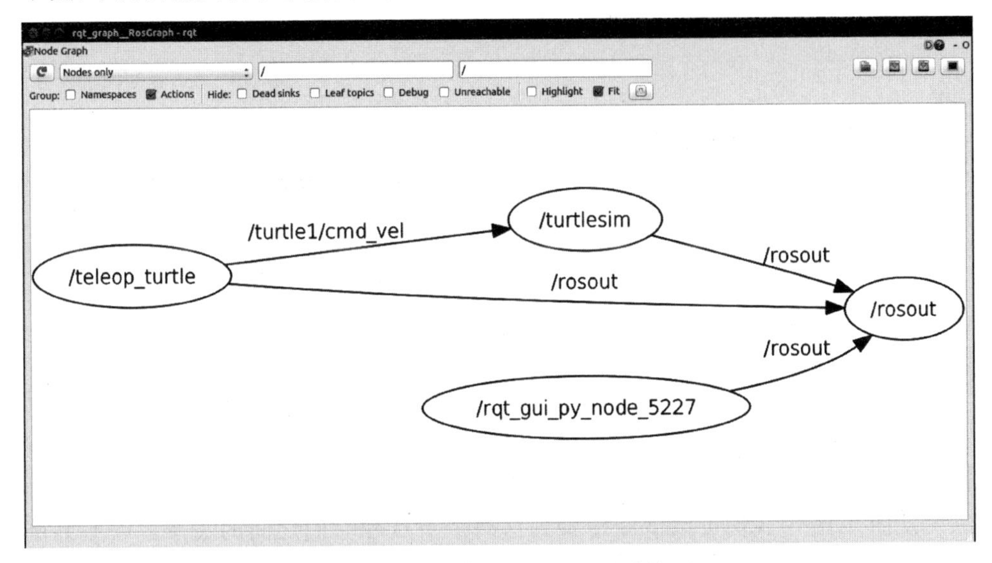

图3-15　rqt_graph可视化显示计算图

在这个例程中，我们分别启动了两个节点：一个是海龟仿真器，我们可以把它当成是一个虚拟的机器人；另外一个是键盘控制，用来控制机器人前后左右运动。两个节点在节点管理器的帮助下建立了数据通信，完成速度控制指令的传输。

通过这个例程，我们需要理解节点在ROS中怎样实现某些具体的功能，比如机器人的驱动、运动指令的发送等，节点之间可以通过话题将数据发送或接收。小海龟毕竟是一个仿真的机器人，在实物机器人中是不是也类似呢？我们再来试一试。

3.3.2　移动机器人运动控制

登录LIMO机器人的系统，使用以下两句命令行启动机器人底盘和键盘控制节点，就像控制小海龟前后左右运动一样，我们也可以控制机器人运动。

```
$ roslaunch limo_base limo_base.launch
$ roslaunch limo_bringup limo_teletop_keyboard.launch
```

再打开rqt_graph工具看一下节点关系，可以直观地发现，此时系统中运行了两个节点，如图3-16所示。

第一个是和控制海龟运动相同的键盘控制节点teleop_keyboard，用来读取键盘的输入键值，并封装成cmd_vel速度话题发布出去。

第二个节点像小海龟仿真器一样，用来驱动LIMO机器人的底盘控制节点

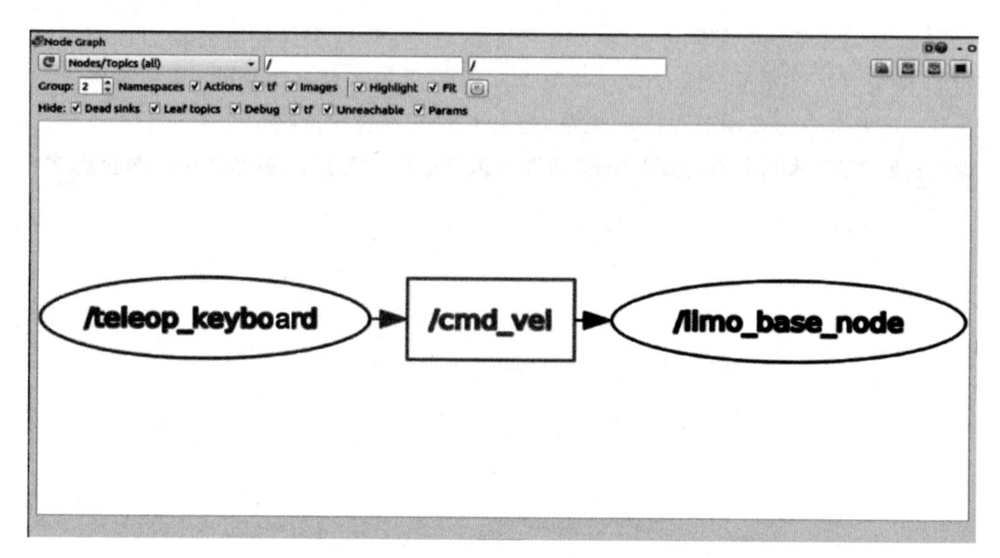

图 3-16　使用 rqt_graph 查看节点关系

limo_base_node，它会订阅速度指令，当收到数据后，就会驱动机器人运动。

从图 3-16 中我们可以清晰地看到这两个节点和它们之间的关系。以上案例实现的功能相对简单，在一个实现众多应用功能的复杂机器人系统中，节点和话题的数量都会很多，除了底层嵌入式运动控制器中需要实现的功能外，在 ROS 环境下会通过一系列节点分别完成雷达、相机这些传感器的驱动，发布数据话题后，上层的导航、建图、图像处理节点来订阅并进行相应的算法处理，再传输到监控的计算机，给可视化节点做显示。每个节点各司其职，在 ROS Master 这个节点管理器的统一协调下，有条不紊地完成各项任务。

整个 ROS 运行中的节点就像一个企业中不同部门的员工，每个人都有自己明确的工作，大家共同在 CEO 的组织下，合作完成一项非常复杂的任务。当然，每个人都不能掉队，一旦掉队就可能会影响最终任务的完成。

3.4　本章小结

本章正式认识了 ROS，并将 ROS 安装到了 Ubuntu 系统中，重点讲解了 ROS 中的核心概念，包括节点、话题、消息、服务、参数等。以小海龟仿真和移动机器人的运动控制为例，讲解了节点、话题在实际使用中的情况，能加深大家对概念的理解。

第4章

ROS常用工具

ROS不仅为机器人开发提供了分布式通信框架，还提供了大量的实用工具，可以最大化提高开发效率。本章一起来学习ROS中最为常用的一些工具。

4.1 ROS命令行使用方法

ROS中有不少命令行指令，可以灵活地控制或者监测机器人的状态，虽然上手并不容易，但熟悉之后，就会感受到这些命令工具的魅力。

我们把几个最为常用的指令列出来：

```
• rostopic
• rosservice
• rosnode
• rosparam
• rosmsg
• rossrv
```

从命令行字符串的结构上来看，我们会发现每个命令的结构是类似的，都是由ros这样一个前缀加后边的一个功能名组成，而这个功能名和我们之前讲解的ROS核心概念会一一对应，比如topic是话题相关的功能，service是服务相关的功能，node是节点相关的功能，下边依次就是参数、话题消息和服务消息的功能了。

接下来学习这些基本命令的操作方法。先在小海龟的仿真示例中操练，按照之前介绍的方法，我们先来启动小海龟仿真器例程，如图4-1所示。

(1) 打开终端，输入以下命令，启动ROS Master：

```
$ roscore
```

(2) 打开一个新终端,输入以下命令,启动小海龟仿真器:

```
$ rosrun turtlesim turtlesim_node
```

(3) 打开一个新终端,输入以下命令,启动海龟控制节点,利用键盘上下左右按键控制小海龟运动:

```
$ rosrun turtlesim turtle_teleop_key
```

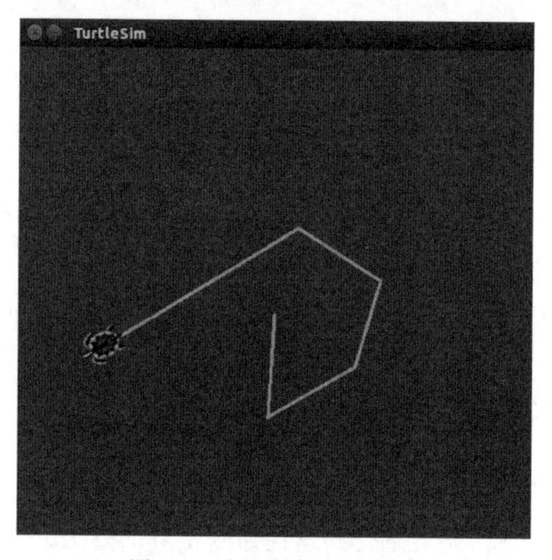

图 4-1 小海龟仿真器界面

到这里我们就复现了前边小海龟仿真例程,这里面蕴含了 ROS 很多的核心概念和机制。我们之前已经通过 rqt_graph 工具查看到了海龟仿真器里面的两个节点:键盘控制节点和海龟仿真器节点,那如何用命令行的方式查看当前所运行的节点呢?其实跟 rqt_graph 工具是类似的,我们通过命令行依然可以快速查看当前有哪些节点正在运行。

4.1.1 rosnode

打开一个终端,输入以下命令,很快就会输出如图 4-2 所示的帮助信息,这些帮助信息可以告诉我们怎么使用这些命令。

```
$ rosnode
```

如果想查看当前系统有哪些激活的节点,可以输入以下命令,查看话题列表。

```
$ rosnode list
```

结果如图 4-3 所示。

```
gyh@ubuntu:~$ rosnode
rosnode is a command-line tool for printing information about ROS Nodes.

Commands:
        rosnode ping    test connectivity to node
        rosnode list    list active nodes
        rosnode info    print information about node
        rosnode machine list nodes running on a particular machine or list machi
nes
        rosnode kill    kill a running node
        rosnode cleanup purge registration information of unreachable nodes

Type rosnode <command> -h for more detailed usage, e.g. 'rosnode ping -h'
```

图 4-2 rosnode

```
gyh@ubuntu:~$ rosnode list
/rosout
/teleop_turtle
/turtlesim
```

图 4-3 rosnode list

其中，/rosout 是 ROS Master 后台会默认运行的一个节点，它会监控所有节点的运行信息，一般不用关注该节点。

到这里为止，大家可能只知道每个节点的名字是什么，但是具体在干什么，有哪些接口可以使用还不清楚。比如想查看/turtlesim 仿真器节点到底提供了哪些功能，就可以使用 rosnode info 命令查看，后面键入需要查看的节点名称，然后回车就可以看到关于这个节点的很多信息，结果如图 4-4 所示。

```
$ rosnode info
```

```
gyh@ubuntu:~$ rosnode info /turtlesim
--------------------------------------------------------------------------------
Node [/turtlesim]
Publications:
 * /rosout [rosgraph_msgs/Log]
 * /turtle1/color_sensor [turtlesim/Color]
 * /turtle1/pose [turtlesim/Pose]

Subscriptions:
 * /turtle1/cmd_vel [geometry_msgs/Twist]

Services:
 * /clear
 * /kill
 * /reset
 * /spawn
 * /turtle1/set_pen
 * /turtle1/teleport_absolute
```

图 4-4 rosnode info

其中，Publications 表示这个节点正在发布哪些话题，Subscriptions 表示正在订阅的话题，Services 表示这个节点提供的服务。

从上面这样的信息中，可以查看到很多关于节点的内容，如果想终止某个节点，就可以使用以下命令关闭节点。关闭之后，就无法再利用键盘控制小海龟运动。如果想要恢复控制，需要重新启动节点，如图 4-5 所示。

```
$ rosnode kill
```

```
gyh@ubuntu:~$ rosnode kill /teleop_turtle
killing /teleop_turtle
killed
```

图 4-5 rosnode kill

4.1.2 rostopic

接下来学习一些话题相关的功能指令，在终端输入以下命令就可以看到话题相关的帮助信息，如图 4-6 所示。

```
$ rostopic
```

```
gyh@ubuntu:~$ rostopic
rostopic is a command-line tool for printing information about ROS Topics.

Commands:
        rostopic bw     display bandwidth used by topic
        rostopic delay  display delay of topic from timestamp in header
        rostopic echo   print messages to screen
        rostopic find   find topics by type
        rostopic hz     display publishing rate of topic
        rostopic info   print information about active topic
        rostopic list   list active topics
        rostopic pub    publish data to topic
        rostopic type   print topic or field type

Type rostopic <command> -h for more detailed usage, e.g. 'rostopic echo -h'
```

图 4-6 rostopic

如果我们想知道海龟或者机器人当前所在的位置，可以通过订阅话题来获取当前海龟运行的位置，输入 rostopic echo 命令即可将某个消息打印到屏幕上，如图 4-7 所示。这里利用 rostopic echo 命令将海龟运行位姿消息打印出来，通过坐标信息让我们了解到小海龟当前所在位置，类似订阅者订阅了 turtle1/pose 话题，并且把数据打印到当前终端里面，在打印数据中，“---”用来区分上一帧和下一帧的数据，x、y 表示当前海龟位置的 x、y 坐标值，theta 表示当前海龟的姿态，linear_velocity 和 angular_velocity 分别表示线速度和角速度。

既然可以通过终端命令订阅一个话题，自然也可以通过终端命令来发布话题，可以通过 rostopic pub 命令发布话题。比如，我们通过 rostopic pub 来发布一个速度指令 cmd_vel 话题，其中速度指令包含两个部分，一个是线速度 linear，另一个是角速度 angular。每个速度里面又分为 x、y、z 三轴的分量，线速度 linear 是 x、y、z 三轴的平移速度，单位是 m/s，角速度 angular 是 x、y、z 三轴的旋转速度，单位是 rad/s，回车发送指令后，海龟即可按照该速度进行运动。

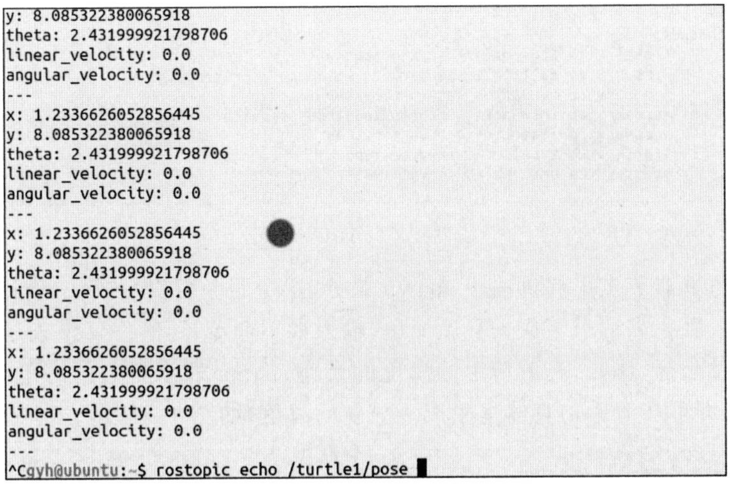

```
y: 8.085322380065918
theta: 2.431999921798706
linear_velocity: 0.0
angular_velocity: 0.0
---
x: 1.2336626052856445
y: 8.085322380065918
theta: 2.431999921798706
linear_velocity: 0.0
angular_velocity: 0.0
---
x: 1.2336626052856445
y: 8.085322380065918
theta: 2.431999921798706
linear_velocity: 0.0
angular_velocity: 0.0
---
x: 1.2336626052856445
y: 8.085322380065918
theta: 2.431999921798706
linear_velocity: 0.0
angular_velocity: 0.0
---
^Cgyh@ubuntu:~$ rostopic echo /turtle1/pose
```

图 4-7　rostopic echo

```
$ rostopic pub /turtle1/cmd_vel geometry_msgs/Twist "linear:
    x: 0.0
    y: 0.0
    z: 0.0
  angular:
    x: 0.0
    y: 0.0
    z: 0.0"
```

以上修改只发布了一次话题消息，海龟只能按照速度运行一次，如果需要海龟一直按照我们修改的速度运行，就需要加上频率。在这里，增加了一个频率 10Hz，此时小海龟就能持续运动，当前终端后台就会以 10Hz 的频率不断发布 0.1m/s 沿 x 轴方向的线速度。

```
$ rostopic pub -r 10 /turtle1/cmd_vel geometry_msgs/Twist "linear:
    x: 0.1
    y: 0.0
    z: 0.0
  angular:
    x: 0.0
    y: 0.0
    z: 0.0"
```

4.1.3　rosservice

接下来，再来学习一些 rosservice 相关的命令。输入以下命令即可查看相关的子命令帮助信息，如图 4-8 所示。

```
$ rosservice
```

```
gyh@ubuntu:~$ rosservice
Commands:
        rosservice args print service arguments
        rosservice call call the service with the provided args
        rosservice find find services by service type
        rosservice info print information about service
        rosservice list list active services
        rosservice type print service type
        rosservice uri  print service ROSRPC uri
```

图 4-8　rosservice

海龟仿真器节点里提供一个 spawn 服务,这个服务可以生成一只新的海龟,我们利用这个服务来请求生成一只新海龟,输入如下命令行,其中 x、y 表示新生的海龟的 x、y 轴坐标,theta 表示新生的海龟的姿态,name 表示新生的海龟的名字,回车发送后,即可在海龟仿真器里生成一只新的海龟,如图 4-9 所示。

```
$ rosservice call /spawn "x: 5.0
        y: 5.0
        theta: 0.0
        name: 'turtle2'"
```

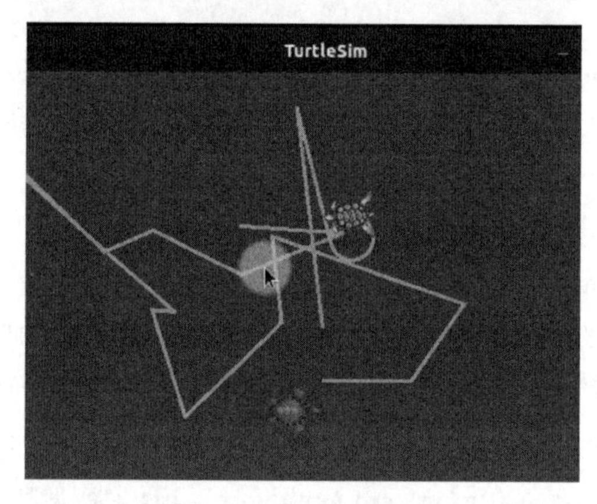

图 4-9　rosservice call

如果想查看当前系统有哪些服务,可以用如下命令进行查看,如图 4-10 所示。

```
$ rosservice list
```

这些服务都是海龟仿真器提供的功能,如果想要关掉第一只海龟,就可以利用 rosservice call /kill 进行处理,如图 4-11 所示。

```
$ rosservice call /kill " name: 'turtle1'"
```

以上就是在 ROS 里面最为常用的命令行工具的使用方法,每个命令的功能都很丰富,大家使用时参考帮助信息即可。

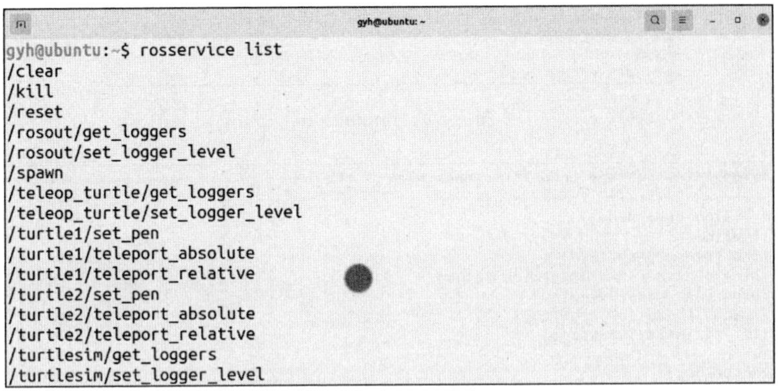

```
gyh@ubuntu:~$ rosservice list
/clear
/kill
/reset
/rosout/get_loggers
/rosout/set_logger_level
/spawn
/teleop_turtle/get_loggers
/teleop_turtle/set_logger_level
/turtle1/set_pen
/turtle1/teleport_absolute
/turtle1/teleport_relative
/turtle2/set_pen
/turtle2/teleport_absolute
/turtle2/teleport_relative
/turtlesim/get_loggers
/turtlesim/set_logger_level
```

图 4-10 rosservice list

```
gyh@ubuntu:~$ rosservice call /kill "name: 'turtle1'"
```

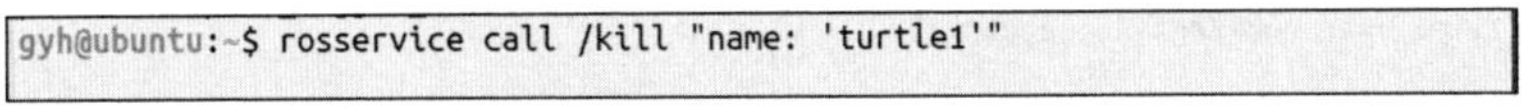

图 4-11 rosservice call /kill

4.1.4 LIMO 机器人命令行调试

小海龟毕竟还是一个虚拟机器人，接下来使用 LIMO 机器人试一试，原理和小海龟完全一致。

先来启动 LIMO 机器人和键盘控制节点。

① 启动机器人底盘。

```
$ roslaunch limo_base limo_base.launch
```

② 启动键盘控制。

```
$ roslaunch limo_bringup limo_teletop_keyboard.launch
```

这里使用到了 roslaunch 命令，类似于 rosrun 指令可以启动一个节点，为了能够同步启动多个节点，ROS 提供了一种脚本文件，叫作 launch 启动文件。roslaunch 就是一键启动多个节点的指令，关于 launch 文件的讲解，在下一节详细介绍。

机器人启动成功后，如果想知道正在运行的系统中，到底有哪些节点，可以使用 rosnode list 进行查看，看到反馈的信息如图 4-12 所示，就像之前的节点图，如机器人底盘节点、键盘控制节点都可以看到。

```
$ rosnode list
```

如果对其中某一个节点的功能很好奇，可以通过 rosnode info 指令查看，比如使用 rosnode info /limo_base_node，就可以看到 LIMO 底盘节点的基本信息，此时这个节点正在发布 imu、odom、tf 等话题，同时在订阅 cmd_vel 等话题，如图 4-13 所示。

```
agilex@nano:~$ rosnode list
/limo_base_node
/rosout
/teleop_keyboard
```

图 4-12 rosnode list

```
agilex@nano:~$ rosnode info /limo_base_node
--------------------------------------------------------------------------------
Node [/limo_base_node]
Publications:
 * /imu [sensor_msgs/Imu]
 * /limo_status [limo_base/LimoStatus]
 * /odom [nav_msgs/Odometry]
 * /rosout [rosgraph_msgs/Log]
 * /tf [tf2_msgs/TFMessage]

Subscriptions:
 * /cmd_vel [geometry_msgs/Twist]

Services:
 * /limo_base_node/get_loggers
 * /limo_base_node/set_logger_level


contacting node http://nano:38643/ ...
Pid: 23005
Connections:
 * topic: /rosout
    * to: /rosout
    * direction: outbound (46289 - 127.0.0.1:51396) [12]
    * transport: TCPROS
 * topic: /cmd_vel
    * to: /teleop_keyboard (http://nano:41823/)
    * direction: inbound (36684 - nano:37463) [14]
    * transport: TCPROS
```

图 4-13 rosnode info

如果想查看当前系统中有哪些话题，可以使用 rostopic list，如图 4-14 所示。可以看到话题还是不少的，有相机发布的图像数据，也有机器人底盘发布的各种状态信息。

```
$ rostopic list
```

```
agilex@nano:~$ rostopic list
/cmd_vel
/imu
/limo_status
/odom
/rosout
/rosout_agg
/tf
```

图 4-14 rostopic list

如果想要控制机器人以 1m/s 的速度向前走，可以像控制小海龟一样，通过 rostopic 向 cmd_vel 速度话题发布一个消息数据，很快就可以看到小车按照这个指令开始运动了。

```
$ rostopic pub -r 100 /cmd_vel geometry_msgs/Twist "linear:
  x: 1.0
  y: 0.0
  z: 0.0
```

```
  angular:
    x: 0.0
    y: 0.0
    z: 0.0"
```

如果想要查看机器人的位置信息,可以通过 rostopic echo 命令订阅 odom 话题的具体数据,如图 4-15 所示。这里可以清晰地看到机器人当前所在的 x、y 坐标和姿态角度,这个信息就是之前给大家讲解的在里程计中使用积分计算而来的结果。

```
$ rostopic echo /odom
```

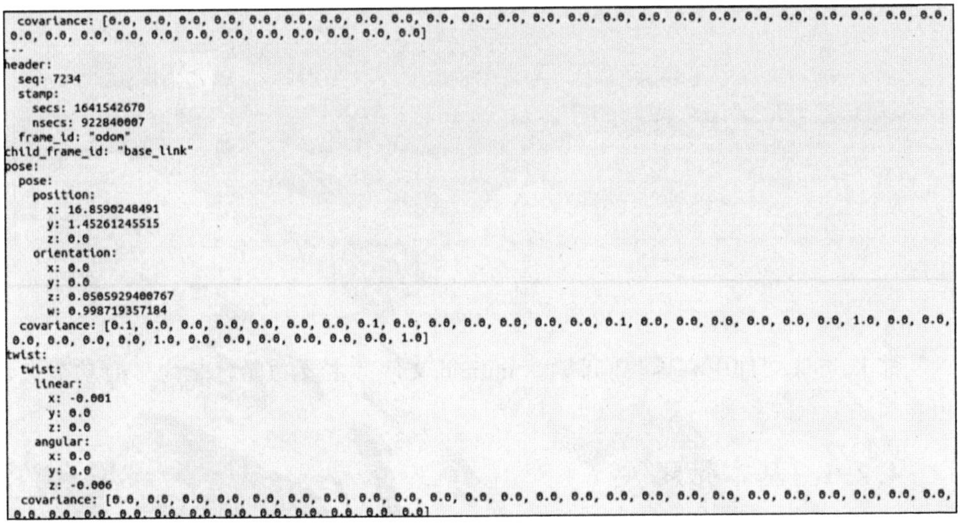

```
  covariance: [0.0, 0.0, 0.0, 0.0, 0.0, 0.0, 0.0, 0.0, 0.0, 0.0, 0.0, 0.0, 0.0, 0.0, 0.0, 0.0, 0.0, 0.0, 0.0, 0.0, 0.0, 0.0, 0.0, 0.0,
 0.0, 0.0, 0.0, 0.0, 0.0, 0.0, 0.0, 0.0, 0.0, 0.0, 0.0, 0.0]
---
header:
  seq: 7234
  stamp:
    secs: 1641542670
    nsecs: 922840007
  frame_id: "odom"
child_frame_id: "base_link"
pose:
  pose:
    position:
      x: 16.8590248491
      y: 1.45261245515
      z: 0.0
    orientation:
      x: 0.0
      y: 0.0
      z: 0.0505929400767
      w: 0.998719357184
  covariance: [0.1, 0.0, 0.0, 0.0, 0.0, 0.0, 0.0, 0.1, 0.0, 0.0, 0.0, 0.0, 0.0, 0.0, 0.1, 0.0, 0.0, 0.0, 0.0, 0.0, 0.0, 1.0, 0.0, 0.0,
 0.0, 0.0, 0.0, 0.0, 1.0, 0.0, 0.0, 0.0, 0.0, 0.0, 0.0, 1.0]
twist:
  twist:
    linear:
      x: -0.001
      y: 0.0
      z: 0.0
    angular:
      x: 0.0
      y: 0.0
      z: -0.006
  covariance: [0.0, 0.0, 0.0, 0.0, 0.0, 0.0, 0.0, 0.0, 0.0, 0.0, 0.0, 0.0, 0.0, 0.0, 0.0, 0.0, 0.0, 0.0, 0.0, 0.0, 0.0, 0.0, 0.0, 0.0,
 0.0, 0.0, 0.0, 0.0, 0.0, 0.0, 0.0, 0.0, 0.0, 0.0, 0.0, 0.0]
```

图 4-15　rostopic echo

ROS 中每个命令的功能都有很多,在本书内容里无法一一列举,但是使用方法类似,大家可以在使用过程中结合帮助信息不断地探索和总结。

4.2　launch 启动文件

到目前为止,每当运行一个 ROS 节点或工具时,都需要打开一个新的终端运行一个命令。当系统中的节点数量不断增加时,每个节点启动一个终端的模式会变得非常麻烦。有没有一种方式可以一次性启动所有节点呢? 那就是 launch 启动文件。

launch 文件如图 4-16 所示,它是一个完整的 launch File,即 launch 启动文件,它是 ROS 系统中同时启动多个节点的一种途径。整个 launch 文件给大家的第一印象是类似网页开发中的 xml 文件,如果大家看过某些网页的源码,其实就是类似源码的代码，有很多尖括号包围的内容，还有很多类似代码又并非代码的参数和内容。这种格式的文件主要目的并不像常见的C语言一样用来描述功能的处理过程，而是为了保存和传输数据，严格意义上来说，这是一种标记语言，标记我们需要用到的数据和信息。

```
<launch>
    <!-- ttyTHS1 for NVIDIA nano serial port-->
    <!-- ttyUSB0 for IPC USB serial port -->
    <arg name="port_name" default="ttyTHS1"/>
    <arg name="odom_topic_name" default="odom" />
    <arg name="open_rviz" default="false" />
    <arg name="motion_mode" default="diff" /> <!-- diff, ackermann, mcnamu-->

    <include file="$(find limo_base)/launch/limo_base.launch">
        <arg name="port_name" default="$(arg port_name)" />
        <arg name="odom_topic_name" default="$(arg odom_topic_name)" />
        <arg name="motion_mode" default="$(arg motion_mode)" />
    </include>

    <include file="$(find ydlidar_ros)/launch/X2L.launch">
    </include>

    <!-- hi226 imu -->
    <!-- <include file="$(find serial_imu)/launch/hi226.launch" /> -->

    <!-- mpu6050 imu -->
    <!-- <node name="limo_imu_driver" pkg="limo_imu_driver" type="limo_imu_driver" output="screen" /> -->

    <node pkg="tf" type="static_transform_publisher" name="base_link_to_imu" args="0.0 0.0 0.0 0.0 0.0  0.0 /base_link /imu_link 10" />

    <!-- use robot pose ekf to provide odometry-->
    <node pkg="robot_pose_ekf" name="robot_pose_ekf" type="robot_pose_ekf">
        <param name="output_frame" value="odom" />
        <param name="base_footprint_frame" value="base_link"/>
        <remap from="imu_data" to="imu" />
    </node>


    <!-- display -->
    <group if="$(arg open_rviz)">
        <node name="rviz" pkg="rviz" type="rviz" required="true" args="-d $(find limo_bringup)/config_files/demo_2d.rviz" />
    </group>
</launch>
```

图 4-16　launch 文件

那 launch 文件中有哪些信息呢？launch 文件的主要功能就是为了启动节点，包含描述节点的各种信息。

4.2.1　基本元素

首先来看一个简单的 launch 文件，对其产生初步的概念。

```
<launch>
    <node pkg = "turtlesim" name = "sim1" type = "turtlesim_node"/>
    <node pkg = "turtlesim" name = "sim2" type = "turtlesim_node"/>
</launch>
```

这是一个简单而完整的 launch 文件，采用 XML 的形式进行描述，包含一个根元素<launch>和两个节点元素<node>。

1. <launch>

XML 文件必须要包含一个根元素，launch 文件中的根元素采用<launch>标签定义，文件中的其他内容都必须包含在这个标签之中。

```
<launch>
    ...
</launch>
```

2. <node>

启动文件的核心是启动ROS节点,采用<node>标签定义,语法如下。

```
<node pkg = "package - name" type = "executable - name" name = "node - name" />
```

从上边的定义规则可以看出,在启动文件中启动一个节点需要三个属性:pkg、type和name。其中,pkg定义节点所在的功能包名称,type定义节点的可执行文件名称,这两个属性等同于在终端中使用rosrun命令执行节点时的输入参数;name属性用来定义节点运行的名称,将覆盖节点中init()赋予节点的名称。这是三个最常用的属性,在某些情况下,我们还有可能用到以下属性:

- output="screen":将节点的标准输出打印到终端屏幕,默认输出为日志文档;
- respawn="true":复位属性,该节点停止时会自动重启,默认为false;
- required="true":必要节点,当该节点终止时,launch文件中的其他节点也被终止;
- ns="namespace":命名空间,为节点内的相对名称添加命名空间前缀;
- args="arguments":节点需要的输入参数。

4.2.2 参数设置

为了方便设置和修改,launch文件支持参数设置的功能,很像编程语言中的变量声明。关于参数设置的标签元素有两个:<param>和<arg>。一个代表parameter,另一个代表argument。这两个标签元素翻译成中文都是“参数”的意思,但是这两个“参数”的意义是完全不同的。

1. <param>

parameter是ROS系统运行中的参数,存储在参数服务器中。在launch文件中通过<param>元素加载parameter;launch文件执行后,parameter就加载到ROS的参数服务器上了。每个活跃的节点都可以通过ros::param::get()接口来获取parameter的值,用户也可以在终端中通过rosparam命令获得parameter的值。

<param>的使用方法如下。

```
<param name = "output_frame" value = "odom"/>
```

运行launch文件后,output_frame这个parameter的值就设置为odom,并且加载到ROS参数服务器上。但是在很多复杂的系统中,参数的数量很多,如果这样一个一个地设置会非常麻烦,ROS也为我们提供了另外一种参数加载方式——<rosparam>。

```
<rosparam file = " $ (find 2dnav_pr2)/config/costmap_common_params.yaml" command =
"load" ns = "local_costmap" />
```

<rosparam>可以帮助我们将一个 yaml 格式文件中的参数全部加载到 ROS 参数服务器中，需要设置 command 属性为“load”，还可以选择设置命名空间为“ns”。

2. <arg>

argument 是另外一个概念，类似于 launch 文件内部的局部变量，仅限于 launch 文件使用，便于 launch 文件的重构，和 ROS 节点内部的实现没有关系。

设置 argument 使用<arg>标签元素，语法如下。

```
<arg name = "arg - name" default = "arg - value"/>
```

launch 文件中需要使用到 argument 时，可以使用如下方式调用。

```
<param name = "foo" value = " $ (arg arg - name)" />
<node name = "node" pkg = "package" type = "type " args = " $ (arg arg - name)" />
```

4.2.3 重映射机制

ROS 的设计目标是提高代码的复用率，ROS 社区中的很多功能包都可以拿来直接使用，而不需要关注功能包的内部实现。那么问题就来了，别人的功能包接口不一定和我们的系统兼容。

ROS 提供一种重映射的机制，简单来说就是取别名，类似于 C++中的别名机制，我们不需要修改别人功能包的接口，只需要将接口名称重映射一下，取个别名，则系统就认识了（接口的数据类型必须相同）。launch 文件中的<remap>标签可以实现这个重映射的功能。

比如 turtlebot 的键盘控制节点，发布的速度控制指令话题可能是/turtlebot/cmd_vel，但是我们的机器人订阅的速度控制话题是/cmd_vel，这个时候使用<remap>就可以轻松解决问题。将/turtlebot/cmd_vel 重映射为/cmd_vel，机器人就可以接收到速度控制指令了。

```
<remap from = "/turtlebot/cmd_vel" to = "/cmd_vel"/>
```

4.2.4 嵌套复用

在复杂的系统当中，launch 文件往往有很多，这些 launch 文件之间也会存在依赖关系。如果需要直接复用一个已有 launch 文件中的内容，可以使用<include>标签，包含其他 launch 文件。这和 C 语言中的 include 是一样的。

```
<include file="$(dirname)/other.launch" />
```

launch文件在ROS框架中非常实用和灵活，它类似于一种高级编程语言，可以帮助大家管理启动系统时的方方面面。在使用ROS的过程中，很多情况下并不需要编写大量代码，仅需要使用已有的功能包编辑launch文件，就可以完成机器人的很多功能。

本节仅介绍了launch文件中最为常用的一些标签元素，还有更多高级的标签元素可以访问wiki网站学习。

4.2.5　LIMO机器人的launch文件

以LIMO机器人启动时运行的文件limo_start.launch为例，一起分析都启动了哪些功能，代码如下。

```
<?xml version="1.0"?>
<launch>
    <!-- ttyTHS1 for NVIDIA nano serial port -->
    <!-- ttyUSB0 for IPC USB serial port -->
    <arg name="port_name" default="ttyTHS1" />
    <arg name="use_mcnamu" default="false" />
    <arg name="pub_odom_tf" default="" />

    <include file="$(find limo_base)/launch/limo_base.launch">
        <arg name="port_name" default="$(arg port_name)" />
        <arg name="use_mcnamu" default="$(arg use_mcnamu)" />
        <arg name="pub_odom_tf" default="$(arg pub_odom_tf)" />
    </include>

    <include file="$(find ydlidar_ros)/launch/X2L.launch" />

    <node pkg="tf" type="static_transform_publisher" name="base_link_to_camera
_link" args="0.105 0 0.1 0.0 0.0 0.0 /base_link /camera_link 10" />
    <node pkg="tf" type="static_transform_publisher" name="base_link_to_imu_
link" args="0.0 0.0 0.0 0.0 0.0 0.0 /base_link /imu_link 10" />
    <node pkg="tf" type="static_transform_publisher" name="base_link_to_laser_
link" args="0.105 0.0 0.08 0.0 0.0 0.0 /base_link /laser_link 10" />

</launch>
```

进入launch文件后，使用了argument标签，定义了三个launch文件中使用的参数。第一个是端口号，设置机器人控制器和驱动板之间通信的串口设备号；第二个是机器人运动模态是否使用麦克纳姆轮的配置，默认是不使用，假设把机器人切换到全向运动模态，需要修改参数为true；第三个是机器人底盘驱动是否发布odom里程计TF变换的设置。

紧接着启动了另外一个名为 limo_base 的 launch 文件，同时将三个 argument 参数传入，主要功能是启动底盘驱动节点，让控制器连接上驱动板，使小车的运动功能依次启动起来。

再往下同样是一个 include 标签，包含了名为 X2L 的 launch 文件，这个 launch 文件是 LIMO 上激光雷达的官方驱动，用来启动激光雷达的驱动节点。

接下来是三个 node 标签启动三个节点，都是静态坐标系 TF 的发布。第一个节点发布 LIMO 机器人中相机和底盘之间的位姿关系，后边的参数分别是 x、y、z 三个轴的平移数据和三个轴的旋转数据，接下来是两个坐标系的名字，还有发布频率。这段参数的含义就是，以机器人底盘中心点作为参考系，雷达安装的位置在 x 为 0.105，z 为 0.1 的位置，相对并没有旋转，这个数据会以每秒 10 次的频率在 TF 树中更新。第二个节点发布 imu 模块和底盘之间的位姿关系，参数均为 0，表示 imu 就安装在机器人底盘的中心。第三个节点发布激光雷达和底盘之间的位姿关系，后边的参数同理。

通过 LIMO 机器人的启动文件，我们不仅可以了解 launch 文件配置多节点启动的过程，还可以看到在一款典型机器人中，需要具备和启动哪些必要的功能。

4.3 可视化工具

ROS 提供了多种可视化工具，可以满足可视化显示、三维仿真等开发需求。

4.3.1 Rviz

Rviz 的主要功能是数据可视化显示，比如机器人摄像头拍到的图像，机器人的三维模型结构，机器人所处环境的地图信息，机器人在导航过程中规划的各种路径等。

Rviz 的核心框架是基于 Qt 可视化工具打造的一个开放式平台，出厂自带很多机器人常用的可视化显示插件，只要我们按照 ROS 中的消息发布对应的话题，就可以看到可视化的效果。如果对显示的效果不满意，或者想添加某些新的显示项，也可以在 Rviz 这个平台中开发更多的可视化效果，方便打造自己满意的上位机。

接下来我们一起启动 Rviz。打开第一个终端，启动 roscore，然后再启动一个终端，输入如下命令启动 Rviz，Rviz 启动成功后如图 4-17 所示。

```
$ rosrun rviz rviz
```

Rviz 是 ROS 里面常用的可视化上位机，分为如下区域。

0：3D 视图区，用于可视化显示数据，目前没有任何数据，所以显示黑色。

1：工具栏，提供视角控制、目标设置、发布地点等工具。

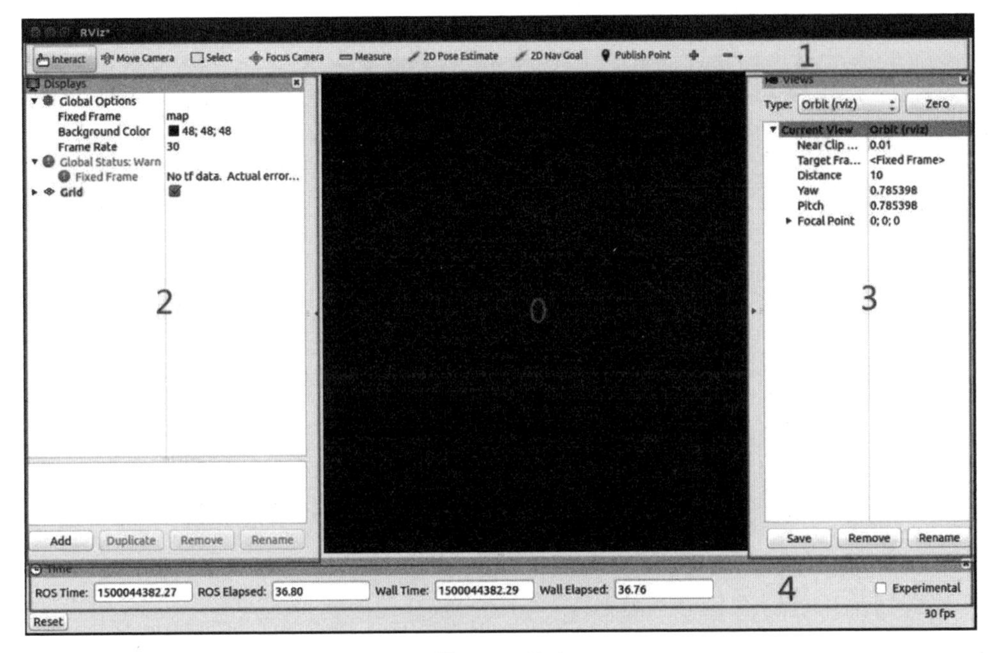

图 4-17　Rviz

2：显示项列表，用于显示当前选择的显示插件，可以配置每个插件的属性。

3：视角设置区，可以选择多种观测视角。

4：时间显示区，显示当前的系统时间和 ROS 时间。

这里我们演示一下显示图像数据的流程，其他显示项操作方法类似。Rviz 是来做数据可视化显示的，一定要有数据，如果没有数据就是巧妇难为无米之炊。

现在要显示一个图像，就需要先把相机跑起来，发布图像数据。首先，安装一个相机的驱动，在 ROS 里面针对相机这样 USB 的设备有标准驱动，可以直接安装。打开终端，输入如下命令行进行安装。

```
$ sudo apt install ros-noetic-usb-cam
```

如果大家使用的是虚拟机，需要把外部相机设备连接到虚拟机里才能进行使用。

接下来运行安装好的 USB 相机驱动发布图像话题，打开终端，输入如下命令启动。这个 launch 文件会启动两个节点，一个用来驱动相机，另一个用来显示图像数据。

```
$ roslaunch usb_cam usb_cam-test.launch
```

启动完成后，大家可以看到一个弹窗，如图 4-18 所示。这个弹窗是由 ROS 驱动提供的，接下来要把这个图像在 Rviz 里面显示，可以先把这个弹窗最小化。

图 4-18　相机图像

如果需要在 Rviz 里面显示某个内容，单击显示项列表区里面的 Add 按键进行添加，在这里需要显示 image，则在显示的列表中选择 image，如图 4-19 所示。

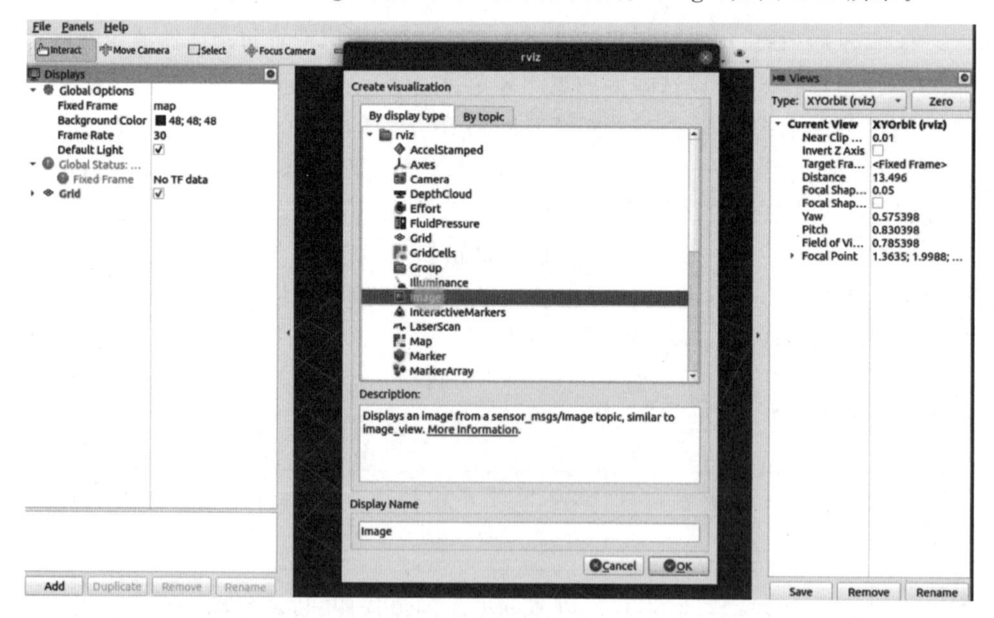

图 4-19　添加 image 显示

选择完毕后，可以在左边看到一个新增的窗口，此时还没有订阅图像话题，我们选择显示项列表中出现的 image，选择 image topic，再选择当前发布的图像话题 image_raw，选择完成后就可以看到当前图像信息了，如图 4-20 所示。

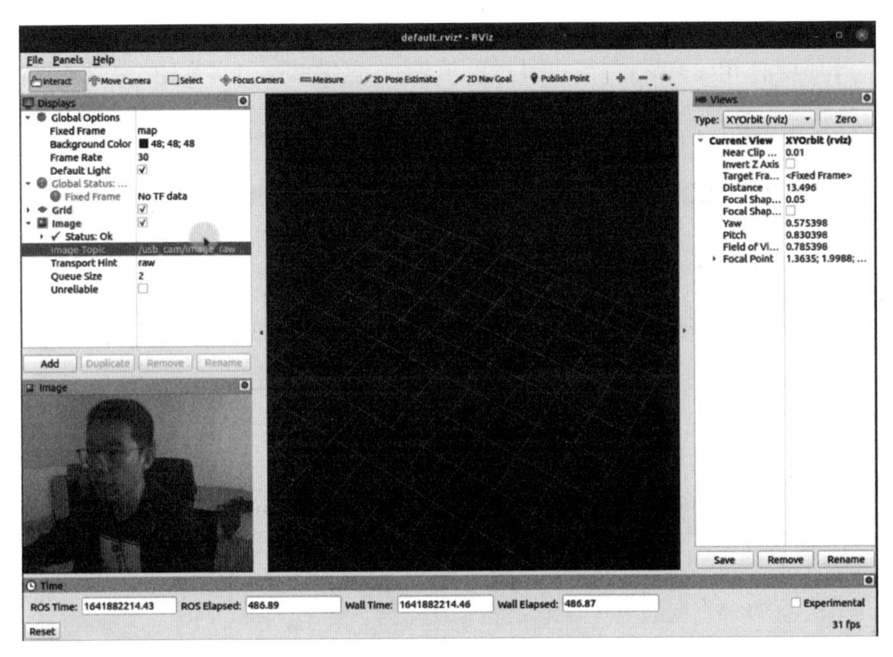

图 4-20　添加 image 话题

4.3.2　rqt

Rviz 是一个可视化平台，如果不想显示或者配置很多东西，也可以使用 ROS 中的 Qt 工具箱——rqt，这里介绍工具箱中常用的四种工具。

这四种常用工具都需要执行命令来启动，首先启动终端，为了后续方便显示，我们还是先把小海龟例程运行起来，仿真器如图 4-21 所示。

```
$ roscore
$ rosrun turtlesim turtlesim_node
$ rosrun turtlesim turtle_teleop_key
```

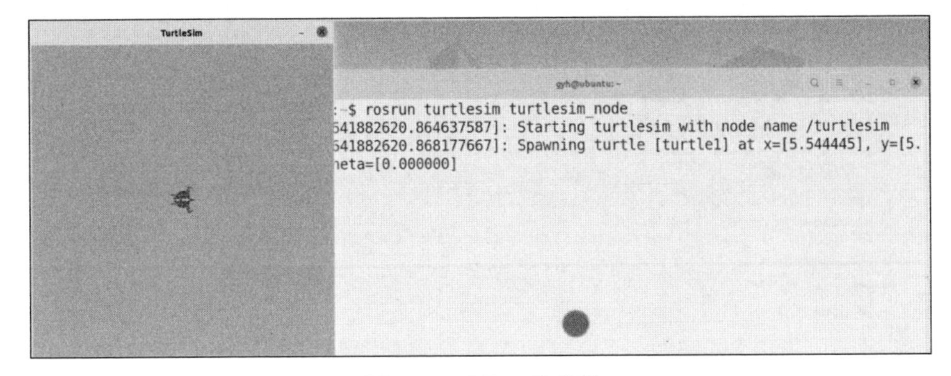

图 4-21　小海龟仿真器

接下来，启动第一个工具——rqt_graph，如图 4-22 所示。该工具可以显示当前 ROS 环境的节点关系，之前也讲过该工具，在这里就不过多介绍。

```
$ rqt_graph
```

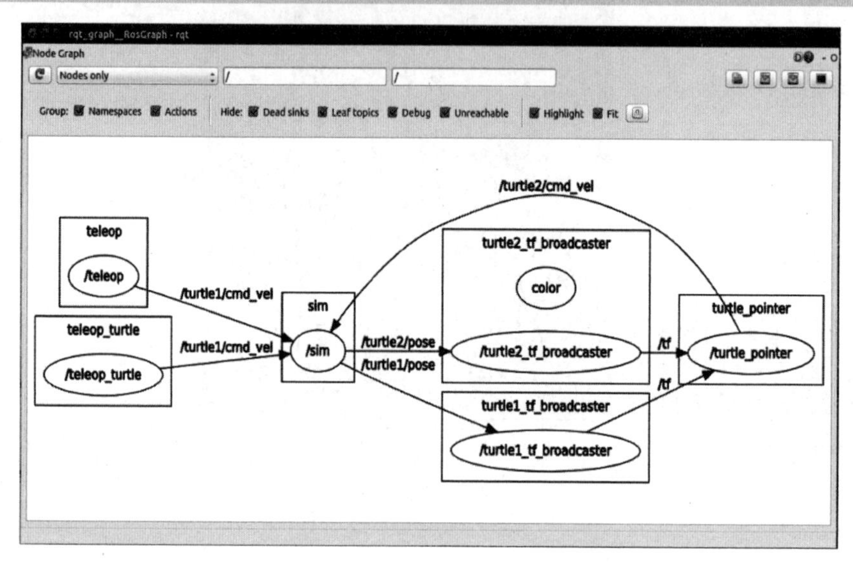

图 4-22　计算图可视化工具——rqt_graph

rqt_console 是一个日志显示工具，可以看到当前系统里面的日志信息，比如用键盘控制小海龟运动，该日志工具里面就会显示一些预警信息，如图 4-23 所示。我们可以清楚地看到每个日志的序号、内容、级别、节点、话题、时间、位置等，方便后续调试机器人的各种功能、查看调试过程中出现的问题等，也可以通过下方搜索栏搜索需要的关键内容，加速调试效率。

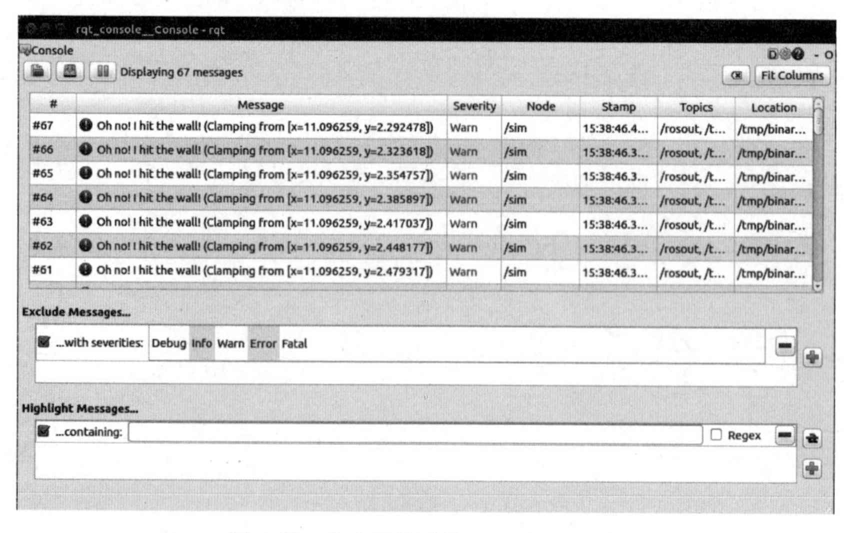

图 4-23　日志显示工具——rqt_console

```
$ rqt_ console
```

rqt_plot 是一个数据绘图工具，比如我们可以把小海龟的 pose 数据绘制出来，在 Topic 里面选择 pose，单击“+”号进行绘制，利用键盘控制海龟动起来，就可以看到变化的数据图形，如图 4-24 所示。

```
$ rqt_plot
```

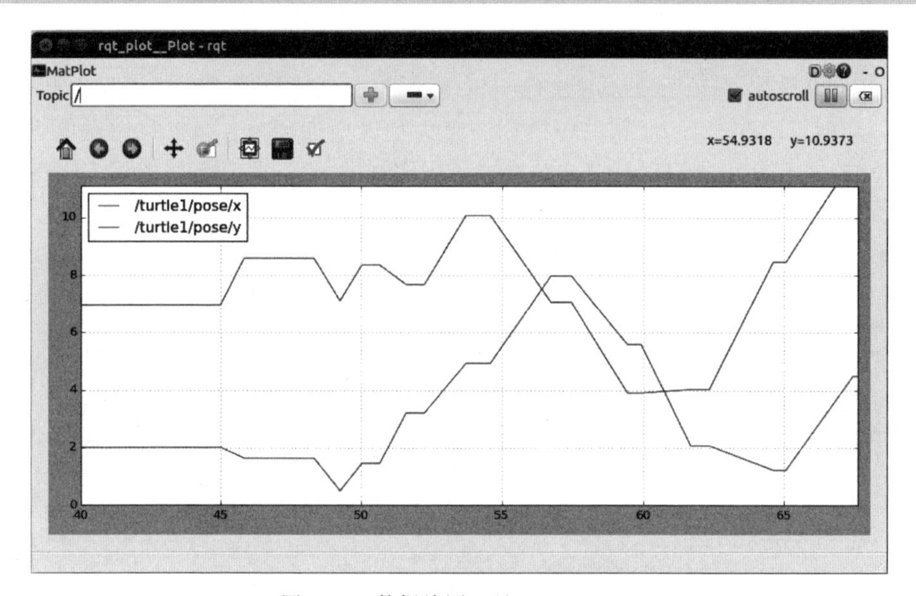

图 4-24　数据绘图工具——rqt_plot

rqt_image_view 用来显示某一个图像话题的数据，如图 4-25 所示。这里我们需要运行相机驱动，然后再选择相应的话题，就会显示当前系统正在发布的图像数据。

```
$ rqt_image_view
```

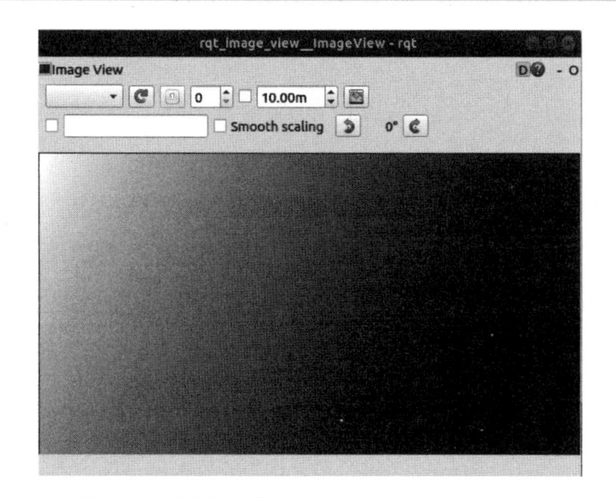

图 4-25　图像渲染工具——rqt_image_view

4.3.3 Gazebo

以上这些基于 Qt 的工具都是用来做数据可视化的。如果我们没有数据，甚至没有实物机器人，怎么办呢？这时就需要仿真软件了。

ROS 中最为常用的三维物理仿真软件是 Gazebo，能准确高效地仿真在复杂的室内外环境下的机器人群体。与游戏引擎类似，Gazebo 能对一整套传感器进行高度逼真的物理仿真，为程序和用户提供交互接口，其典型应用场景包括测试机器人算法、机器人的设计、现实情景下的回溯测试。

一句话说明 Gazebo 的功能：Gazebo 能帮我们创造机器人。比如我们开发火星车，那就可以在 Gazebo 软件中模拟一个火星表面的环境；如果我们做无人机，续航和限飞都导致我们没有办法频繁地使用实物做实验，此时不妨使用 Gazebo 软件先做仿真，等算法开发得差不多了，再部署到实物上来运行，如图 4-26 所示。

图 4-26 Gazebo 仿真界面

打开终端，输入如下命令行，就可以启动 Gazebo。

```
$ gazebo
```

Gazebo 的界面如图 4-27 所示。中间区域是一个三维仿真界面，未来机器人和周边场景都会在中间显示，左边区域显示当前有哪些仿真模型。上面的工具栏可以调整仿真模型的视角和大小，此外也提供一些基本的三维物体，比如正方体、球体、圆柱体，也可以设置光线位置。除此之外，我们也可以添加一些机器人模型和环境仿真模型，这就需要在 ROS 里面创建机器人 URDF 仿真模型或者是 Gazebo 的 SDF 模型。

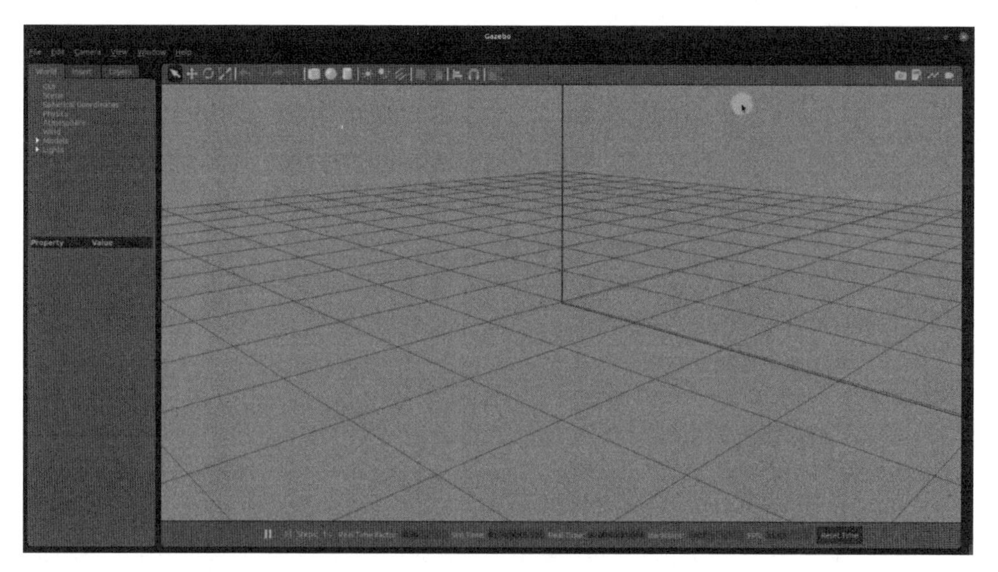

图 4-27 Gazebo 界面

模型的加载需要连接国外网站，为了保证模型顺利加载，可以提前将模型文件下载并放置到本地路径～/.gazebo/models 下。

4.4 本章小结

本章我们一起学习了 ROS 中的命令行工具，通过这些基础命令，可以发布机器人的运动指令，或者订阅机器人的各项状态。了解了 ROS 中的 launch 启动文件，通过各种标签的运用，可以一次性启动多个 ROS 节点，并完成配置；还学习了 ROS 中常用的可视化工具 rqt、Rviz 和 Gazebo，无论是想图像化显示各种数据，还是创建一个虚拟仿真环境，这些工具都可以帮我们快速解决问题。

第5章

移动机器人基础编程

移动机器人作为一个重要的智能机器人类别，智能两个字至关重要，在实际操作中要求机器人可以自主完成一些应用，这就需要我们通过代码编写的方式，实现某些具体功能，本节一起学习 ROS 环境下移动机器人的基础编程方法。

5.1 移动机器人开发流程

本书的代码开发都是在机器人操作系统 ROS 环境中完成，无论是移动机器人还是其他类型的机器人，从 ROS 的角度来讲，开发流程都是相似的，那这个流程是什么样的呢？我们先来了解一下。

ROS 机器人开发的主要流程分为五个步骤，如图 5-1 所示。

第一步，创建工作空间。在 ROS 开发中，这一步叫作创建工作空间，也就是保存后续开发工作涉及的所有文件的一个空间，在计算机中的体现其实就是文件夹，未来开发用到的文件都会保存在这个文件夹中。

第二步，创建功能包。我们在写代码时，会把同一功能的多个代码文件放置在一个文件夹中，这个文件夹在 ROS 中叫作功能包，每个功能包就是实现机器人某一功能的组织单元，多个功能包就组成了机器人应用的代码库。

第三步，创建源代码（C++/Python），ROS 开发常用的编码方式是 C++ 和 Python，无论使用哪种语言编写代码，都需要将代码放置在功能包中。

第四步，设置编译规则（CMakeLists. txt）。C++代码需要编译，我们需要在功能包的 CMakeLists. txt 文件中设置编译代码的规则，Python 代码就不需要编译了，可以跳过这一步。

第五步，编译与运行，将代码变成可执行文件，编译成功后就可以运行了。假设运行出现问题，就要回到代码编写的这一步，修改代码后再次编译运行，直到功能全部正常。

理解了这五个步骤的主要目的，接下来就按照以下步骤来操作。

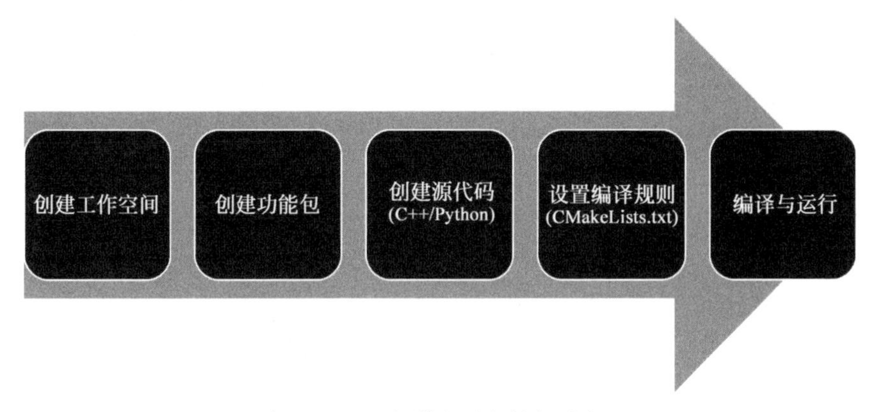

图 5-1　ROS 机器人开发的主要流程

5.1.1　工作空间的创建和编译

先来创建工作空间，打开一个终端，输入以下命令，完成工作空间文件夹的创建。catkin_ws 是默认工作空间的名字，也可以自己定义，其中的 src 文件夹主要放置功能包，称为代码空间，如图 5-2 所示。

```
$ mkdir -p ~/catkin_ws/src
```

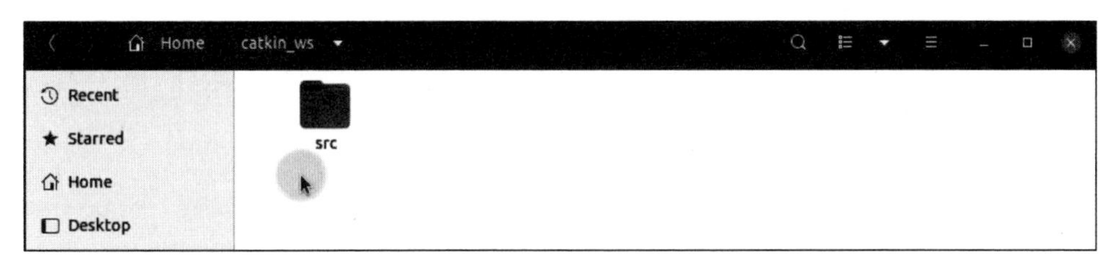

图 5-2　创建工作空间

以上就完成了开发流程中的第一步——创建工作空间，但里面还没有任何功能包代码。未来，我们的功能包代码会放置在 src 文件夹里面，需要在工作空间的根目录下进行编译，进入工作空间根目录后单击右键，在此处打开终端，输入如下命令即可编译工作空间。

```
$ catkin_make
```

编译完成后，会新生成两个文件夹，分别是 build 和 devel。build 是编译空间，主要用来放置编译的中间文件；devel 是开发空间，主要放置编译完成后的结果、程序的头文件、库等；src 是代码空间，主要用来放置我们开发使用的源代码，如图 5-3 所示。

当功能包编译完成后，需要设置环境变量，也就是让 Ubuntu 系统知道功能包

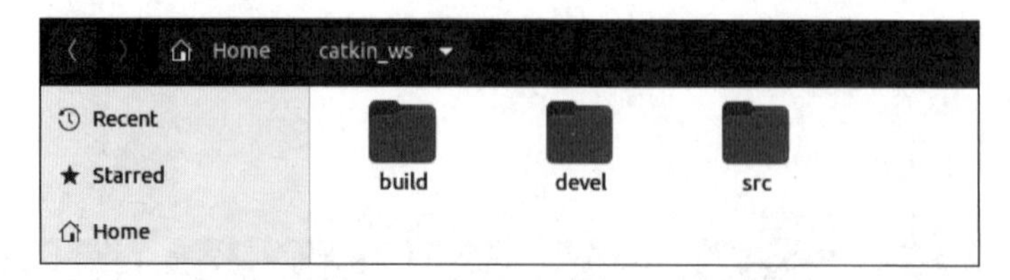

图 5-3　编译工作空间

和工作空间在哪里。打开终端，输入如下命令即可设置环境变量。

```
$ source ~/catkin_ws/devel/setup.bash
```

不过 source 指令只在当前终端生效，所以我们还需要把这句话放置到 bashrc 配置文件里。输入如下指令，打开 bashrc 配置文件，在文件最后的位置加上对应指令，添加完成后保存并退出，如图 5-4 所示。

```
$ gedit ~/.bashrc
```

```
118 source /opt/ros/noetic/setup.bash
119 source ~/catkin_ws/devel/setup.bash
120
```

图 5-4　bashrc 添加环境变量

5.1.2　创建功能包

机器人开发流程的第二步是创建功能包，创建过程需要使用 ROS 的一个命令——catkin_create_pkg。

```
$ catkin_create_pkg <package_name> [depend1] [depend2] [depend3]
```

这个命令后边紧跟的第一个参数是创建的功能包名字，之后的参数是该功能包需要依赖的其他功能包，一般是各种 ROS 提供的代码库、消息定义库或者需要用到的其他功能包。比如下面的 roscpp 和 rospy 分别对应 C++ 和 Python 语言的 ROS 接口库，std_msgs、std_srvs 是 ROS 官方定义的各种标准话题和服务消息，比如整型数、浮点数、字符串等基础消息类型。

我们尝试创建一个功能包，先进入到工作空间的 src 中，在此处打开终端，输入如下命令创建功能包，如图 5-5 所示。

```
$ catkin_create_pkg limo_demo rospy roscpp std_msgs std_srvs
```

在创建好的功能包中，CMakeLists.txt 文件用来设定编译规则，package.xml 用来编写功能包相关的描述内容。功能包创建完成后，我们就可以回到工作空间根目录，输入如下命令编译功能包，如图 5-6 所示。

```
gyh@ubuntu:~/catkin_ws/src$ catkin_create_pkg limo_demo roscpp rospy std_msgs std_srvs
Created file limo_demo/package.xml
Created file limo_demo/CMakeLists.txt
Created folder limo_demo/include/limo_demo
Created folder limo_demo/src
Successfully created files in /home/gyh/catkin_ws/src/limo_demo. Please adjust the values in packa
ge.xml.
```

图 5-5 创建功能包

```
$ catkin_make
```

```
gyh@ubuntu:~/catkin_ws$ catkin_make
Base path: /home/gyh/catkin_ws
Source space: /home/gyh/catkin_ws/src
Build space: /home/gyh/catkin_ws/build
Devel space: /home/gyh/catkin_ws/devel
Install space: /home/gyh/catkin_ws/install
```

图 5-6 编译功能包

在 ROS 的工作空间中，功能包不仅不能重名，还不能嵌套，比如把一个功能包放在另外一个功能包中，编译会报错；但是文件夹可以嵌套，比如把一些同样类别的功能包放在一个文件夹中，是允许的。

那如何判断一个文件夹到底是普通文件夹，还是功能包呢？就看它有没有 CMakeLists.txt 和 package.xml 两个文件，如果有则是功能包；没有则是文件夹，大家需要记住这一点。

5.2 移动机器人运动控制编程

工作空间和功能包都准备好了，接下来以运动控制为例，通过编程让机器人走一个圆，并且可以通过代码实时接收机器人的位姿信息。

5.2.1 编程思路

如何实现 LIMO 机器人走圆呢，如图 5-7 是我们需要实现的功能框架，先来梳理一下。

LIMO 机器人运行之后，会有一个 limo_base_node 节点，这个节点会订阅 cmd_vel 话题。如果我们编写一个节点 draw_circle，通过这个节点发布 cmd_vel 速度指令，就可以让机器人动起来了。ROS 中的速度指令是一个标准消息，叫作 Twist，放置在 geometry_msgs 功能包中，如果发布的速度消息中同时包含了线速度和角速度，机器人就可以走出一个圆形轨迹了，和之前小海龟画圆的方法原理一样。

5.2.2 代码解析

厘清思路，我们通过 Python 程序编写了一个节点，源码 limo_demo\scripts\draw_circle.py 的详细内容如下：

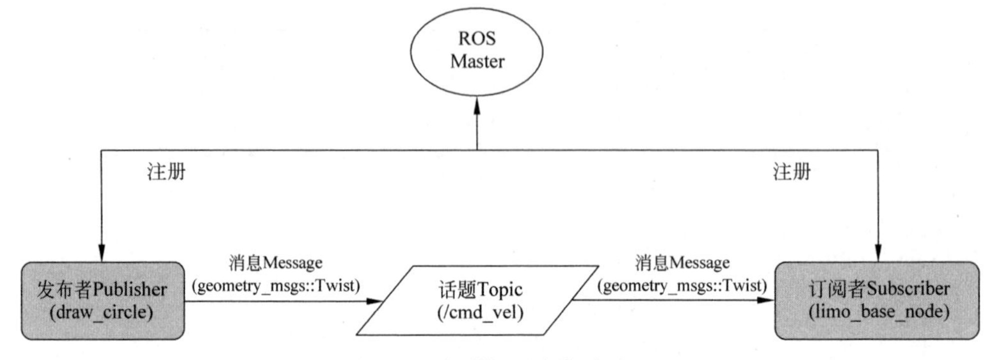

图 5-7 话题模型(发布/订阅)

```
#!/usr/bin/env python3

import rospy
from geometry_msgs.msg import Twist

# 初始化 ROS 节点
rospy.init_node("draw_circle", anonymous = True)

# 初始化控制命令发布者
cmd_vel_pub = rospy.Publisher('cmd_vel', Twist, queue_size = 1)

# 初始化 Twist 控制消息
twist = Twist()
twist.linear.x = 0.3
twist.angular.z = 1.5

# 初始化 ROS 主循环
rate = rospy.Rate(10)
while not rospy.is_shutdown():
    # 发布控制命令
    cmd_vel_pub.publish(twist)
    rate.sleep()
```

剖析以上代码的重点实现过程：

```
import rospy
from geometry_msgs.msg import Twist
```

先引入 rospy 模块，这是 ROS 里面的一个标准 python 接口，接下来引入 Twist 消息模块，便于后续发布速度指令。

```
# 初始化 ROS 节点
rospy.init_node("draw_circle", anonymous = True)

# 初始化控制命令发布者
cmd_vel_pub = rospy.Publisher('cmd_vel', Twist, queue_size = 1)
```

初始化 ROS 节点,并且创建一个发布者,发布消息的类型是 Twist,队列长度设置为 1。保持要发送的速度指令永远是最新的,如果通信的网络环境较好,队列长度也可以设置大一些。

```
# 初始化 Twist 控制消息
twist = Twist()
twist.linear.x = 0.3
twist.angular.z = 1.5
```

封装一个 Twist 消息,x 方向的线速度是 0.3m/s,z 方向的角速度是 1.5rad/s。

```
# 初始化 ROS 主循环
rate = rospy.Rate(10)
while not rospy.is_shutdown():
    # 发布控制命令
    cmd_vel_pub.publish(twist)
    rate.sleep()
```

接下来利用发布者把消息发布出去,在这里通过循环发布消息,每秒循环十次,如果 ROS 环境一直处于运行状态,消息就会不断发布。

5.2.3 功能运行

Python 代码不需要编译,我们尝试运行,看看是否可以让机器人动起来。

首先启动 LIMO 机器人,接下来再启动一个终端,通过 rosrun 命令运行刚刚编写完成的节点:

```
$ roslaunch limo_bringup limo_start.launch
$ rosrun limo_bringup draw_circle.py
```

启动完成后,可以看到 LIMO 机器人动起来了,机器人成功走出了一个圆周轨迹,如图 5-8 所示。

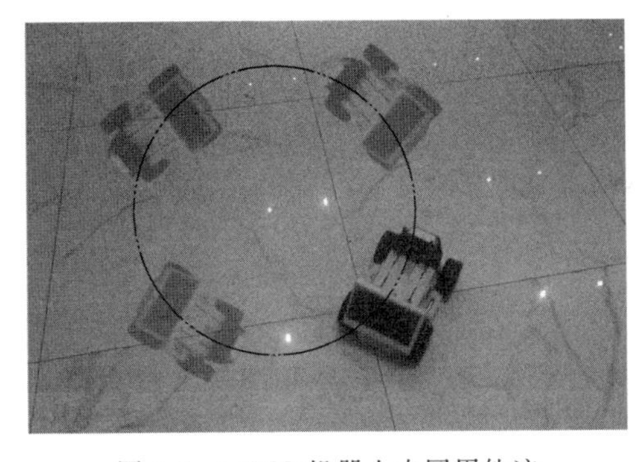

图 5-8 LIMO 机器人走圆周轨迹

大家有兴趣也可以修改一下代码，控制机器人圆形轨迹的半径和速度，或者想一想如何让机器人走出一个正方形。

5.3 机器人状态订阅编程

limo_base_node 这个节点除了会订阅 cmd_vel 话题之外，还会检测机器人的运行速度，并积分得到位置信息，通过 odom 话题发布出来。我们尝试订阅这个话题，试试能不能收到机器人的位姿信息。

5.3.1 编程思路

话题模型（发布/订阅）如图 5-9 所示，我们的目的是编写订阅者节点 limo_subscriber，订阅话题 odom，话题消息同样是 ROS 中针对机器人位姿的标准定义——nav_msgs 功能包中的 Odometry。

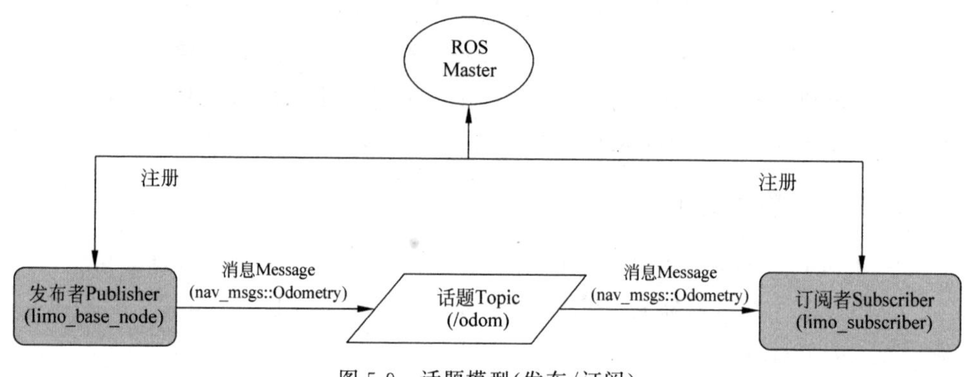

图 5-9 话题模型（发布/订阅）

5.3.2 代码解析

厘清思路，我们通过 Python 程序编写了一个节点，源码 limo_demo\scripts\limo_subscriber.py 的详细内容如下。

```
#!/usr/bin/env python3

import rospy
from nav_msgs.msg import Odometry

# 回调函数处理消息
def limoCallBack(msg):
    rospy.loginfo("limo pose: x:%0.6f, y:%0.6f, z:%0.6f",\
            msg.pose.pose.position.x, msg.pose.pose.position.y, msg.pose.pose.
orientation.z)

# 初始化 ROS 节点
```

```
rospy.init_node('limo_subscriber',anonymous = False)

# 初始化机器人位姿的订阅者
rospy.Subscriber("/odom",\
    Odometry, limoCallBack, queue_size=1)

# 循环等待信息数据
rospy.spin()
```

剖析以上代码的重点实现过程。

```
# 初始化 ROS 节点
rospy.init_node('limo_subscriber',anonymous = False)

# 初始化机器人位姿的订阅者
rospy.Subscriber("/odom",\
    Odometry, limoCallBack, queue_size=1)
```

初始化 ROS 节点，创建一个订阅者，订阅 odom 话题，订阅的消息类型是 odometry 类型。

```
# 循环等待信息数据
rospy.spin()
```

spin 函数自带 while 循环，会一直循环查看数据队列里面是否有消息数据收到。

```
# 回调函数处理消息
def limoCallBack(msg):
    rospy.loginfo("limo pose: x: %0.6f, y: %0.6f, z: %0.6f",\
          msg.pose.pose.position.x, msg.pose.pose.position.y, msg.pose.pose.
orientation.z)
```

收到消息后，就会进入该回调函数，将收到的位置信息打印出来。

5.3.3 功能运行

我们来试试这个代码是否可以正常运行，能否顺利收到机器人的位姿信息。

先启动 LIMO 机器人，接下来通过 rosrun 命令运行刚刚编写完成的节点，运行后可以看到机器人的位姿信息在不断刷新，如图 5-10 所示。启动键盘控制节点，让 LIMO 动起来，此时就可以明显看到机器人的位姿信息在变化了，订阅机器人位姿的节点功能顺利实现。

```
$ roslaunch limo_bringup limo_start.launch
$ rosrun limo_demo limo_subscriber.py
$ roslaunch limo_bringup limo_teletop_keyboard.launch
```

```
[INFO] [1641980130.754134]: limo pose: x:0.009154, y:-0.000000, z:
0.000000
[INFO] [1641980130.772276]: limo pose: x:0.009664, y:-0.000000, z:
0.000000
[INFO] [1641980130.815561]: limo pose: x:0.010588, y:-0.000000, z:
0.000000
[INFO] [1641980130.859653]: limo pose: x:0.011453, y:-0.000000, z:
0.000000
[INFO] [1641980130.903650]: limo pose: x:0.012048, y:-0.000000, z:
0.000000
[INFO] [1641980130.947922]: limo pose: x:0.012368, y:-0.000000, z:
0.000000
[INFO] [1641980130.991789]: limo pose: x:0.012473, y:-0.000000, z:
0.000000
```

图 5-10 查看 LIMO 机器人实时位置

5.4 移动机器人分布式通信

5.4.1 分布式通信网络配置

前边我们编写的代码都是在机器人的控制器上运行的，需要先远程登录到机器人控制器上再进行操作。ROS 是一个分布式框架，我们是否可以在自己的计算机上编写并运行代码，再通过网络与远程的机器人实现数据交互呢？

当然是可以的，甚至不用修改任何一行代码，只需要配置一下机器人控制器和笔记本电脑的 ROS 环境即可。接下来，我们就一起学习这种分布式通信的配置方法。

ROS 的分布式通信是基于网络的，所以首先得保证笔记本电脑和机器人控制器处于同一网络环境下，也就是连接到了同一个路由器中，两者的网段相同。

大家可以在笔记本电脑和机器人控制器中，使用 ifconfig 命令查看各自的 IP 地址，如果有如图 5-11 所示的效果，前边 192.168.3 三个数字端相同，就说明是在同一个网段中，最后一位肯定是不同的。为了保证网络确实连通，可以分别在两个终端中，使用 ping 命令加对方的 IP 地址，测试一下是否可以连接，如果通信正常，说明分布式通信的基础网络条件是没问题的。

接下来需要配置 ROS 环境，在同一个 ROS 系统中，只能有一个 ROS Master，所以只能选择在机器人控制器或者笔记本电脑中的某个地方运行 roscore，这里我们暂定运行在机器人端，也就是让机器人作为主机，需要在 bashrc 这个文件中，配置如图 5-12 所示的三行内容。

```
$ gedit ~/.bashrc
```

首先是 ROS_HOSTNAME，表示当前系统的主机名，我们直接使用 IP 地址作为名称。ROS_IP 表示当前系统的 IP 地址，按照刚才查询的实际情况填写即可。最为重要的是 ROS_MASTER_URI，表示 ROS Master 的资源地址，通过 IP

```
gyh@ubuntu:~$ ifconfig
ens33: flags=4163<UP,BROADCAST,RUNNING,MULT
        inet 192.168.3.53  netmask 255.255.
        inet6 fe80::d4d5:443d:5f51:1455  pr
        ether 00:0c:29:e9:48:82  txqueuelen
        RX packets 10002  bytes 14036313 (1
        RX errors 0  dropped 0  overruns 0
        TX packets 4841  bytes 483299 (483.
        TX errors 0  dropped 0 overruns 0

lo: flags=73<UP,LOOPBACK,RUNNING>  mtu 6553
        inet 127.0.0.1  netmask 255.0.0.0
        inet6 ::1  prefixlen 128  scopeid 0
        loop  txqueuelen 1000  (Local Loopb
        RX packets 217  bytes 18741 (18.7 K
        RX errors 0  dropped 0  overruns 0
        TX packets 217  bytes 18741 (18.7 K
        TX errors 0  dropped 0 overruns 0

gyh@ubuntu:~$
```

```
ndis0: flags=4099<UP,BROADCAST,MULTICAST>  mtu
        ether 1a:31:58:cb:51:9d  txqueuelen 100
        RX packets 0  bytes 0 (0.0 B)
        RX errors 0  dropped 0  overruns 0  fra
        TX packets 0  bytes 0 (0.0 B)
        TX errors 0  dropped 0 overruns 0  carr

sb0: flags=4099<UP,BROADCAST,MULTICAST>  mtu 1
        ether 1a:31:58:cb:51:9f  txqueuelen 100
        RX packets 0  bytes 0 (0.0 B)
        RX errors 0  dropped 0  overruns 0  fra
        TX packets 0  bytes 0 (0.0 B)
        TX errors 0  dropped 0 overruns 0  carr

lan0: flags=4163<UP,BROADCAST,RUNNING,MULTICAS
        inet 192.168.3.49  netmask 255.255.255.
        inet6 fe80::1705:84a8:4879:f49f  prefix
        ether 84:5c:f3:27:00:88  txqueuelen 100
        RX packets 233584  bytes 27725499 (27.7
        RX errors 0  dropped 0  overruns 0  fra
        TX packets 533171  bytes 307444719 (307
        TX errors 0  dropped 0 overruns 0  carr
```

图 5-11　查看分布式网络主机的 IP 地址

```
128
129 export ROS_MASTER_URI=http://192.168.3.49:11311
130 export ROS_HOSTNAME=192.168.3.49
131 export ROS_IP=192.168.3.49
132
```

图 5-12　将机器人配置为主机

地址加端口号表示，这里就是机器人的 IP 加一个 ROS 系统默认的 11311 端口，如果我们不做特意的修改，这个端口号是不会变的。这样就完成了主机的配置，可以保存退出。

接下来配置作为从机的笔记本电脑，同样还是在 bashrc 配置文件中添加上述三行代码，ROS_HOSTNAME 主机名和 ROS_IP 按照实际的 IP 地址填写，重点关注一下 ROS_MASTER_URI，得按照实际运行 ROS Master 的机器人控制器 IP 地址填写，也就是 49(按照实际地址填写)将笔记本电脑配置为从机的结果如图 5-13 所示。修改好之后就可以保存退出。

```
118
119 #export PATH=/home/gyh/.local/bin:$PATH
120
121 source /opt/ros/noetic/setup.bash
122 source ~/catkin_ws/devel/setup.bash
123 source ~/agilex_ws/devel/setup.bash
124 export ROS_MASTER_URI=http://192.168.3.49:11311
125 export ROS_HOSTNAME=192.168.3.53
126 export ROS_IP=192.168.3.53
127
```

图 5-13　将笔记本电脑配置为从机

这样就全部配置完成了，在整个过程中，我们并没有修改功能代码。接下来通过键盘控制测试一下。把键盘节点的代码放在笔记本电脑上运行，看看能不能控制机器人运动。

首先通过一个终端或者远程桌面的方式启动 LIMO 机器人底盘，然后在笔记本电脑上运行键盘控制节点，接下来使用键盘控制机器人，机器人已经可以动起来了。

```
(机器人端) $ roslaunch limo_base limo_base.launch
(笔记本端) $ roslaunch limo_bringup limo_teletop_keyboard.launch
```

此时此刻，机器人底盘和传感器节点运行在机器人的控制器上，键盘控制节点运行在笔记本电脑里，两者之间的话题通信通过网络进行数据传输，我们并不需要修改应用代码，ROS 可以很方便地支持分布式通信。

5.4.2 移动机器人分布式控制

以此展开，之前我们控制机器人走圆，订阅机器人实时位姿等节点，这些机器人分布式控制是不是也可以在自己的笔记本电脑上运行？接下来再试一试。

```
(机器人端) $ roslaunch limo_bringup limo_start.launch
(笔记本端) $ roslaunch limo_bringup limo_teletop_keyboard.launch
(笔记本端) $ rosrun limo_demo limo_subscriber.py
```

在机器人上运行驱动节点，接下来在笔记本电脑上运行之前编写的画圆节点，机器人依然可以实现圆周运动。此时的速度话题 cmd_vel 就是由位于笔记本电脑上的节点发布的，订阅者依然还是在机器人上。

再来试试订阅者，在机器人上运行驱动节点后，笔记本电脑上分别运行订阅节点和键盘控制节点，通过键盘控制机器人移动后，是不是也可以看到机器人实时位姿的更新？此时笔记本电脑上运行了两个节点，一个是键盘节点，发布速度指令，另外一个是位姿订阅节点，订阅机器人位姿话题。查看机器人实时位置如图 5-14 所示。这些话题的数据传输，依然是依赖于网络实现的。

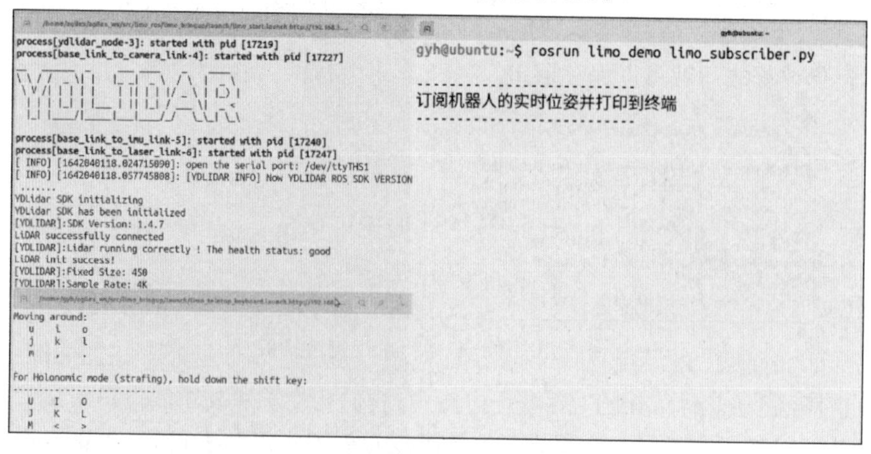

图 5-14 查看机器人实时位置

未来进行更为复杂的机器人应用时，同样的方法，我们就可以在笔记本电脑上运行一些消耗算力的程序，或者使用 Rviz 监测机器人的数据。机器人端主要运行各种驱动和必要的功能处理，大家分工明确，更适合复杂应用的开发过程。

5.5 本章小结

本章我们熟悉了机器人操作系统 ROS 环境下的移动机器人开发流程，主要分为五个步骤，分别是创建工作空间、创建功能包、编写源代码、设置编译规则，最后编译运行。以机器人运动控制为例，编写了一个发布者节点控制机器人画圆运动，编写了一个订阅者周期获取机器人的当前位姿，重点是大家需要理解发布者和订阅者的代码编写流程。最后，尝试把代码运行在不同的计算平台上，通过 ROS 的分布式通信配置，打通了笔记本电脑和机器人的通信，在未来复杂的应用中，便于调用多平台的算力。

第6章

移动机器人运动学

移动机器人是机器人“大军”中非常重要的一种类型，在生活和生产中也普遍存在，此时你脑海里想到了哪些机器人？再仔细想想，这些机器人是如何“移动”的？是像家里扫地机器人一样的两轮驱动，还是像马路上小汽车一样的前轮转向运动？不同的运动方式适合不同的移动场景，接下来探究这些运动方式背后的原理，一起学习移动机器人运动学的相关知识。

6.1 差速运动控制

什么叫差速？简单来说，就是通过两侧运动机构的速度差，来驱动机器人的前进或转弯。

平衡车就是典型的差速驱动。大家想象一下平衡车的运动方式，如果两个轮子的速度相同，一起往前转，平衡车整体就向前走；一起往后转，平衡车整体就向后走。如果左边轮子的速度比右边快，平衡车就会向右转，反之则是向左转。这就是差速运动最基本的运动方式。差速运动平衡车如图6-1所示。

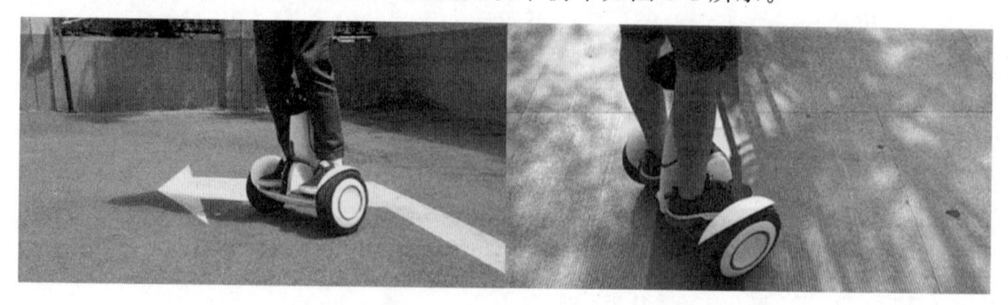

图6-1 差速运动平衡车

两轮差速运动分析如图6-2所示。从这张图中可以看到，差速运动的重点是两侧轮子的速度差，像家里用的扫地机器人，大家有兴趣可以翻起来看一下，一般左右两侧都有一个驱动轮，一共是两个轮子，可以叫作两轮差速。大家可能还看到过稍微大一些的车子，比如美团、京东的自动物流机器人，很多都是有四个驱动轮的，原理和两轮差速类似，但是负载和越障能力都更强，这就好像汽车中的两驱和四驱的差别，四驱的动力性能会更加强劲。

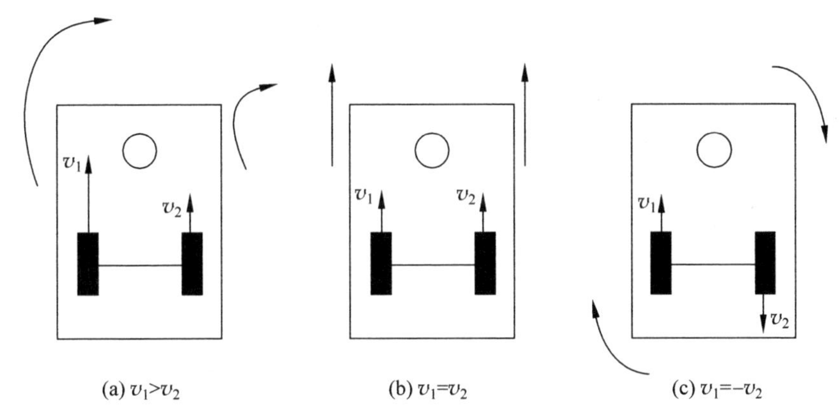

图 6-2 两轮差速运动分析

6.1.1 四轮差速运动

LIMO 机器人在差速模式下，就是一款四轮差速小车，我们看它背后的基本原理。

一台四轮差速运动的机器人可以简化成如图 6-3 所示右边的模型，其中四个车轮由四个单独的电机驱动，给机器人一个参考坐标系，红色箭头为 X 轴正方向，蓝色箭头为 Y 轴正方向，Z 轴沿着原点垂直向外，坐标原点为机器人的质心，坐标系满足安培右手定则。当四个车轮速度的大小和方向一样时，机器人就可以实现前进和后退。当四个车轮的速度不一样时，机器人将会产生转向运动。

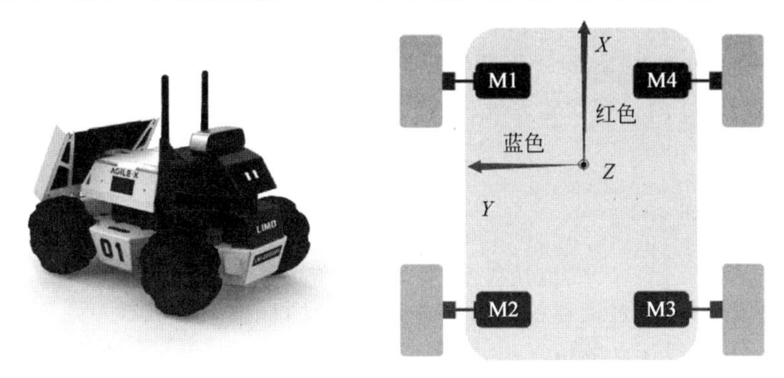

图 6-3 LIMO 机器人和四轮机器人模型

当机器人转向时，就意味着有一个转向中心点 ICR。以左前轮为例，轮子与地面接触点 A 的相对运动速度方向如图 6-4 所示，合速度方向与 A-ICR 相互垂直，但轮胎只能沿着纵向分速度方向转动，做一个速度分解就可以知道，还有一个沿轮子轴向的横向分速度。同理，四个轮子都做完速度分解后，会发现四个轮胎的横向分速度不同，因此机器人会产生旋转分运动，而纵向分速度产生纵向分运动，合成之后的运动就是机器人绕 ICR 点的圆周运动了。

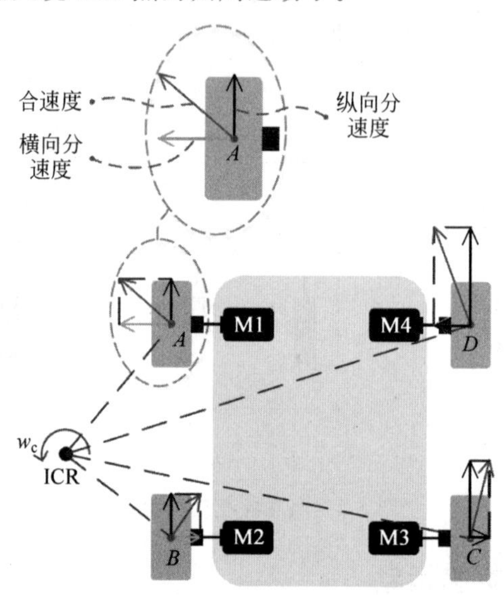

图 6-4 四轮驱动运动分析

我们都知道轮子是前后转的，这个纵向分速度是轮胎与地面的滚动摩擦产生的，而横向分速度是由轮胎与地面的滑动摩擦产生的，转向主要靠横向速度，也就是说转向是靠滑动摩擦产生的。转弯时，机器人的轮胎就要和地面摩擦，这也是差速运动废轮胎的原因。

四轮差速运动方式下，四个轮子独立驱动，负载性能、越障性能相对突出，但是转向时轮子和地面的摩擦较大，而且要同时控制四个轮子，实现精确控制并不容易。总体来讲，在真实的应用场景中，四轮驱动机器人多用于野外的非结构化场景。

我们使用 LIMO 体验一下四轮驱动机器人的运动方式。

首先把硬件调整到四轮差速模态，接下来启动机器人底盘，然后启动键盘控制节点。

```
$ roslaunch limo_base limo_base.launch
$ roslaunch limo_bringup limo_teletop_keyboard.launch
```

启动成功后，通过键盘控制 LIMO 前后运动，仔细观察机器人两侧四个轮子的运动速度，在直线运动的情况下，两侧四个轮子的速度基本是一致的。

再控制机器人左转或者右转，继续观察机器人的四个轮子，不同的转向角度，机器人四个轮子的速度也会有明显的区别。但是不管怎么转动，还是可以明显感觉到轮胎与地面的摩擦，如果是在一个比较光滑的地面上，可能还会听到清晰的摩擦声。LIMO 机器人差速模式如图 6-5 所示。

图 6-5　LIMO 机器人差速模式

以上就是四轮差速运动最基本的原理和运动效果。虽然四轮差速运动的越障能力比较强，但如果遇到更复杂的障碍，可能也束手无策。这时我们就会想到可以勇往直前的坦克。

6.1.2　履带差速运动

为了增强越障能力，可以将轮子换成类似坦克使用的履带，这样会更加适合室外非铺装路面的移动，如图 6-6 所示。

图 6-6　履带机器人

LIMO 机器人也支持履带运动，如图 6-7 所示，只需要在四轮差速运动模态的基础上，安装履带配件，就可以变身成为一个小坦克了。从操控上来看，这种运动方式和四轮差速类似，那这背后的原理是否也类似呢？

按照四轮差速机器人的原理，如果在机器人两侧继续增加轮子，动力明显就会更加强劲，四轮差速变成六轮差速、八轮差速、十轮差速，轮子数量越多，体积越小，两侧运动机构与地面的接触面就越大。假设轮子可以无限多,是不是就可以和地面连续接触了,这时不就变成履带了么?

没错,从基本的运动原理分析,履带可等效视为无穷多个小轮子,而且这些小轮子的转速还是一致的。或者我们可以把履带看成同步带,实现了左侧或右侧轮子的转速一致。履带式机器人运动分析如图 6-8 所示。

图 6-7 LIMO 机器人履带运动

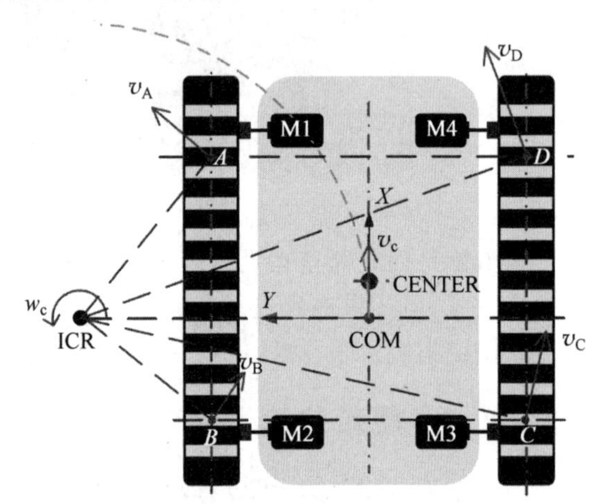

图 6-8 履带式机器人运动分析

所以,履带式机器人的转向方式和刚才介绍的四轮驱动机器人是一致的,也是滑动转向,转向时通过控制两侧履带的相对速度实现。

当然,两者也有一点区别,轮子与地面的接触可简化视为点接触,履带与地面的接触面积更大且跨度更长。可以理解为,履带对机器人的支撑面更大,对地面的压强较小。

总体来讲,履带式差速运动的机器人越障能力比较强,还可以爬坡,运动平稳也不易打滑,但是转向的时候阻力更大,能量和摩擦的消耗也就更多一些,一般多用于室外越野场景,尤其是在军事和消防领域。其需要应对各种各样的未知场景,这种运动方式就再适合不过了。

给 LIMO 安装履带配件,然后启动机器人底盘,再启动键盘控制节点。

```
$ roslaunch limo_base limo_base.launch
$ roslaunch limo_bringup limo_teletop_keyboard.launch
```

先控制机器人的前进和左右运行,直线运动时两侧的履带速度基本一致,转弯时,明显可以感觉到速度会有差异。

履带的特点是通过性好,我们把机器人放到室外复杂场景中挑战一下,可以看到机器人的运动还是很平稳的。

差速运动是机器人最为常用的一种运动方式,又可以细分为两轮差速、四轮差速、履带差速等多种运动形式,原理上有一些差别,但本质都是通过速度差实现机器人的控制。LIMO 机器人履带差速模式如图 6-9 所示。

图 6-9 LIMO 机器人履带差速模式

说到这里，大家可能会有疑问了，路上每天见到的汽车，看上去怎么和这里讲到的差速运动不太一样呢？

6.2 阿克曼运动控制

说到上路，汽车是最为常见的运动物体，如果大家了解过汽车底盘或者玩过仿真车模，那有可能听说过一个洋气的名字——阿克曼。

之前讲到差速运动在转弯时摩擦大，如果汽车也使用类似的结构，我们可能就得频繁更换轮胎了。如何减少轮胎的磨损呢？从四轮差速运动的原理上来看，只要我们尽量减少横向的分速度，让车轮以滚动为主，摩擦力就会减小。这就得优化机器人的运动结构，200 多年前，很多车辆工程师都在研究这个问题。

1817 年，一位德国车辆工程师率先发明了一种可以减少摩擦的运动结构，之后又由他的英国代理商 Ackermann 在 1818 年申请了专利，这就是我们现在说到的阿克曼运动的理论原型，也称为阿克曼转向几何，这种结构解决的核心问题就是让车辆可以顺畅转弯，如图 6-10 所示。

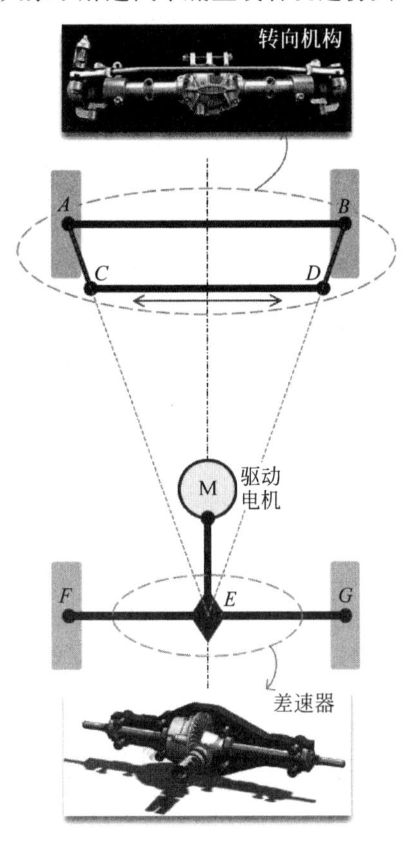

图 6-10 阿克曼转向几何模型

大家可以想象一下经常看到的小汽车，我们把它的运动模型简化成图 6-10，分析下阿克曼运动的基本原理。汽车运动的两大核心部件一个是前边的转向机构，由方向盘控制前轮转向，这个比较好理解；通过之前差速运动的分析，我们知道在转弯时后侧两个轮子的速度是不一样的，所以另外一个核心部件就是差速器，分配后轮转向时的差速运动。

上半部分的转向机构，可简化为等腰梯形 ABCD，这是一个四连杆机构。连杆 AB 是基座，固定不动；连杆 CD 可以左右摆动，从而带动杆 AC 和 BD 转动，杆 CA 绕点 A 转动，A 点的轴与轮胎是固定连接关系，因此杆 CA 转动时，左前轮也在转动。右前轮的原理也是一致的。

这两个前轮的转向是联动的，都算是被动轮，仅有一个自由度，由一个方向盘驱动。这种转向方式就是阿克曼运动的核心，也称为阿克曼转向机构。

下半部分的差速器，输入端连接着驱动电机，输出端连接着左右两个后轮。差速器的作用是将电机输出功率自动分配到左右轮，能够根据前轮转向角自动调节两个后轮的速度，因此两个后轮是主动轮，也就是驱动车辆运动的动力来源。

如果一款机器人使用了类似的阿克曼运动结构，直线运动时和四轮差速运动一样，但是在转弯时，两个前轮可以维持两个轮子的转向角，满足一定的数学关系，从图 6-10 中表现为 AC 和 BD 的延长线交于点 E，转弯过程中，E 点始终在后轮轴线的延长线上，差速器根据转向角度动态分配两个后轮的转速，尽量减小每个轮子的横向分速度，从而避免了过度磨损轮胎。

LIMO 机器人在四轮差速状态下，可以一键切换到阿克曼运动模态，只需要把前端两个插销拔起即可。此时 LIMO 将采用前轮转向，后轮驱动的方式进行运动，我们需要协同控制机器人前端的转角和后轮的运动速度，才能达到控制要求。

图 6-11 所示是阿克曼运动的原理图，大家仔细看两个前轮和两个后轮的状态，像不像两个并驾齐驱的自行车呢，大家手拉手一起转弯。没错，我们可以把阿克曼模型等效简化为自行车模型，这两种模型在运动机理方面基本一致。大家再想想我们平时骑自行车的画面，车把控制前轮转向，但没有动力，脚蹬通过一系列

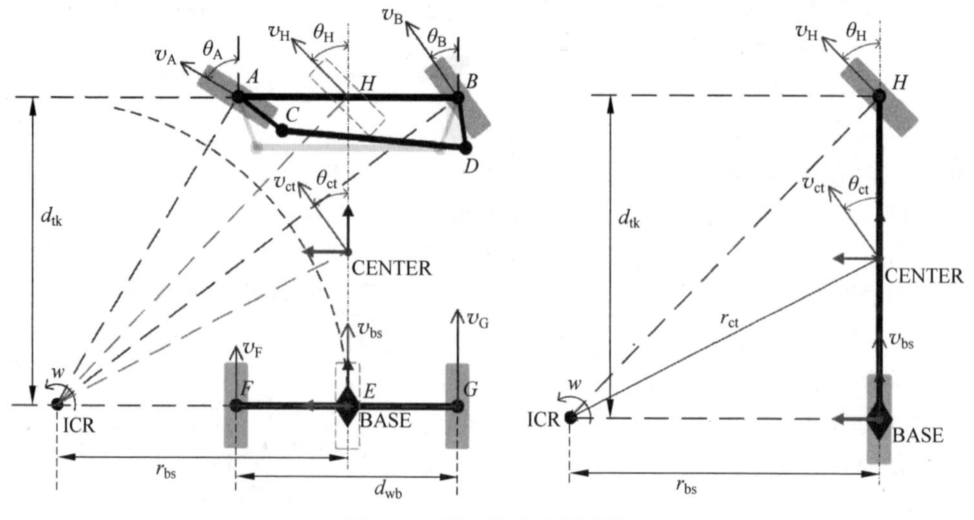

图 6-11　阿克曼运动原理图

齿轮传送动力到后轮上,驱动自行车运动,这些齿轮就相当于是差速器。这样可以更好地理解阿克曼运动原理呢。

总结:在实际应用场景中,阿克曼结构的运动稳定性较好,越障能力也不错,多适用于室外场景;但是大家回想一下驾照考试中的侧方停车和倒库,是不是难度很大?没错,这种运动方式在转弯时会有一个转弯半径,操作起来没有那么灵活。LIMO机器人阿克曼模式如图6-12所示。

图6-12 LIMO机器人阿克曼模式

接下来使用实物体验一下。在LIMO四轮差速的运动模态下,拔出前端的两个插销,然后运行如下两条指令,启动机器人底盘和键盘控制节点。

```
$ roslaunch limo_base limo_base.launch
$ roslaunch limo_bringup limo_teletop_keyboard.launch
```

接下来就可以通过键盘控制机器人运动,前后的直线运动和差速没什么区别,大家试一下左右转弯,明显可以看到两个前轮在转弯的时候会有左右偏转,再通过后轮的动力驱动机器人整体运动。

6.3 全向运动控制

全向运动就是让机器人在一个平面上自由行动。可以实现全向运动的方式有很多,我们这里主要介绍其中一种——麦克纳姆轮全向运动。

这种全向运动的核心就在于轮子的结构设计,即麦克纳姆轮(简称麦轮),使用这种轮子的运动模式非常多,包括前行、横移、斜行、旋转以及其各种组合动作,都没问题。相较于生活中常见的橡胶轮胎,麦轮显得与众不同,如图6-13所示。麦轮看上去就非常复杂,它由轮毂和辊子两个部分组成,轮毂是整个轮子的主体支架,辊子是安装在轮毂上的鼓状物,也就是很多个小轮子。

辊子在轮毂上的安装角度很有学问,如图6-14所示,轮毂轴线与辊子转轴夹角呈45°,理论上该夹角可为任意值,主要影响未来的控制参数,但市面上的主流麦轮使用的都是45°角。为满足这种几何关系,轮毂边缘采用了折弯工艺,可为辊子的转轴提供安装孔,但是很明显,每个辊子并没有电机驱动,它是不能主动来转动的,可以看作被动轮。电机将会安装在轮毂的旋转轴上,驱动轮毂转动,所以轮毂可以看作主动轮。

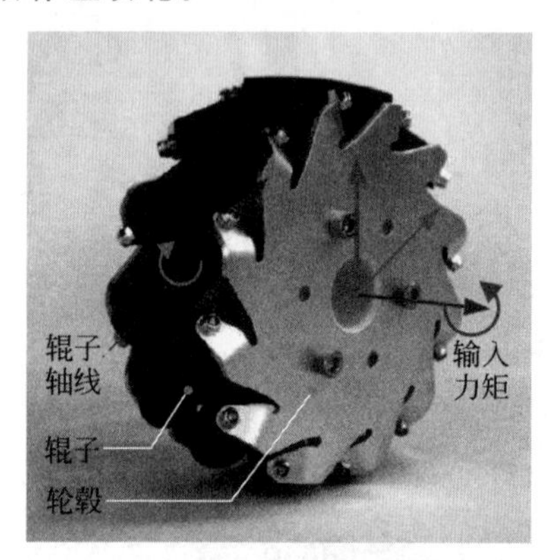

图6-13 麦克纳姆轮

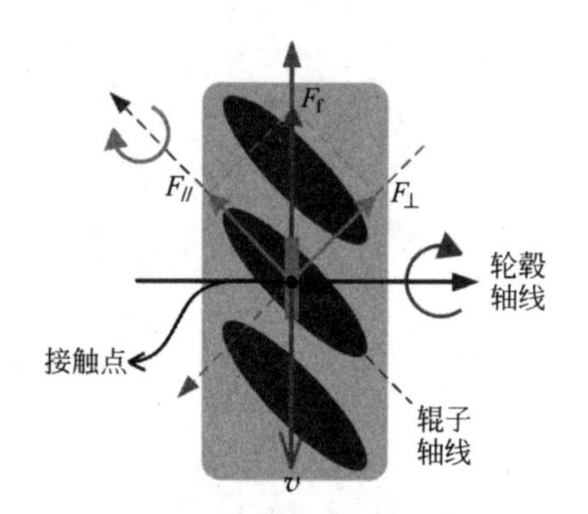

图6-14 麦克纳姆轮分析

当一个麦轮开始转动后,作为轮毂的主动轮开始旋转,但它并没有直接和地面接触,产生不了运动,而是带动辊子与地面发生摩擦,从而产生运动。

如图6-14所示,在运动状态下,地面作用于辊子的摩擦力(F_f)可以分解为滚动摩擦力($F_\perp$)和静摩擦力($F_{//}$)。滚动摩擦力促使辊子转动,相当于辊子在自转,对于机器人整体并没有产生驱动力,所以属于无效运动;静摩擦力促使辊子相对地面运动,而辊子被轮毂固定着,产生的反作用力带动整个麦轮沿着辊子轴线做运动。当轮毂逆时针旋转时,整个轮子运动方向为左上45°;轮毂顺时针旋转,整个轮子的运动方向为右下45°。

所以,改变辊子轴线和轮毂轴线的夹角,就可以改变麦轮实际受力的运动方向。

了解了麦轮的运动特性,那我们把机器人的四个轮子都换成麦轮,通过不同角度下的速度分配,岂不就可以通过四个轮子的速度合成,产生不同角度的运动了么?没错,将麦轮按照一定排布方式进行配置,就可以组成一个麦轮全向移动平台。

介于麦轮的运动特点,麦轮平台的构型是有规律的:两前轮和两后轮关于横向中轴线上下对称,两左侧轮和两右侧轮关于纵向中轴线左右对称。这种对称结构是为了平衡纵向轴或横向轴上的分力。

我们把麦轮平台描绘为如图6-15这样一个模型,分析机器人的全向运动原理。

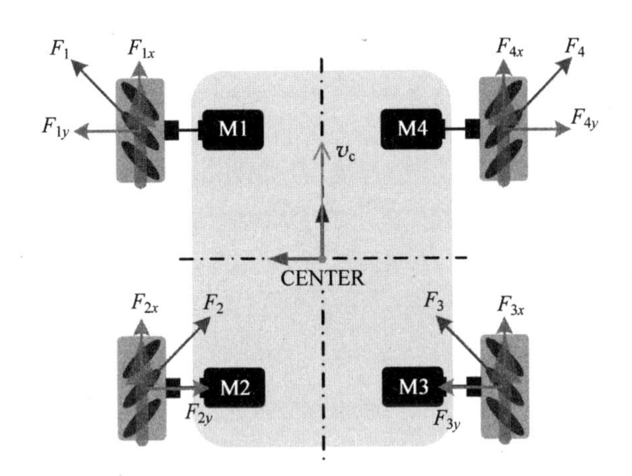

图 6-15　麦轮平台模型

之前已经发现，静摩擦力是驱动每个麦轮运动的力，我们将静摩擦力沿着轮毂坐标系的坐标轴分解，可以得到一个纵向的分力和一个横向的分力。

如果要让机器人向前运动，就得让左右两侧的轮子把这里的横向分力抵消掉，所以两个轮子是对称的，如果不对称，那横向分力都是朝一个方向，机器人就走偏了。如果要让机器人横着向左运动，那就得把纵向分力抵消掉，一个轮子向后转，一个轮子向前转。如果要让机器人斜着走怎么办，对侧的轮子不转就可以了，运动的这两个轮子合力就是斜向前 45°。

可见，麦轮平台的运动就是各个轮子之间“力”的较量，这里必须要感谢牛顿发现了力学的奥秘。当然，要满足分力相互抵消的条件是转速大小相同，这个在实际场景中会有误差，所以想要达到精准控制并不容易。

总体而言，麦轮全向方式的灵活性好，因为没有转弯半径，适合在狭窄有限的空间中使用，但是由于力的相互抵消，也带来了能量的损耗，所以效率不如普通轮胎。辊子的磨损也会比普通轮胎严重，因此适用于比较平滑的路面。此外，辊子之间是非连续的，运动过程中会有震动，最明显的感觉就是机器人走起来，噪声明显更大，还得另外设计悬挂机构来消除震动。

LIMO 机器人同样支持麦克纳姆轮全向运动，如图 6-16 所示，给它换上麦克纳姆轮，两端的插销保持在插入状态，然后运行如下这两条指令，启动底盘和键盘控制节点。

```
$ roslaunch limo_base limo_base.launch
$ roslaunch limo_bringup limo_teletop_keyboard.launch
```

先控制机器人前后左右运动，几乎和四轮差速没有区别。没错，麦克纳姆轮也可以像四轮差速一样原地旋转。

开启键盘的大写输入，继续控制机器人左右移动，机器人瞬间打通任督二脉，可以开始横向运动了。LIMO 机器人全向运动如图 6-16 所示。

图 6-16　LIMO 机器人全向运动

6.4　本章小结

本章我们一起学习了机器人的常见运动模态，包括四轮差速运动、履带差速运动、阿克曼运动和麦克纳姆轮全向运动，重点是带领大家了解每种运动模态的基本原理，学会各种运动学原理的数学推导，大家可以参考相关资料学习。

第三篇

移动机器人应用

第7章

机器人视觉处理

对于人类来讲，90%以上的信息都是通过视觉获取的，眼睛就是获取大量视觉信息的传感器，然后再交给大脑这个“处理器”处理，接着我们才能理解外部环境，建立世界观。如何让机器人也能理解外部环境呢？首先想到的就是给机器人也安装一双眼睛，是否可以和人类一样来理解世界了呢？但是这个视觉处理过程可比人类复杂得多，本章就来学习机器人中的视觉处理技术。

机器人会成为家庭中的一员，帮助我们处理繁杂的家务工作，如图7-1所示的这款机器人。它想完成洗碗的工作，首先就需要通过视觉找到碗的位置，然后分析该如何进行抓取，并将碗放入到洗碗机中，并关闭洗碗机的门。除了洗碗，机器人还可以帮助我们叠衣服，摆放物品，倒红酒，插花等，这些任务的完成，都离不开机器视觉的参与。

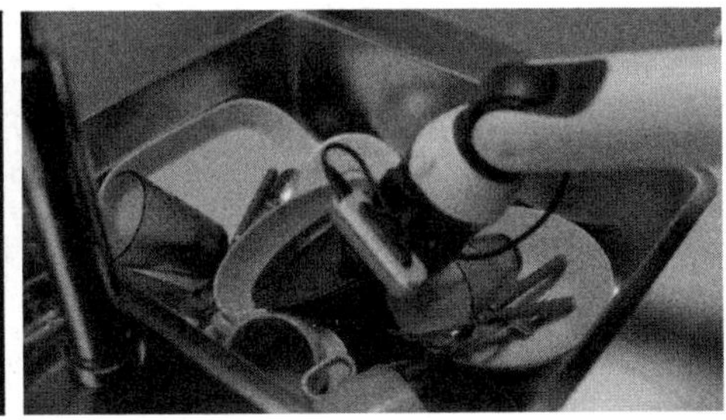

图7-1　家庭服务机器人

可见，视觉处理对于机器人的发展非常重要，这也是当前机器人技术中的热点之一。

7.1　机器视觉原理

机器视觉，就是用计算机来模拟人眼的视觉功能，这并不仅是人眼功能的简单延伸，更重要的是像人脑一样，可以从客观事物的图像中提取信息，进行处理并加以理解，最终用于实际检测、控制等场景。

获取图像信息相对简单，但想让机器人理解图像中千变万化的物品，就难上加难了。机器视觉是一个涉猎广泛的交叉学科，横跨人工智能、神经生物学、物理学、计算机科学、图像处理、模式识别等诸多领域。时至今日，在各个领域中，都有大量开发者或组织参与其中，也积累了众多技术，依然还有很多问题亟待解决，机器视觉的研究也将会是一个长久的工作。

与机器视觉相关的关键技术不少，比如视觉图像的采集和信号处理，这个过程主要是通过传感器硬件采集外部光信号的过程，光信号最终会转变成数字电路的信号，便于下一步的处理；获取图像之后，更重要的是要识别图像中的物体，确定物体的位置，或者检测物品的变化，这就要用到模式识别或者机器学习等技术，这个部分也是当今机器视觉研究的重点。

和人类的两只眼睛不同，机器用于获取图像的传感器种类较为丰富，可以是一个摄像头，也可以是两个摄像头，还可以是三个、四个和更多摄像头，不仅可以获取颜色信息，还可以通过红外相机获取深度或者能量信息。当然，这也会对后期的处理带来不同的计算压力。

在工业领域，机器视觉系统已经被广泛用于自动检验、工件加工、装配自动化以及生产过程控制等领域。随着机器人的快速发展和应用，机器视觉也逐渐应用于农业机器人、AMR物流机器人、服务机器人中，机器视觉技术应用在农场、物流、仓储、交通、医院等多种环境中，应用示例如图7-2所示。

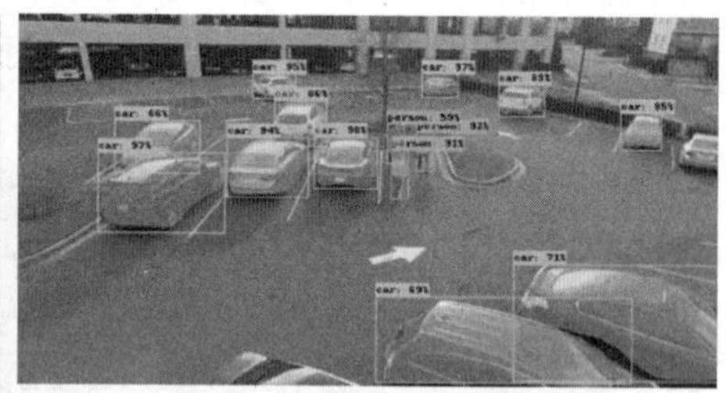

图7-2 机器视觉在工业和交通领域的应用示例

人类视觉擅长对复杂、非结构化的场景进行定性解释，但机器视觉凭借速度、精度和可重复性等优势，非常适合对结构化场景进行定量测量。

典型的机器视觉系统可以分为如图7-3所示的三个部分：图像采集、图像分析和控制输出。

图像采集注重对原始光学信号的采样，是整个视觉系统的传感部分，核心是相机和相关的配件。其中，光源用于照明待检测的物体，并突显其特征，便于让相机能够更好地捕捉图像。光源是影响机器视觉系统成像质量的重要因素，好的光源和照明效果对机器视觉判断影响很大。当前，机器视觉的光源已经突破人眼的可见光范围，其光谱范围跨越红外光（IR）、可见光、紫外光（UV）乃至X射线波段，可

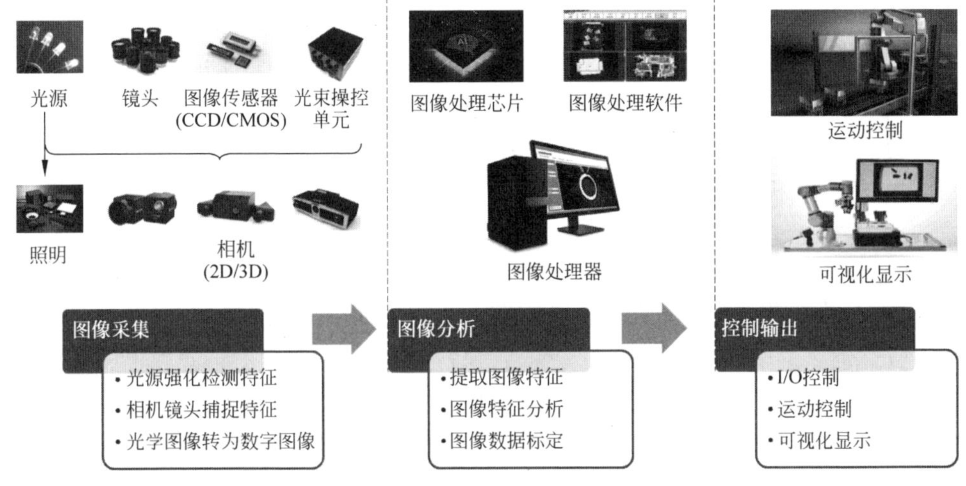

图 7-3 机器视觉系统的三个典型部分

实现更精细和更广泛的检测范围,以及特殊成像需求。

相机被喻为机器视觉系统的眼睛,承担着图像信息采集的重要任务。图像传感器又是相机的核心元器件,主要有 CCD 和 CMOS 两种类型,其工作原理是将相机镜头接收到的光学信号转化成数字信号。选择合适的相机是机器视觉系统设计的重要环节,不仅直接决定了采集图像的质量和速度,同时也与整个系统的运行模式相关。

图像处理系统接收到相机传来的数字图像之后,通过各种软件算法进行图像特征提取、特征分析和数据标定,最后进行判断。这是各种视觉算法研究最为集中的部分,从传统的模式识别算法,到当前热门的各种机器学习方法,都是为了更好地让机器理解环境。

对于人眼来讲,识别出某一个物体是苹果很简单,但是对于机器人,就需要提取不同种类、不同颜色、不同形状的苹果特征,然后训练得到一个苹果的模型,再通过这个模型对实时图像做匹配,从而分析面前这个物体到底是不是苹果。

在机器人系统中,视觉识别的结果最终要和机器人的某些行为绑定,也就是第三个部分——控制输出,包含 I/O 控制、运动控制、可视化显示等。当图像处理系统完成图像分析后,将判断的结果发给机器人的控制输出,接下来机器人完成运动控制。比如视觉识别到了抓取目标的位置,通过 I/O 口控制夹爪完成抓取和放置,过程中识别到的结果和运动的状态都可以在上位机中显示,方便我们监控。

就机器视觉而言,在这三个部分中,图像分析占据了核心。图像分析使用的开源软件或者框架非常多,我们来了解最为常用的几个。

7.2 机器视觉常用软件

7.2.1 OpenCV

计算机视觉和机器视觉的市场巨大,而且在持续增长。在 2000 年前,虽然大家都发现了这个机会，但基本都是各做各的，很多科研机构以学术研究为目的，做了不少机器视觉相关的研究，但是对应的代码不稳定，对硬件的可移植性很差，换一个计算机就无法使用了，而且很难与其他软件兼容。

商业化公司花费巨额资金开发了诸如 Halcon、Matlab 等软件，好用但是定价不菲。总之，在机器视觉领域，此时还没有一套标准的 API，进行视觉处理相关开发的成本巨大。面对这样的背景，英特尔公司在 1999 年正式启动了 OpenCV 项目，核心目的是提供一套开源而且标准的机器视觉处理库，推动全球范围内机器视觉的研究，一个著名的开源软件就此诞生。

OpenCV 主要使用 C/C++语言编写，执行效率较高，OpenCV 实现了图像处理和计算机视觉方面很多的通用算法，这样我们在开发视觉应用时，就不需要重新去造轮子，而是基于这些基础库，专注自己应用的优化。同时，大家使用的基础平台一致，只要你看得懂 OpenCV 的函数，就可以很快熟悉其他开发者用 OpenCV 写的代码，大家交流起来非常方便。

和机器人操作系统一样，一款可以快速传播的开源软件，一般都会选择相对开放的许可证，OpenCV 主要采用 BSD 许可证。基于 OpenCV 写的代码，可以对原生库做修改，不用开源，还可以商业化应用。OpenCV 目前支持的编程语言也非常多，无论你熟悉哪一种，都可以调用 OpenCV 快速地开始视觉开发，比如 C++、Python、Java、Matlab 等，而且还支持 Windows、Linux、Android 和 Mac OS 等操作系统。

OpenCV 提供的功能非常多，在后续的内容中会给大家介绍一些基础的图像处理方法，大家如果想要深入研究，还可以网上搜索相关的内容。

7.2.2 TensorFlow

近十年来，人工智能和机器学习发展迅猛，结合机器学习进行机器视觉检测成为新的发展趋势。相比传统图像处理软件，机器学习能够让机器视觉适应更多的变化，从而提高复杂环境下的精确程度。同时，机器学习也能够大幅减少开发和测试时间，这给机器视觉领域带来了巨大的机遇。

在人工智能和机器学习浪潮的推动下，一系列通用平台进入大家的视线，其中最为火爆的一款就是 TensorFlow。TensorFlow 是 Google 在 2015 年底发布的机器学习平台，因为其速度快、扩展性好等特点，快速在学术和产业界推广开来。TensorFlow 很重要的一个优势就是支持多种硬件设备，大到 GPU、CPU，小到手机平板，五花八门的设备都可以跑起来。大量生活场景正在被基于 TensorFlow 等平台的 AI 服务所改变。

TensorFlow 的整体技术框架分为两个部分：前端系统提供编程模型，负责构造计算图；后端系统提供运行时环境，负责执行计算图，TensorFlow 技术框架如图 7-4 所示。

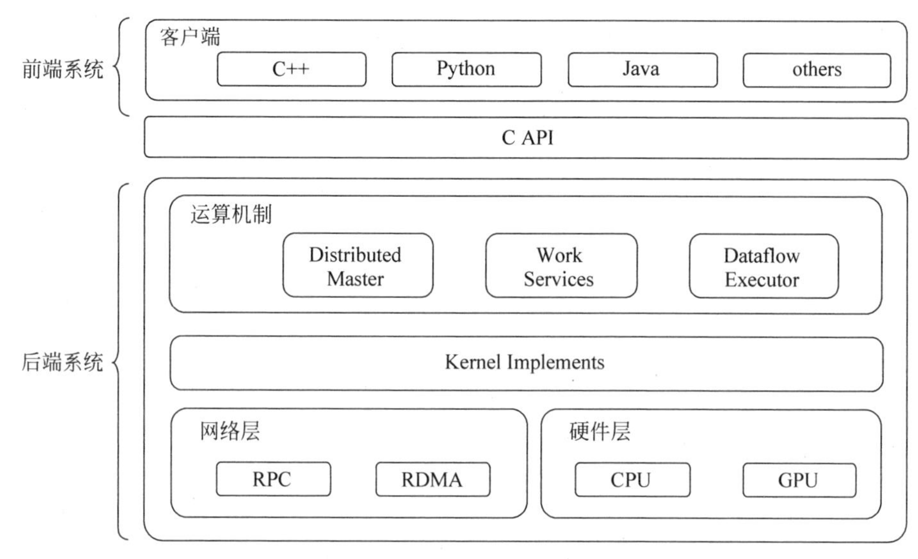

图 7-4 TensorFlow 技术框架

在 TensorFlow 的计算图中，数据流是重点，数据在这个图中以张量（tensor）的形式存在，节点在图中表示数学操作，边表示节点间数据的流向。在机器学习的训练过程中，张量——也就是数据，会不断从数据流图中的一个节点流向（flow）另外一个节点，从而完成一系列数学运算，最终得到结果。这就是 TensorFlow 名称的由来。

TensorFlow 跨平台性好，可以在 Linux、macOS、Windows、Android 等系统下运行，还可以在众多计算机中分布式运行，回想一下多年前战胜人类的围棋 AI——AlphaGo，其后台拥有上万台计算机，是基于 TensorFlow 搭建的最强大脑。

当然，TensorFlow 也有不足之处，主要表现在它的代码比较底层，需要用户编写大量的应用代码，而且有很多相似的功能，用户不得不重新造轮子。此外，TensorFlow 是 Google 资深工程师开发的，使用了复杂的技术和概念，对于大众开发者来讲，上手学习的门槛高。熟悉这类语言开发的人可以用得炉火纯青，做出很炫酷的效果，不熟悉的人上手就得花费很长时间。对此，TensorFlow 官方也提供了一些开源例程和很多训练好的模型，其中之一就是 TensorFlow Object Detection API，它搭建了多种优秀的深度卷积神经网络，可以帮助开发者轻松构建，训练和部署对象检测模型。

TensorFlow Object Detection 如图 7-5 所示，在 TensorFlow 目标检测的例程中，可以识别图片中的小狗、人、风筝等目标，在这套开源的框架中，官方还附带了 80 多种已经训练好的目标模型，包含了我们生活中常见的物品，比如图中识别到的碗、西兰花，杯子、桌子、瓶子等。

TensorFlow Object Detection API，为我们演示了一整套 TensorFlow 工程应用的流程，按照这个流程，我们就可以快速开发视觉目标检测了。

图 7-5 TensorFlow Object Detection

7.2.3 PyTorch

2017 年初，Facebook 发布了另外一个开源的机器学习库——PyTorch，虽然底层也是用 C++实现的，但是上层主要支持 Python。PyTorch 技术框架如图 7-6 所示。如果用编程语言做一个类比，TensorFlow 需要先构建计算图，这就类似 C 语言，运行之前需要先进行编译，但是可以适配不同的硬件平台，效率较高；而 PyTorch 和 Python 语言相似，可以动态构建图结构，简单灵活，但是功能的全面性和跨平台性稍差。

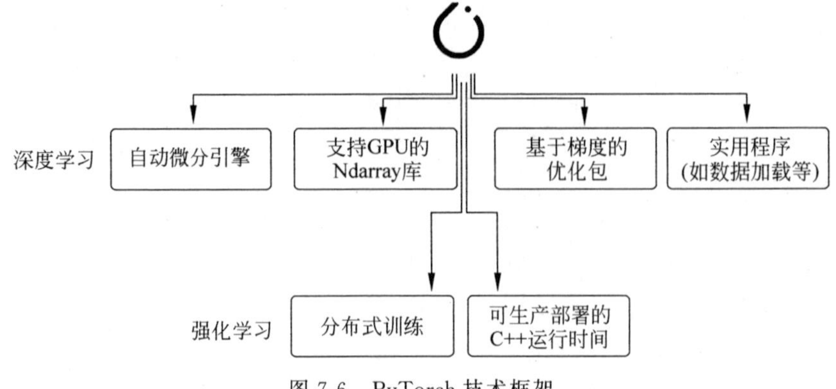

图 7-6 PyTorch 技术框架

除此之外，PyTorch 的设计追求最少的封装，尽量符合开发者的思维模式，避免重复造轮子，让用户尽可能地专注于实现自己的想法，所思即所得，不需要考虑太多关于框架本身的约束。不像 TensorFlow 中的张量、图、操作、变量等抽象的概念，PyTorch 精简了很多，源码也只有 TensorFlow 的十分之一左右。更少的抽象、更直观的设计，使得 PyTorch 的源码易于阅读，也更容易进行调试，就像 Python 代码一样。

TensorFlow 和 PyTorch 都是优秀的机器学习开源框架，两者的功能类似，TensorFlow 跨平台性能更好，PyTorch 灵活易用性更好，两者都有较为广泛的应用。而且，作为机器学习的计算平台，两者不仅都可以用于机器视觉识别，还可以用于自然语言理解、运动控制等诸多领域。

7.2.4　yolo

yolo 是当前最为热门的一种实时目标检测系统，其在 2015 年提出，全称是 You only look once，看一眼就能够识别出来，可见实时性对 yolo 是至关重要的指标。yolo 算法将对象检测重新定义为一个回归问题，运用单个卷积神经网络(CNN)，将图像分成网格，并预测每个网格的对象概率和边界框。

以一个 100×100 的图像为例，yolo 的 CNN 网络将输入的图片分割成 7×7 的网格，然后每个网格负责去检测那些中心点落在该格子内的目标，如图 7-7 所示。小狗这个目标的中心点在左下角的网格中，那该网格就负责预测狗这个对象。

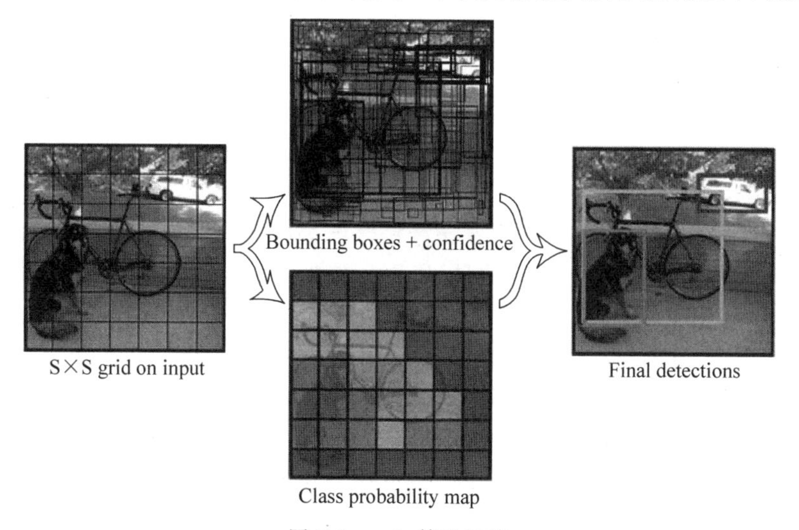

图 7-7　yolo 算法思路

每个网格中将有多个边界框，在训练时我们希望每个对象只有一个边界框，比如最终只有一个边界框把这只狗包起来。因此，我们会根据哪个边界框与之前标注的重叠度最高来预测对象的位置和概率。

最终包围对象的边界框，就是识别的结果，使用四个描述符进行说明。

① 边界框的中心位置。

② 边界框的高度。

③ 边界框的宽度。

④ 识别到对象所属的类。

这样就完成了对目标的实时检测，拿到目标检测的信息之后，就可以进行后续的机器人行为控制了。yolo 识别的速度非常快，它能够处理实时视频流，比如车辆行驶的动态监测、自然环境中的目标识别，有着非常广泛的应用价值。

以上就是当前较为热门的机器学习和目标检测框架，用于机器视觉的开源软件还有很多，这里我们就不再一一列举了。

7.3 机器视觉常用传感器

说完图像处理部分的常用框架之后，我们再来了解图像采集部分常用的传感器，如图 7-8 所示。

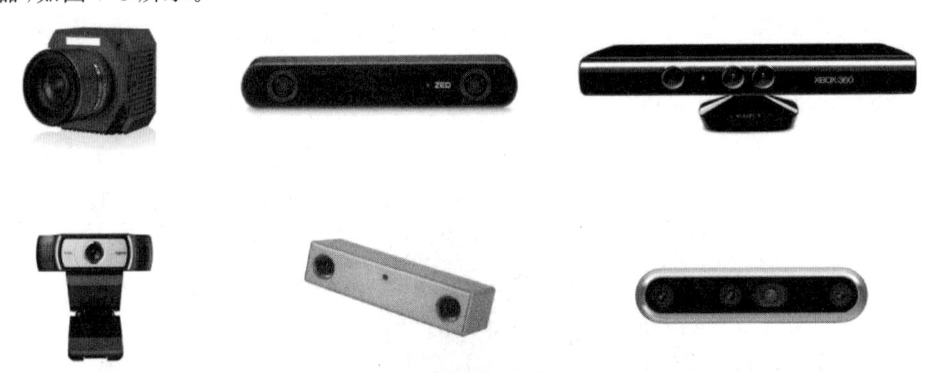

图 7-8 常用视觉传感器

随着半导体行业的发展，机器视觉系统逐渐集成化、小型化、智能化，很多智能相机看上去小巧玲珑，不过巴掌大小，但是内部已经集成了高速处理器，直接输出的就是识别的结果，省去了外接的控制器。

传统视觉相机获取的是二维图像，缺少空间深度信息，随着工作要求越来越复杂，3D 成像与传感技术的出现，不仅有效解决了复杂物体的模式识别和 3D 测量难题，同时还能实现更加复杂的人机交互功能，受到越来越广泛的应用。

目前，工业领域主流的 3D 视觉技术方案主要有三种：飞行时间（ToF）法、结构光法、双目立体视觉法。这些 3D 视觉技术也给相机的硬件带来变革，相应的核心传感器和半导体芯片技术也发展迅速。

针对机器人这些常用的视觉传感器，机器人操作系统 ROS 有标准的驱动包和消息定义。我们先来看看最为常用的二维彩色摄像头，以大家笔记本电脑上的摄像头为例，我们使用 ROS 驱动包，把它跑起来。

7.3.1 相机驱动

打开 Ubuntu 系统，打开终端，输入如下命令，安装 ROS 的 USB 相机驱动包，安装完成后，就可以运行相机驱动了。

```
$ sudo apt - get install ros - noetic - usb - cam
```

如果使用的是虚拟机，我们需要先把笔记本电脑相机连接到虚拟机里面：单击虚拟机选项，在可移动设备中连接摄像头。

接下来用 roslaunch 运行 usb_cam 提供的一个测试 launch 文件，驱动相机并且把相机里面的图像信息通过 ROS 话题发布出来，如图 7-9 所示。可以看到此时的图像信息，这个图像信息是由 ROS 驱动之后，通过 ROS 的消息发布出来的图像话题数据。

```
$ roslaunch usb_cam usb_cam - test.launch
```

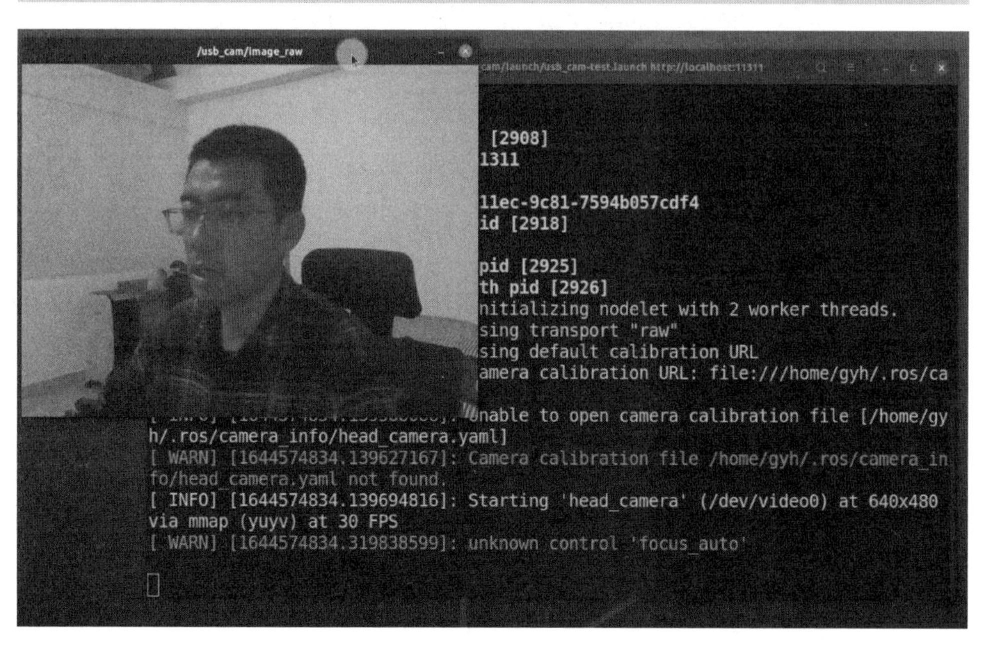

图 7-9 相机驱动与图像显示

我们也可以用 ROS 里面的小工具来做订阅与显示，输入如下命令。

```
$ rqt_image_view
```

稍等一会儿就会看到如图 7-10 所示的图像信息，如果没有图像信息弹出，大家可以在下拉框里面选择需要订阅的图像话题。其中 usb_cam/image_raw 是原始的

RGB 图像信息，信息量比较大，大家也可以选择 usb_cam/image_raw/compressed，这个是压缩后的数据，减少了图像传输的数据量。大家可以分别订阅来做显示，如果图像显示成功，说明 ROS 里面 USB 驱动包安装成功。

图 7-10　rqt_image_view 图像信息显示

刚才安装的 usb_cam 驱动包，可以驱动大部分标准协议的 usb 相机，同时也提供了不少可供调试的参数，如图像的分辨率、编码格式、帧率、亮度、饱和度等。在实际使用过程中，大家可以根据需求，结合摄像头性能进行调试。usb_cam 功能包中的话题如表 7-1 所示。

表 7-1　usb_cam 功能包中的话题

	名　称	类　型	描　述
Topic 发布	～<camera_name>/image	sensor_msgs/Image	发布图像数据

usb_cam 功能包中的参数如表 7-2 所示。

表 7-2　usb_cam 功能包中的参数

参　数	类型	默认值	描　述
～video_device	string	"/dev/video0"	摄像头设备号
～image_width	int	640	图像横向分辨率
～image_height	int	480	图像纵向分辨率
～pixel_format	string	"mjpeg"	像素编码，可选值：mjpeg、yuyv、uyvy
～io_method	string	"mmap"	IO 通道，可选值：mmap、read、userptr
～camera_frame_id	string	"head_camera"	摄像头坐标系

续表

参　　数	类型	默认值	描　　述
～framerate	int	30	帧率
～brightness	int	32	亮度,0～255
～saturation	int	32	饱和度,0～255
～contrast	int	32	对比度,0～255
～sharpness	int	22	清晰度,0～255
～autofocus	bool	false	自动对焦
～focus	int	51	焦点(非自动对焦状态下有效)
～camera_info_url	string	—	摄像头校准文件路径
～camera_name	string	"head_camera"	摄像头名称

7.3.2 图像数据解析

刚才看到的原始图像数据,在 ROS 中是通过 Image 这个消息进行定义的。sensor_msgs/Image 消息结构如图 7-11 所示。

```
→ ~ rosmsg show sensor_msgs/Image
std_msgs/Header header
  uint32 seq
  time stamp
  string frame_id
uint32 height
uint32 width
string encoding
uint8 is_bigendian
uint32 step
uint8[] data
```

图 7-11　sensor_msgs/Image 消息结构

该类型图像数据的具体内容如下:

① Header:消息头包含图像的序号、时间戳和绑定坐标系。

② height:图像的纵向分辨率,即图像包含多少行的像素点。

③ width:图像的横向分辨率,即图像包含多少列的像素点。

④ encoding:图像的编码格式,包含 RGB、YUV 等常用格式,不涉及图像压缩编码。

⑤ is_bigendian:图像数据的大小端存储模式。

⑥ step:一行图像数据的字节数量,作为数据的步长参数。

⑦ data:存储图像数据的数组,大小为 step×height 个字节。

大家可以回忆下计算机上常见的图片文件后缀,一般都是 jpeg、png 或者 bmp,这些后缀是什么意思呢?其实就是表示图像压缩之后的编码格式。每种格式都是一种国际标准的图像压缩算法,ROS 针对这些常用的压缩图像数据,也进行了标准的消息定义,看上去更加精简。

除了消息头之外还有两个部分:一个是图像压缩的编码格式,另外一个就是具体的数据了。因为这些压缩方法都遵循国际标准,所以按照标准方法压缩后放到 data 数组里,用时再用标准方法解码就行了。sensor_msgs/CompressedImage 消息结构如图 7-12 所示。

压缩之后的图像数据,往往可以节省 70%以上的空间,如果有传输压力则推荐大家优先考虑压缩数据。

```
→  ~ rosmsg show sensor_msgs/CompressedImage
std_msgs/Header header
  uint32 seq
  time stamp
  string frame_id
string format
uint8[] data
```

图 7-12 sensor_msgs/CompressedImage 消息结构

7.4 物体识别与跟踪

理解了图像识别的基础原理，接下来就动手实践一下。先来看一个物体识别与跟踪的案例，在这个案例中，希望机器人可以识别某一红色移动物体，并且跟随该物体运动。

7.4.1 实现原理

如何对物体进行识别呢？这里将使用简单的图像处理算法完成。

物体识别流程如图 7-13 所示。以这个图片为例，我们想识别粉色的垃圾桶。很明显，垃圾桶的颜色在图片中还是比较明显的，问题就简化为识别这个粉色的区域，具体这个物品是什么其实并不重要。

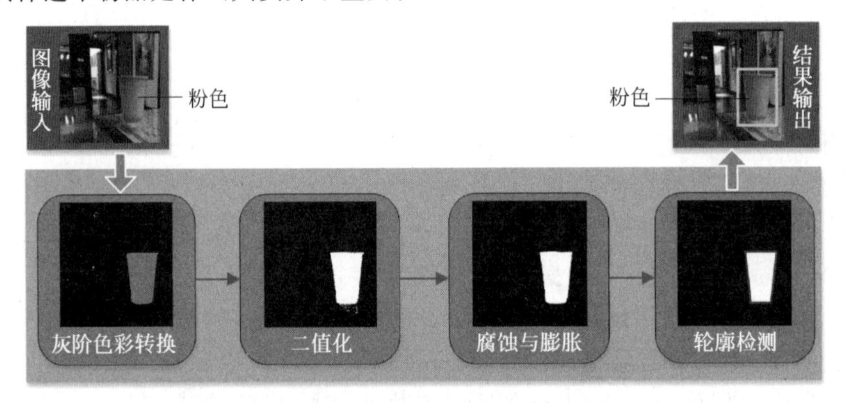

图 7-13 物体识别流程

我们通过颜色模型对这个图片进行灰度值转换，尽量让这个粉色区域明显一点。接下来对图像进行二值化处理，也就是让每一个像素点非黑即白。白色表示原本粉色的区域，黑色表示其他。所以我们人为设置了一个阈值，对每个像素点遍历一遍，原本一个像素点的 RGB 值，现在通过一个 0 或者 1 就可以表示了，数据量大大缩减，后续的计算也更加便捷。

垃圾桶在桌面上的倒影也有点偏粉色，二值化后，这个区域还是有一些干扰，接下来的目标是把这些干扰去掉。由于干扰区域都是点状分布，面积比较小，目标物体的面积比较大，所以我们对每一个独立的白色区域先进行腐蚀，即把面积缩小一点。如果该区域还存在则再膨胀回到原本的面积。这个过程对识别的目标影响不大，但是干扰信息腐蚀消失后，得到的结果就非常完美地表示了目标物体的位置。

接下来的问题就更简单了，只要把白色区域的轮廓找到，围成的空间就是目标物体的位置。再把这个位置在原始图像中画出来，一次物体识别的流程就结束了。

整个过程中的色彩转换、二值化、腐蚀与膨胀、轮廓检测都是数字图像处理中的基础方法，我们并不需要自己开发，调用 OpenCV 中的函数库即可。

假设把图像处理过程看作黑盒，输入是一幅图像，输出就是物体识别后的位置。这个位置通常使用一个矩形框描述，在数据结构中包含矩形框左上角的像素坐标，以及矩形框的长和宽。有了这个位置后，我们就可以让机器人跟随运动了，假设物体的中心点在图像的右侧，说明物体在机器人的右侧，机器人向右转；物体在图像的左侧，机器人就向左转。

至于物体和机器人的距离，我们可以根据物体的大小判断，矩形框面积较大时，说明机器人距离物体较近，可以后退一些。矩形框面积较小时，说明机器人距离物体较远，机器人可以向前走一走。

7.4.2 依赖安装

关于图像处理的算法并不需要自己编写，直接调用 OpenCV 开源库就行，使用之前需要先安装 OpenCV。安装方法很简单，大家直接在终端中输入这一行指令就可以了。

```
$ sudo apt - get install ros - noetic - vision - opencv libopencv - dev python3 - opencv
```

OpenCV 中针对图像数据有专门的定义，和 ROS 中的图像消息不同，ROS 为了可以兼容 OpenCV，专门设计了一个叫作 CvBridge 的功能包。它的任务很明确，就是将 ROS 中的图像消息转换为 OpenCV 中的图像数据结构，或者反过来将 OpenCV 中的图像数据转变成 ROS 中的图像消息。

CvBridge 就像是一座桥，打通了 ROS 与 OpenCV 之间的数据通道，稍后在程序中也可以看到 CvBridge 的使用方法，CvBridge 的核心功能如图 7-14 所示。

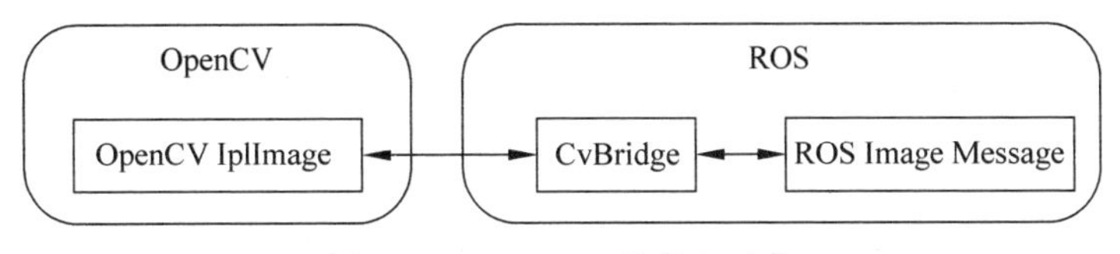

图 7-14 CvBridge 的核心功能

7.4.3 阈值测试

接下来的目标就是识别如图 7-15 所示的这个红色的物体，物体识别巧妙地变为了颜色识别。

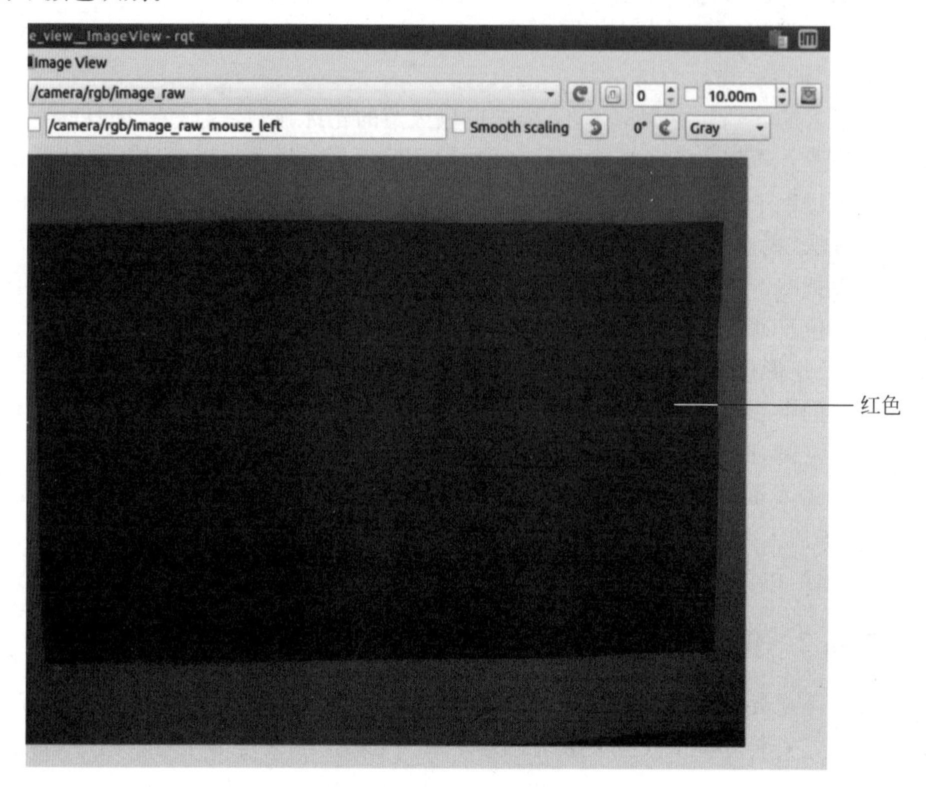

图 7-15　颜色识别目标

红色可以使用 HSV 颜色模型进行描述，具体的值是多少呢？我们不妨先用一个 OpenCV 的小工具测试一下。

首先远程登录机器人后，启动机器人的摄像头，如图 7-16 所示。接下来启动 rqt 工具，订阅图像数据，确定摄像头启动成功。

```
$ roslaunch astra_camera dabai_u3.launch
$ rqt_image_view
```

然后将要识别的红色物体放在摄像头前，确保机器人可以看到。在 rqt 中把当前画面保存下来，文件名为 image.png，以备使用。

重新启动一个终端，进入 limo_visions 功能包的 scripts 文件夹下，这里预置了一个 HSV 检测工具，输入如下命令，把这个工具运行起来。它会自动打开刚才保存的图片，用鼠标在图片中单击需要检测的像素点，在终端中就可以看到该像素点的 HSV 值，在红色物体范围内多次单击这些点，由于光线的变化 HSV 值会有一些变动，检测 HSV 阈值过程如图 7-17 所示。在后续的编程中，为了可以完整识别目标，我们会给 HSV 每个值一个取值范围，尽量把此时采样的值都包含进去。

检测代码如下。

```
$ roscd limo_visions/scripts/ && python hsv_test.py
```

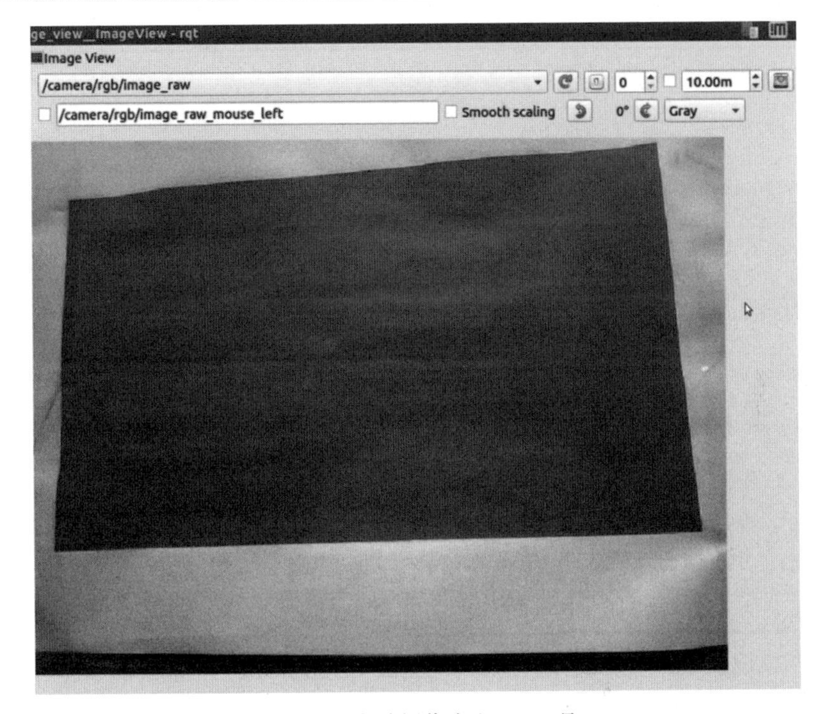

图 7-16　启动摄像头和 rqt 工具

图 7-17　检测 HSV 阈值

通过之前的分析,我们需要实现两个部分的功能。首先是图像识别检测目标物体的位置,然后是控制机器人跟随该物体运动,这两个部分分别通过节点实现。

7.4.4　视觉识别

实现视觉识别功能的代码是 limo_visions/scripts/object_detect.py,代码分析

如下。

```
import time

import rospy
import cv2
from cv_bridge import CvBridge, CvBridgeError
from sensor_msgs.msg import Image
import numpy as np
from math import *
from geometry_msgs.msg import Pose

HUE_LOW = 160
HUE_HIGH = 180
SATURATION_LOW = 160
SATURATION_HIGH = 215
VALUE_LOW = 230
VALUE_HIGH = 245
```

在整个程序的最前面,我们需要输入一些必要的 Python 库,作为后续调用的基础。同时声明了刚才提取的红色 HSV 值的一个取值范围,每个值都有一个对应的上限与下限,通过这样一个区间范围的设置,能够让后续红色区域尽量完整的识别到。

```
if __name__ == '__main__':
    try:
        # 初始化 ROS 节点
        rospy.init_node("object_detect")
        rospy.loginfo("Starting detect object")
        image_converter = ImageConverter()
        rate = rospy.Rate(100)
        while not rospy.is_shutdown():
            image_converter.loop()
            rate.sleep()
    except KeyboardInterrupt:
        print "Shutting down object_detect node."
        cv2.destroyAllWindows()
```

main 函数的流程比较清晰,先初始化 ROS 节点,再创建图像识别的类,接下来调用类的功能,并且不断地循环订阅图像。一旦得到了图像订阅,就开始进行功能处理,所有功能的核心都在 ImageConverter 类中实现。

```
class ImageConverter:
    def __init__(self):
        # 创建图像缓存相关的变量
        self.cv_image = None
        self.get_image = False
```

```
        # 创建 cv_bridge
        self.bridge = CvBridge()

        # 声明图像的发布者和订阅者
        self.image_pub = rospy.Publisher("object_detect_image",
                                         Image,
                                         queue_size=1)
        self.target_pub = rospy.Publisher("object_detect_pose",
                                          Pose,
                                          queue_size=1)
        self.image_sub = rospy.Subscriber("/camera/rgb/image_raw",
                                          Image,
                                          self.callback,
                                          queue_size=1)
```

在 ImageConverter 初始化函数中，创建了一个 CVbridge，方便后续完成 ROS 跟 OpenCV 图像的转换。接下来创建两个发布者与一个订阅者，第一个发布者发布识别完成后的目标物体框出来的结果图片，第二个发布者发布识别目标位置的位姿 pose 消息，方便后续进行机器人控制。此外还创建了一个订阅者，订阅图像话题，回调函数中对图像进行处理，识别目标。

```
    def callback(self, data):
        # 判断当前图像是否处理完
        if not self.get_image:
            # 使用 cv_bridge 将 ROS 的图像数据转换成 OpenCV 的图像格式
            try:
                self.cv_image = self.bridge.imgmsg_to_cv2(data, "bgr8")
            except CvBridgeError as e:
                print e
            # 设置标志，表示收到图像
            self.get_image = True
```

进入 callback 回调函数后，调用 Cvbridge 功能，将 ROS 里面的图像话题消息转变成 OpenCV 里面的图像数据结构，输入的参数有两个。

① data：订阅得到的图像话题消息；

② bgr8：图像数据的编码格式是由 BGR 即蓝色、绿色、红色三原色来描述的，每个颜色的 BGR 的值都是一个 8 位的数据。

接下来把数据从 ROS 里面转换成 OpenCV 数据，通过封装好的 detect_object 函数进行图像处理。

```
    def detect_object(self):
        # 创建 HSV 阈值列表
        boundaries = [([HUE_LOW, SATURATION_LOW,
                        VALUE_LOW], [HUE_HIGH, SATURATION_HIGH, VALUE_HIGH])]
```

```
    # 遍历 HSV 阈值列表
    for (lower, upper) in boundaries:
        # 创建 HSV 上下限位的阈值数组
        lower = np.array(lower, dtype = "uint8")
        upper = np.array(upper, dtype = "uint8")

    # 高斯滤波,对图像邻域内像素进行平滑
    hsv_image = cv2.GaussianBlur(self.cv_image, (5, 5), 0)

    # 颜色空间转换,将 RGB 图像转换成 HSV 图像
    hsv_image = cv2.cvtColor(hsv_image, cv2.COLOR_BGR2HSV)

    # 根据阈值,去除背景
    mask = cv2.inRange(hsv_image, lower, upper)
    output = cv2.bitwise_and(self.cv_image, self.cv_image, mask = mask)

    # 将彩色图像转换成灰度图像
    cvImg = cv2.cvtColor(output, 6) # cv2.COLOR_BGR2GRAY
    npImg = np.asarray(cvImg)
    thresh = cv2.threshold(npImg, 1, 255, cv2.THRESH_BINARY)[1]

    # 检测目标物体的轮廓
    findcon_img, cnts, hierarchy = cv2.findContours(thresh, cv2.RETR_LIST, cv2.
CHAIN_APPROX_NONE)
    #cnts, hierarchy = cv2.findContours(thresh, cv2.RETR_LIST,cv2.CHAIN_APPROX_NONE)

    # 遍历找到的所有轮廓线
    for c in cnts:

        # 去除一些面积太小的噪声
        if c.shape[0] < 150:
            continue

        # 提取轮廓的特征
        M = cv2.moments(c)

        if int(M["m00"]) not in range(500, 22500):
            continue

        cX = int(M["m10"] / M["m00"])
        cY = int(M["m01"] / M["m00"])

        print("x: {}, y: {}, size: {}".format(cX, cY, M["m00"]))

        # 把轮廓描绘出来,并绘制中心点
        cv2.drawContours(self.cv_image, [c], -1, (0, 0, 255), 2)
        cv2.circle(self.cv_image, (cX, cY), 1, (0, 0, 255), -1)

        # 将目标位置通过话题发布
```

```
        objPose = Pose()
        objPose.position.x = cX
        objPose.position.y = cY
        objPose.position.z = M["m00"]
        self.target_pub.publish(objPose)
    # 再将 opencv 格式的数据转换成 ros image 格式的数据发布
    try:
        self.image_pub.publish(
            self.bridge.cv2_to_imgmsg(self.cv_image, "bgr8"))
    except CvBridgeError as e:
        print e
```

在 detect_object 函数中，调用到的都是 OpenCV 里面的 API，按以下步骤处理。

(1) 阈值处理。

创建了一个 HSV 阈值列表，使用宏定义 HSV 阈值的上下限位，接下来遍历 HSV 阈值列表，创建一个 lower 和 upper，也就是 HSV 的上限和下限两个阈值的数组。

(2) 图像预处理。

正式进入到 OpenCV 的处理，先进行高斯滤波，对图像做像素平滑处理，然后进行颜色空间的转换。此时的图像还是 RGB 的彩色图像，编码格式还是 RGB，我们需要把它转变成 HSV 编码格式的图像。

(3) 图像处理与识别。

后续针对 HSV 图像进行处理，根据 HSV 阈值先把背景处理掉，尽量把红色以外的背景删除，将当前带颜色的图像数据转变成灰度图像。

此时图像已经进行了很多次变换，原本的红色区域已经变成白色，除此之外都是黑色。接下来调用 OpenCV 里面的 findContours 函数，把整个轮廓检测出来。考虑到图片里面的轮廓不止一个，有可能会检测到一些偏向于红色但不是识别目标的物体，需要遍历所有轮廓线，删掉不是识别目标的轮廓线。删除的标准是看轮廓所围成的像素面积，如果面积小于 150 像素点，就不是我们的识别目标，需要删除。如果轮廓面积在 500～22500 像素点之间，才是我们的识别目标。

(4) 发布目标识别的结果。

通过轮廓特征算出目标中心点的像素坐标值，把轮廓和中心点描绘出来，同时把识别结果通过图片渲染出来，还要把识别结果的目标位置通过话题发布出来，方便后续通过订阅话题实现对机器人位置的运动控制。

以上就是视觉识别的处理过程，关于 OpenCV 函数的说明大家可以参考关于 API 的介绍。

7.4.5　机器人跟踪

得到了目标位置后，再结合目标的位置完成机器人的控制，实现该功能的源码是 limo_visions/scripts/follow.py 文件，实现的流程如下。

```
if __name__ == '__main__':
    try:
        # 初始化 ROS 节点
        rospy.init_node("follow_object")
        rospy.loginfo("Starting follow object")
        follow_object()
        rospy.spin()
    except KeyboardInterrupt:
        print "Shutting down follow_object node."
        cv2.destroyAllWindows()
```

main 函数里面初始化节点，调用 follow_object 类的功能，通过 spin 不断订阅目标位置的话题，一旦有话题进来就进入到回调函数中处理，完成相关的运动控制。

```
class follow_object:
    def __init__(self):
        #订阅位姿信息
        self.Pose_sub = rospy.Subscriber("object_detect_pose", Pose, self.
poseCallback)
        #发布速度指令
        self.vel_pub = rospy.Publisher('cmd_vel', Twist, queue_size=5)
```

核心功能在 follow_object 类里实现，初始化函数里面创建了一个订阅者和一个发布者，订阅者需要订阅目标识别的结果，明确目标物体的坐标值。目标位置收到后就进入 poseCallback 回调函数进行机器人控制。那如何发布机器人的运动指令呢？我们还创建了一个发布者，便于后续发布机器人控制命令。

```
def poseCallback(self,Pose):
    X = Pose.position.x;
    Y = Pose.position.y;
    Z = Pose.position.z;
    if Z >= 14500 and Z <= 15500 :
        vel = Twist()
    elif Z < 14500 :
        vel = Twist()
        vel.linear.x = (1.0 - Z/14000) * 0.8
        vel = Twist()
        vel.linear.x = (1.0 - Z/15000) * 0.8
    else:
        print("No Z,cannot control!")
    self.vel_pub.publish(vel)
    rospy.loginfo(
                "Publish velocity command[{} m/s, {} rad/s]".format(
                    vel.linear.x, vel.angular.z))
    if X > 310 and X < 330 :
```

```
        vel = Twist()
    elif X < 310 :
        vel = Twist()
        vel.angular.z = (1.0 - X/320)
    elif X > 330 :
        vel = Twist()
        vel.angular.z = (1.0 - X/320)
    else:
        print("No X,cannot control!")
    self.vel_pub.publish(vel)
    rospy.loginfo(
                "Publish velocity command[{} m/s, {} rad/s]".format(
                    vel.linear.x, vel.angular.z))
```

在回调函数 poseCallback 中，我们得到了目标的 X、Y、Z 像素坐标值，由于是平面图像，Z 保存的是目标物体的像素面积，用来判断这个物体和机器人的相对距离是多少。通过相对距离以及 X、Y 的偏移，就可以组合出不同的控制策略，如表 7-3 所示。

表 7-3 图像识别结果的运动控制策略

X、Y、Z 数据(单位：像素)	机器人与目标位置关系	控制策略
物体识别面积 Z 大于 14500，而小于 15500	目标距离机器人较近	机器人停止运动
目标物体面积 Z 小于 14500	目标距离机器人较远，机器人运动靠近	机器人有 X 方向的相速度，速度大小和 Z 值相关
X 值小于 310	目标在机器人的左侧	机器人有 Z 轴的角速度，速度大小和 X 偏移量相关
X 值大于 330	目标在机器人的右侧	机器人有 Z 轴的角速度，速度大小和 X 偏移量相关

通过线速度和角速度指令的发布，机器人开始跟随目标运动，以上就是我们根据目标物体进行颜色识别后得到的目标位置，再结合机器人控制完成跟踪的全部流程。

7.4.6 功能运行

代码写好了，是否可以实现预期的物体识别与跟踪功能呢？我们把要运行的几个命令都集成到了一个 Launch 文件中——limo_visions/launch/follow.launch，代码如下。

```
<?xml version='1.0'?>
<launch>
    <include file="$(find limo_base)/launch/limo_base.launch" />
    <include file="$(find astra_camera)/launch/dabai_u3.launch" />
```

```
    <node name = "object_detect" pkg = "limo_visions" type = "object_detect.py" output = "screen" />
    <node name = "follow_object" pkg = "limo_visions" type = "follow.py" output = "screen" />
</launch>
```

第一行代码启动机器人的底盘，第二行代码启动机器人的摄像头，第三行代码启动了机器人的跟踪控制节点。

远程登录 LIMO 机器人系统后，启动一个终端，然后运行 follow.launch。接下来将红色物体放在机器人面前，前后左右移动该物体，观察机器人的运动。

```
$ roslaunch limo_visions follow.launch
```

至此，我们通过颜色识别实现了机器人对物体的识别与跟踪，如图 7-18 所示。使用此方法还可以实现机器人视觉巡线等应用，大家也可以在该代码的基础上自己动手尝试一下。

```
File Edit View Search Terminal Help
  z: 0.0
  w: 0.0
[INFO] [1643008954.878436]: Publsh velocity command[0.769171428571 m/s, 0.0 rad/s]
[INFO] [1643008954.884447]: Publsh velocity command[0.0 m/s, -0.7625 rad/s]
position:
  x: 566
  y: 370
  z: 528.5
orientation:
  x: 0.0
  y: 0.0
  z: 0.0
  w: 0.0
[INFO] [1643008955.082101]: Publsh velocity command[0.7698 m/s, 0.0 rad/s]
[INFO] [1643008955.088170]: Publsh velocity command[0.0 m/s, -0.76875 rad/s]
position:
  x: 563
  y: 370
  z: 600.5
orientation:
  x: 0.0
  y: 0.0
  z: 0.0
  w: 0.0
```

图 7-18　颜色识别与机器人跟踪

7.5　二维码识别与跟踪

在日常生活中，我们每天接触最多的图像识别场景是什么？扫码场景是其中之一。

微信登录要扫二维码，手机支付要扫二维码，共享单车也要扫二维码。除了这些在日常生活中已经非常普及的扫码场景之外，二维码在工业生产中也普遍应用，比如使用二维码标记物料型号，或者在二维码中保存产品的生产信息。只要使用手机扫一扫，很快就可以看到对应的内容。二维码应用如图 7-19 所示。深入生活、生产各个环节的二维码又称为二维条码，是在原本一维条码的基础上发展而来。一维条码能够保存的信息量有限，二维码在平面上扩展了一个维度，使用黑白相间的图形来记录信息，内容就丰富多了。

二维码的编码方式有多种，常见的是 QR Code，主要用在移动设备上。既然二

图 7-19　二维码应用

维码可以保存很多信息，那是不是也可以和机器人结合，比如当机器人识别到不同二维码时，对应做出不同的动作？

接下来我们就尝试让机器人识别二维码，并且跟随二维码运动。

7.5.1　二维码识别功能包 ALVAR

首先要介绍一个在机器视觉中常用的二维码识别库——ALVAR。

ALVAR 是一个针对虚拟现实和增强现实的跨平台开源计算机视觉库，使用 C++编写，其中包含二维码创建、识别相关的功能，在 ROS 中已经有封装好的功能包可以直接使用。

我们可以在系统中先运行第一句指令，安装 ALVAR 二维码跟踪的功能包。

```
$ sudo apt - get install ros - melodic - ar - track - alvar
```

安装成功后，使用其中的 createMarker 节点，创建二维码图片。

```
$ rosrun ar_track_alvar createMarker  - s 5 0
```

-s 跟的参数为 5，表示创建出二维码图片的尺寸是 5cm。最后一个字符为 0，表示二维码中保存的内容可以是数字，也可以是字符串，这个可以根据需要设置。大家可以试试把 0～8 这 9 个数字对应的二维码都创建出来，会看到如图 7-20 所示的图片生成。

图 7-20　二维码图片创建

7.5.2　二维码识别

二维码创建好之后，先来试试如何识别。远程登录机器人系统，启动机器人的摄像头，然后运行 ar_code.launch 启动文件。

```
$ roslaunch astra_camera dabai_u3.launch
$ roslaunch limo_visions ar_code.launch
```

在 launch 文件中，启动了 ar_track_alvar 功能包中另外一个二维码跟踪的节点——individualMarkersNoKinect。这个节点将基于彩色摄像头的图像，识别其中的二维码信息。

```
<?xml version='1.0'?>
<launch>
    <arg name="marker_size" default="4.4" />
    <arg name="max_new_marker_error" default="0.08" />
    <arg name="max_track_error" default="0.2" />
    <arg name="mark_topic" default="/ar_pose_marker" />
    <arg name="output_frame" default="/camera_link" />
    <arg name="cam_image_topic" default="/camera/rgb/image_raw" />
    <arg name="cam_info_topic" default="/camera/rgb/camera_info" />

    <node name="ar_track_alvar" pkg="ar_track_alvar" type=
"individualMarkersNoKinect" respawn="false" output="screen">
        <param name="marker_size" type="double" value="$(arg marker_size)" />
        <param name="max_new_marker_error" type="double" value="$(arg max_new
_marker_error)" />
        <param name="max_track_error" type="double" value="$(arg max_track_
error)" />
        <param name="output_frame" type="string" value="$(arg output_frame)" />
        <param name="mark_topic" type="string" value="$(arg mark_topic)" />
        <param name="cam_image_topic" type="string" value="$(arg cam_image_
topic)" />
        <param name="cam_info_topic" type="string" value="$(arg cam_info_
topic)" />
    </node>

    <node name="rviz" pkg="rviz" type="rviz" args="-d $(find limo_visions)/
rviz/ar_rviz.rviz" />

</launch>
```

在 individualMarkersNoKinect 节点中配置了一些关键参数。

① marker_size：二维码的边长尺寸，这里是 5cm，根据实际尺寸进行设置。

② output_frame：识别到二维码坐标后，描述坐标值所使用的坐标系，这里配置的是相机坐标系。

③ cam_image_topic：实际摄像头发布的图像话题名称。

④ launch 文件的最后还启动了 Rviz 上位机，方便看到识别的动态效果。

启动成功后，二维码识别已经开始，我们在 Rviz 中配置一下图像话题和三维显示效果，就可以看到如图 7-21 所示的画面。当前图像中的 9 个二维码全部被识别出来，而且每个二维码的位置也可以被识别到，Rviz 中心的坐标系表示相机坐标系的位置，识别到的二维码使用彩色的 Maker 矩形块标记，矩形块的中心点是每个二维码的坐标系，移动二维码就可以看到实时识别的效果了。

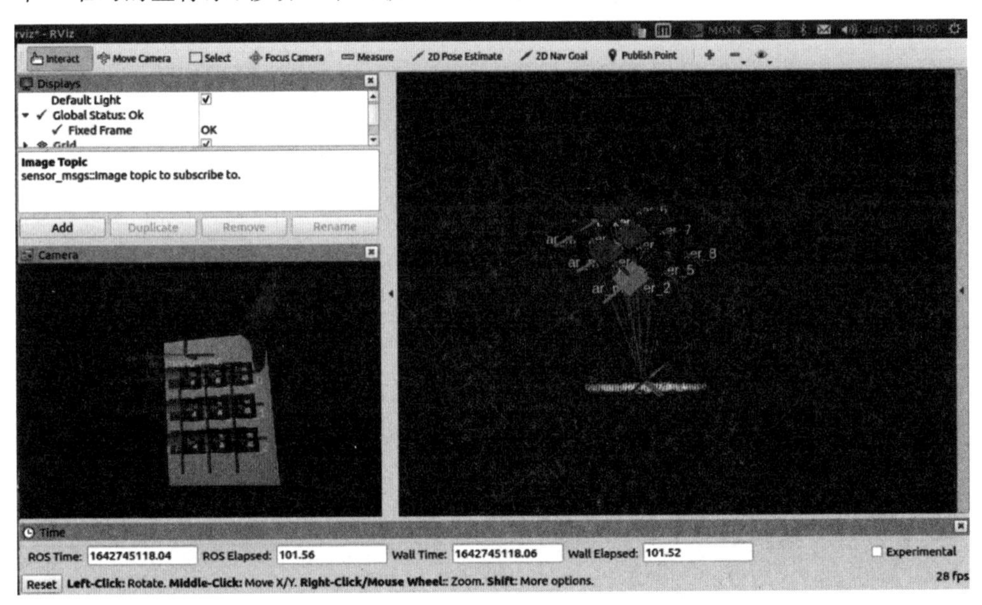

图 7-21 二维码识别的可视化效果

想要知道二维码在相机坐标系下的具体坐标值，可以订阅 ar_pose_marker 这个话题。

```
$ rostopic echo /ar_pose_marker
```

如果识别到二维码，这个话题中的消息会清晰地标注二维码对应的内容和具体的坐标值。有了这个目标的位置信息，接下来就很容易实现对机器人的控制。

7.5.3 机器人跟踪

基于上述二维码识别的结果，我们编写了 move_to_target_ar 节点，让机器人看到二维码后跟随二维码运动。完整的代码实现请见 limo_visions/scripts/move_to_target_ar.py。

```
def poseCallback(self, msg):
    for marker in msg.markers:
        qr_x = marker.pose.pose.position.x
        qr_y = marker.pose.pose.position.y
        qr_z = marker.pose.pose.position.z
        rospy.loginfo("Target{} Pose: x:{}, y:{}, z:{}".format(
            marker.id, qr_x, qr_y, qr_z))
```

```
            #if marker.id is 0 and qr_z < BEGIN_DISTANCE:
            if marker.id is 0 :
                vel = Twist()
                vel.linear.x = qr_z * 0.5
                vel.angular.z = 1.0 * qr_y
                self.vel_pub.publish(vel)
                rospy.loginfo(
                    "Publish velocity command[{} m/s, {} rad/s]".format(
                        vel.linear.x, vel.angular.z))
```

和之前学习到的基于颜色识别后的控制相似，我们通过二维码识别结果来控制机器人的前后左右运动，用 MoveToTarget 函数进行功能实现。其中，开发者创建了一个发布者用来发布给机器人的控制指令，还创建了一个订阅者来订阅二维码识别过程中的二维码位姿信息，然后在 poseCallback 回调函数里面完成对机器人的运动控制。二维码识别与颜色识别不同的地方在于：二维码识别中的距离 z 是能够识别到的，我们可以判断二维码距离机器人的实际距离，然后直接创建速度指令控制机器人运动，达到二维码跟踪效果。

7.5.4 功能运行

编写一个启动机器人、二维码识别和跟踪节点的 launch 文件——limo_visions/launch/ar_code.launch，代码如下。

```
<?xml version = '1.0'?>
<launch>
    <include file = "$(find limo_base)/launch/limo_base.launch" />
    <include file = "$(find limo_visions)/launch/ar_code.launch" />
    <node name = "move_to_target_ar" pkg = "limo_visions" type = "move_to_target_ar.
py" output = "screen" />
</launch>
```

接下来就可以验证应用的功能了。远程登录机器人系统后，输入如下命令，通过这几个命令启动机器人并运行二维码识别和跟踪功能，接下来将之前打印好的二维码放在机器人面前，并前后左右移动，此时机器人就可以根据二维码的位置，进行动态的跟随运动了，如图 7-22 所示。

```
$ roslaunch astra_camera dabai_u3.launch
$ roslaunch limo_visions ar_control.launch
```

二维码信息丰富，识别稳定，除了这里演示的跟随运动之外，还可以将二维码贴到某些物体上，将物体识别简化为对二维码的识别还可以在机器人导航过程中，通过扫描二维码确定机器人的当前位置，减少全局累积误差。二维码的应用场景非常多，大家可以继续探索。

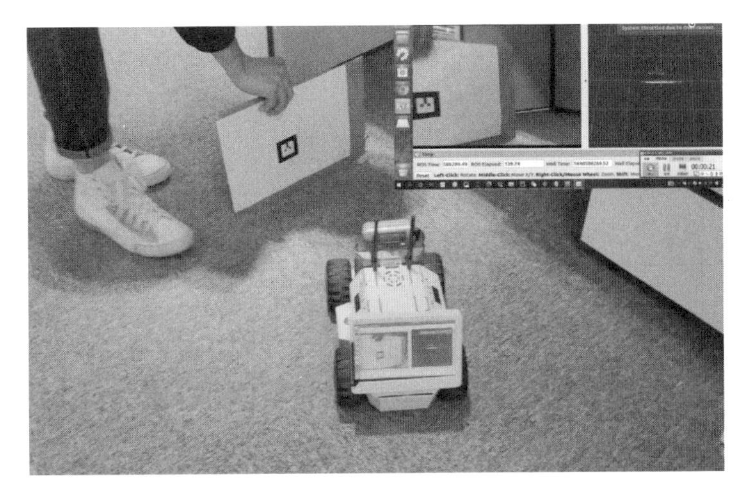

图 7-22 机器人二维码识别与跟踪实现

7.6 本章小结

本章主要学习了机器视觉处理的基本原理和流程,常用的方法可以分为模式识别和机器学习两大类,其中又涉及 OpenCV、TensorFlow、PyTorch、yolo 等开源软件和算法。接下来基于 OpenCV 图像处理,实现了机器人对红色物体的识别与跟踪,希望大家能了解机器视觉与机器人控制结合的主要流程。最后介绍了常见的二维码识别,并在机器人上实现了对二维码的跟踪运动。

第8章

移动机器人SLAM地图构建

在日常与机器人的交互中，大家有没有想过这样一些问题：送餐机器人为什么可以准确地将客人点的餐送过来？扫地机器人为什么可以扫到家里的每一个角落？自动驾驶汽车为什么可以在路面上对周围的环境了如指掌？

这些问题的背后都离不开一项重要的技术——SLAM(Simultaneous Localization And Mapping，即时定位与地图构建)。

8.1 SLAM 地图构建应用

无人机 SLAM 地图构建如图 8-1 所示，在图片右下角可以看到一个搭载了三维相机和激光雷达的无人机，我们将通过这个无人机来探索一个从未到过的房子，从图中可以看出房子很大，希望可以利用机器人来建立每一层的地图。于是我们远程操控无人机，通过机载摄像头来观察房间内的环境，同时利用三维相机和激光雷达记录所到之处的环境地图，就是图 8-1 左边的三维地图的效果。随着机器人一层一层地完成探索，环境地图也会逐渐完善，最终展现出整个房子的内部状态，这就是 SLAM 地图构建之后的结果。

我们可以想象有一个未知的神秘空间，人类无法直接进入，此时就可以发送这样一个无人机，只需要在远程操作，就可以很快地建立未知空间的全貌地图。类似的应用还可以用于自然灾害后的现场勘探，森林防护过程中的远程巡检，还有军事领域的无人机应用。

无人驾驶汽车是一个非常复杂的系统，路面上除了有道路、建筑等复杂物体，还有大量的人类活动，此时就需要汽车通过多种传感器综合感知环境信息，动态建立环境地图，同时还要在地图中识别哪些是人、哪些是建筑物、哪些是汽车，从而帮助上层做出运动决策。我们从图中看到大量数据点组成的三维环境，这就是一张 SLAM 构建后的地图。无人驾驶汽车 SLAM 地图构建如图 8-2 所示。

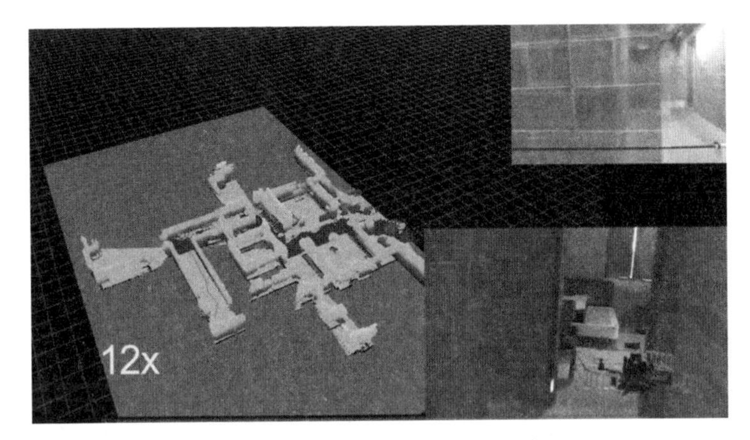

图 8-1　无人机 SLAM 地图构建

图 8-2　无人驾驶汽车 SLAM 地图构建

8.2　SLAM 地图构建原理

8.2.1　SLAM 基本原理

SLAM 的概念是机器人来到一个未知空间，自己在哪未知，周围环境未知，需要通过已有的传感器逐步建立对环境的认知，并且确定自己实时所处的位置。

这里出现了两个关键词：即时定位和地图构建，即机器人会在未知的环境中，一边确定自己的位置，一边去构建地图，最后输出如图 8-3 所示的地图信息。

在这里我们先把 SLAM 抽象为一个黑盒，在使用时它的输入是什么？是机器人的传感器信息，包括感知环境的外部传感器，还有感知自身的内部传感器。输出

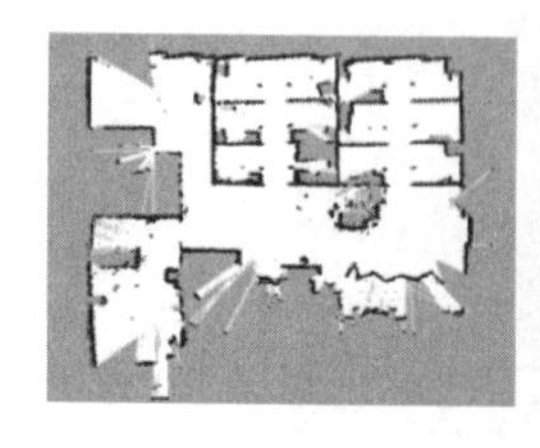

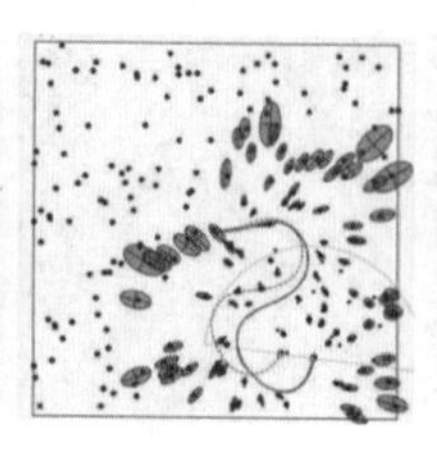
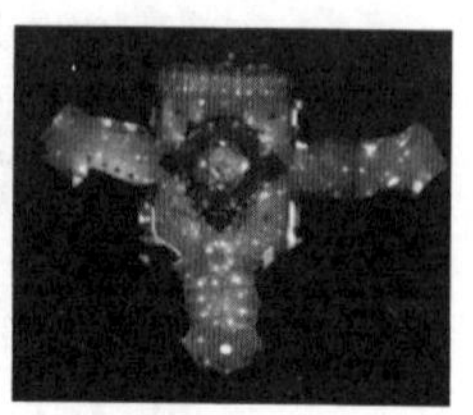

图 8-3 SLAM 地图构建

是什么？是机器人的定位结果和环境地图。

定位结果比较好理解，无非就是机器人的 X、Y、Z 坐标和姿态角度，在室外还会有 GPS 信息。环境地图是什么样的呢？如图 8-3 所示的这几张图片，其实都是 SLAM 建立出来的地图。地图主要是对环境进行描述，一般包含栅格地图、点云地图、稀疏点地图、拓扑地图等，不同应用场景和不同 SLAM 算法，得到的地图结果并不是完全一样的。

总体而言，SLAM 并不是指某一种具体的算法，而是一种技术。能够实现这种技术的算法有很多，后续我们会一起学习典型算法的实现。如今，SLAM 已经成为移动机器人必备的元素，其重要性可想而知。

了解了 SLAM 的基本概念，接下来再探究 SLAM 的基本原理。从之前的内容中，我们知道能够实现 SLAM 技术的算法有很多，这里主要介绍多数算法使用的典型结构。SLAM 地图构建示意图如图 8-4 所示。

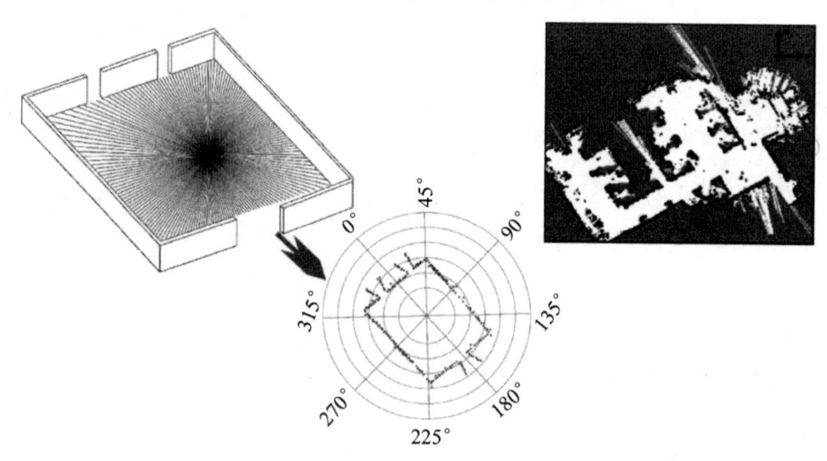

图 8-4 SLAM 地图构建示意图

大家可以先闭上眼睛，想象自己正在一个未知的房间中，你想要了解所处环境的结构，于是张开手臂，一点一点触摸周围的墙壁，沿着墙壁慢慢走。不一会儿，你感觉似乎摸到了一个熟悉的地方，又回到了起点，这时你隐约感觉到所在的房间是一个长方形，你正在长方形房间的某一个墙壁边缘。没错，你已经了解了未知环境的大概的地图和自己所处的位置。

此时可以睁开眼睛回想一下刚才的过程，这就是 SLAM 构建的过程。手臂是传感器,最后得到的结果就是脑子里的地图和定位信息。

SLAM 算法的典型结构如图 8-5 所示,在 SLAM 的典型结构中,会分为前端和后端两个部分,前端处理输入的原始数据,后端做全局定位和地图闭环。

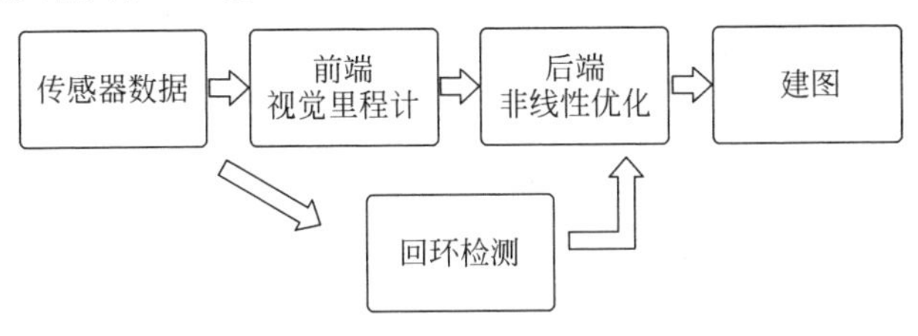

图 8-5 SLAM 算法的典型结构

继续展开,环境感知器和位姿传感器得到的数据可作为 SLAM 系统的输入。SLAM 算法流程如图 8-6 所示。

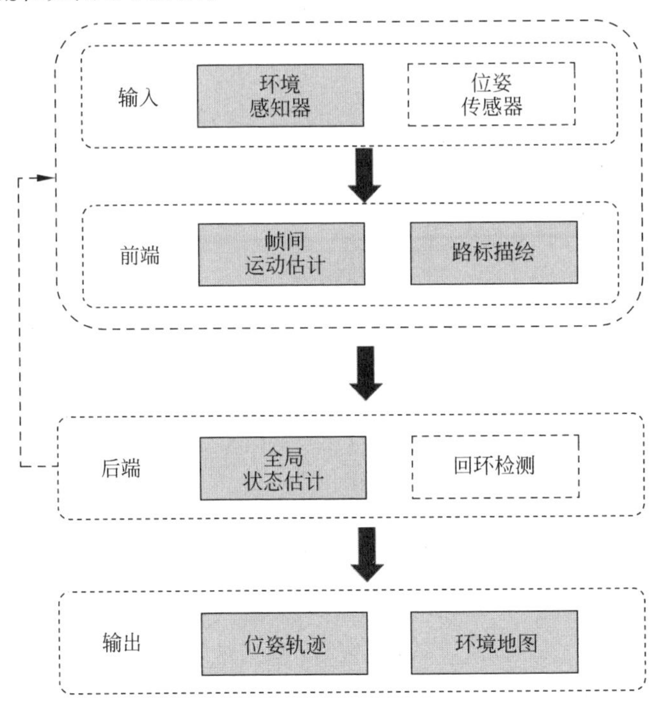

图 8-6 SLAM 算法流程

SLAM 的前端利用输入的传感器信息,对各种特征点做选择、提取和匹配,从中提取帧间运动估计与局部路标描绘,得到一个短时间内的位姿轨迹。

SLAM 的后端部分在前端结果之上继续估计系统的状态及不确定性,输出位姿轨迹以及环境地图。这里的回环检测(Loop Closure)通过检测当前场景与历史场景的相似性,判断当前位置是否在之前访问过,从而纠正位姿轨迹的偏移。

后端算法能够实现全局状态估计,是 SLAM 算法的核心,常用滤波、优化等方法进行处理。早期 SLAM 后端多以滤波法为主,但是滤波法存在误差累积、线性化误差、样本过多的问题，而优化法可以更好地利用历史数据兼顾效率和精度，逐渐成为主流算法。

经过这一系列复杂的算法，我们就得到了机器人实时位姿连接而成的一条运动轨迹，以及周围环境的地图。

8.2.2 SLAM 常用传感器

回到 SLAM 的输入侧，环境感知器是机器人必备的一种传感器，常用的如图 8-7 所示。

图 8-7 常用的环境感知器

这些传感器的主要目的就是感知机器人与周围环境的距离信息。

第一类是激光雷达，基于激光雷达的 SLAM 也称为激光雷达 SLAM。图 8-7 中第一行这些看上去外观差别较大的模块都是激光雷达，但是性能、检测距离、频率有所不同。激光雷达 SLAM 是测量设备与环境边界的距离，从而形成一系列空间点，通过这些空间点集的扫描匹配进行位姿推算，并建立环境地图。激光雷达的距离测量较为准确，误差模型也比较简单，加上测量所得的空间点集能够直观地反映环境信息，所以激光雷达 SLAM 是一种较为成熟的 SLAM 解决方案，在扫地机器人、工业 AMR 等机器人中已经普及应用。

第二类是视觉传感器，如图 8-7 的第二、第三行所示。视觉传感器分支较多，有双目相机、RGBD 相机，还有单目相机。这类传感器结构轻便、成本低廉，并且可以获得丰富的形状、颜色、纹理、语义等辅助信息，因此视觉 SLAM 具有很大的发展潜力，也是当前的研究热点，尤其在自动驾驶领域，视觉 SLAM 应用前景非常广阔。

这些是 SLAM 中最为常用的传感器。相比而言，激光雷达的精度高、速度快、计算量小，但是价格昂贵，容易受到自然光影响；双目相机可以用两个“眼睛”看世界，从而估算环境深度，但是两个“眼睛”之间的位置标定复杂，计算量巨大，RGBD

相机比双目相机更容易获取深度信息，但是测量范围有限，精度不高。单目相机虽然结构简单，但是无法依靠单一图像估算深度，只能在运动状态下通过多帧图像估算，算法较为复杂。视觉类的传感器普遍容易受到环境影响，比如反光、黑暗等。

除此之外，还有毫米波雷达、超声波雷达等传感器，它们也可以感知环境信息，不过精度和测量范围同 SLAM 传感器不同，多用于辅助计算。每种传感器都有自己的优点和缺点，适用的 SLAM 算法和场景也不尽相同，在很多时候我们需要同时利用多种传感器进行地图构建。

8.2.3 ROS 接口消息定义

SLAM 是移动机器人的基础技能，机器人操作系统 ROS 对相关的功能和接口定义也有大量的支持，比如说激光雷达的数据结构。如图 8-8 所示是 ROS 对激光雷达数据的标准消息定义，主要针对单线雷达获取的二维空间点数据，解析如下。

```
→  ~ rosmsg show sensor_msgs/LaserScan
std_msgs/Header header
  uint32 seq
  time stamp
  string frame_id
float32 angle_min
float32 angle_max
float32 angle_increment
float32 time_increment
float32 scan_time
float32 range_min
float32 range_max
float32[] ranges
float32[] intensities
```

图 8-8 sensor_msgs/LaserScan 消息定义

首先是一个叫作 header 的标准消息头，这在 ROS 很多的消息定义中都会有，主要包含三个子成员：第一个 seq 就是 sequence，表示当前消息数据的序号，不需要我们填写。ROS 发布者在底层发布消息之前，会自动按顺序填写序号，1、2、3 依次往后，订阅者如果发现中间有跳跃，就说明有数据丢失了；第二个 stamp 表示时间戳，代表发布者发出当前数据时的具体时间；第三个 frame_id 表示坐标系，如果消息中有位置等需要参考系的数据时，frame_id 中设置的具体字符串就是当前数据的参考系，比如这里雷达获取的深度信息，很明显就需要雷达发布者填写这个数据。

消息头之后才是雷达相关的数据，angle_min 和 angle_max 表示雷达检测范围的最大和最小角度，比如在 LIMO 机器人中使用的激光雷达，可以检测 360 度范围内的信息，用弧度描述。接下来的 angle_increment 表示每两个数据点之间的角度步长，比如一圈检测 360 个点，这里就是 1 度对应的弧度值。类似的，time_increment 表示相邻数据之间的时间步长，scan_time 表示采集完整一次数据的扫描时间，和激光雷达的扫描频率有关。range_min 和 range_max 表示可检测深度的范围，这款雷达的深度范围为 8～15cm。

以上这些都是雷达的基本配置，运行过程中不会有太大变化，真正的深度信息都保存在最后的这个数组中，比如一圈有 360 个点，这 360 个点的深度信息就都存在这里，后续使用时，直接读取这个数组就可以拿到数据了。

像激光雷达这样的传感器标准定义在 ROS 中有很多，这也是 ROS 保证软件复用性的一个重要方法，不管我们用的是哪家公司生产的激光雷达，最终给到的都是一致的数据结构，这样上层算法就不需要考虑底层设备的影响了。

```
→ ~ rosmsg show nav_msgs/Odometry
std_msgs/Header header
  uint32 seq
  time stamp
  string frame_id
string child_frame_id
geometry_msgs/PoseWithCovariance pose
  geometry_msgs/Pose pose
    geometry_msgs/Point position
      float64 x
      float64 y
      float64 z
    geometry_msgs/Quaternion orientation
      float64 x
      float64 y
      float64 z
      float64 w
  float64[36] covariance
geometry_msgs/TwistWithCovariance twist
  geometry_msgs/Twist twist
    geometry_msgs/Vector3 linear
      float64 x
      float64 y
      float64 z
    geometry_msgs/Vector3 angular
      float64 x
      float64 y
      float64 z
  float64[36] covariance
```

图 8-9 nav_msgs/Odometry 消息定义

此外还有 SLAM 输出的机器人姿态，在 ROS 中也有一个标准定义，如图 8-9 所示。这是 Odometry，也叫作里程计消息。

在看里程计消息之前，大家需要了解 ROS 中关于位姿数据的基本规则。首先是单位，关于距离的单位默认是 m，关于时间的单位默认是 s，关于速度的单位默认是 m/s，关于旋转的单位是 rad。

其次是方向，ROS 默认的原则是右手坐标系，伸出我们的右手，食指所指的是 X 轴正方向，中指所指的是 Y 轴正方向，大拇指所指的是 Z 轴正方向。机器人向前走时相当于给了一个 X 轴上的正速度；机器人向右平移时相当于给了一个 Y 轴上的负速度。旋转时遵循右手定则，弯曲四指，大拇指是旋转轴的正方向，四指弯曲的方向就是旋转的正方向。比如机器人在地面上向左转，那就是正的角速度，向右转就是负的角速度。坐标系方向如图 8-10 所示。

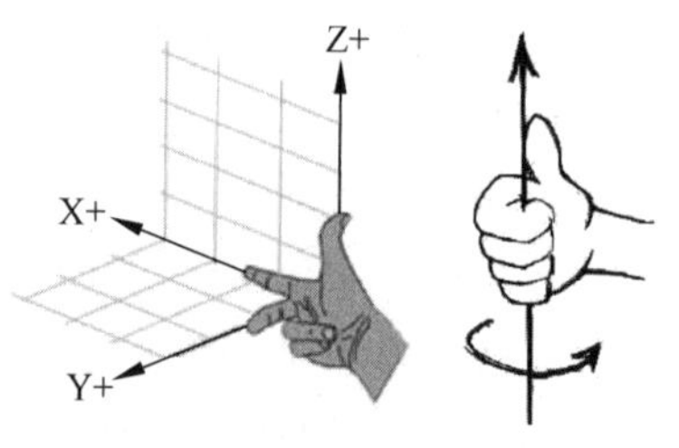

图 8-10 坐标系方向（右手坐标系）

再看里程计消息，里面包含两个部分：一个是机器人的当前姿态即在参考系中 X、Y、Z 方向的平移量和旋转量，另外一个是机器人的当前运动状态即实时线速度和角速度。此外，每个部分都有一个协方差参数，用于某些滤波算法的使用。如果没有相关算法，也可以不设置。里程计消息就像是汽车的码表一样，实时记录机器人的当前速度和累积位移，是移动机器人中移动两个字的重要描述方法，也是 SLAM 中的一个重要功能单元。

理解了 SLAM 的基本原理，接下来我们就一起去实践。

8.3 Gmapping 地图构建

为了简化计算，在常见的扫地机器人、送餐机器人中，使用的都是二维 SLAM 算法建立的地图，以及在这个二维地图中的定位。虽然损失了不少三维空间中的信息，但是可以大大简化计算，提高效率，我们就先来试试常用的二维 SLAM 地图构建。

首先是一个非常经典的 SLAM 算法——Gmapping。

8.3.1 原理简介

Gmapping 是一种粒子滤波算法,它将定位和建图过程分离,先进行定位再进行建图,适合构建小场景环境下的地图信息。由于是粒子滤波,在算法运行过程中会产生很多粒子,小场景下粒子数量不多,计算量不大。但是在大场景下,每个粒子都需要携带一幅地图,所需的计算量和内存资源就会不断增加,而且 Gmapping 算法需要机器人提供里程计信息作为定位的先验知识,虽然可以降低对激光雷达频率的要求,但是对机器人硬件提出了更高的要求。综合来看,Gmapping 适合带有里程计的机器人在小场景中的使用。

ROS 对 Gmapping 算法做了很好的封装,在使用过程中不需要考虑太多算法内部的问题,更多是将 Gmapping 看作一个黑盒,通过功能包提供的接口进行使用即可。

图 8-11 为 Gmapping 的接口说明,想要使用 Gmapping 进行 SLAM 建图需要机器人驱动中发布这三种话题的数据。首先是感知环境的深度信息,一般以雷达传感器为主,也可以用三维相机转换成二维雷达信息,只要是 LaserScan 消息结构的数据就行。第二个是里程计,常规方法是在机器人的底盘上安装编码器,通过速度积分得到位置信息,如果底盘确实无法安装编码器,也可以考虑其他能够获取里程计数据的传感器。第三个是 IMU 信息即惯性测量单元获取得到的加速度信息,加速度信息是可选的,有可以提高定位精度,没有也不影响功能正常运行。

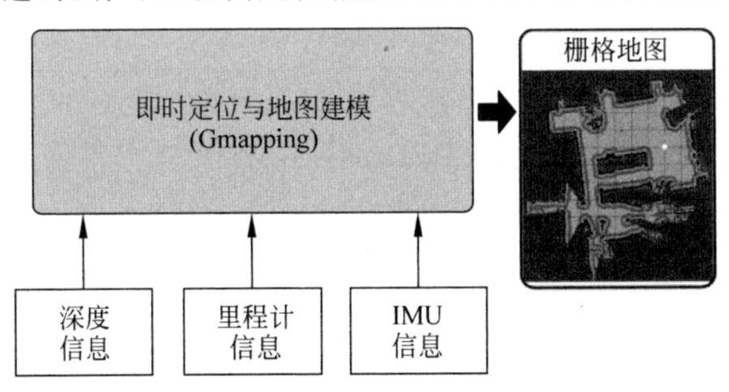

图 8-11 Gmapping 接口说明

无论我们使用什么传感器,在 ROS 中能够提供这三个中至少两个话题消息,Gmapping 就可以开始工作了。输出的是如图 8-11 中右侧这样一个二维的栅格地图,除此之外还会有机器人在地图中的定位信息。

8.3.2 接口定义

Gmapping 具体的接口名称和消息结构是什么样的呢?大家可以参考表 8-1,或者查看 ROS wiki 中的详细描述。

表 8-1　Gmapping 功能包中的话题和服务

	名　称	类　型	描　述
Topic 订阅	tf	tf/tfMessage	用于激光雷达坐标系、基坐标系、里程计坐标系之间的变换
	scan	sensor_msgs/LaserScan	激光雷达扫描数据
Topic 发布	map_metadata	nav_msgs/MapMetaData	发布地图 Meta 数据
	map	nav_msgs/OccupancyGrid	发布地图栅格数据
	~entropy	std_msgs/Float64	发布机器人姿态分布熵的估计
Service	dynamic_map	nav_msgs/GetMap	获取地图数据

Gmapping 功能包中的 TF 变换如表 8-2 所示。

表 8-2　Gmapping 功能包中的 TF 变换

	TF 变换	描　述
必需的 TF 变换	<scan frame> → base_link	激光雷达坐标系与基坐标系之间的变换，一般由 robot_state_publisher 或者 static_transform_publisher 发布
	base_link → odom	基坐标系与里程计坐标系之间的变换，一般由里程计节点发布
发布的 TF 变换	map → odom	地图坐标系与机器人里程计坐标系之间的变换，估计机器人在地图中的位姿

先来看话题相关的主要接口，Gmapping 会订阅 tf 和 scan 这两个话题，前者表示雷达与机器人底盘之间的位置关系，后者是 SLAM 所需要的雷达数据。

同时 Gmapping 还会发布几个话题，包括地图的元数据和栅格数据，还有机器人姿态的分布估计值，我们在后续主要会用到的就是这个栅格地图的信息。因为话题会一直发布，如果我们在获取地图数据时，不想通过订阅者一直接收，就可以使用这个服务，客户端发送一个请求，Gmapping 功能包就会反馈一次地图数据，节省了很多通信开支。

刚才提到 Gmapping 还需要机器人的里程计信息，这个信息并不是通过话题传送的，而是通过 TF 树实时维护的。在 SLAM 之前，我们需要在机器人底层中维护这样两个坐标系转换的关系，一个是激光雷达与机器人底盘之间的位置关系，这个一般是静态的，在机器人模型中就会有描述。另外一个是机器人底盘 base_link 坐标系和里程计坐标系 odom 之间的关系，这个是动态的，我们可以把机器人上电瞬间的位置看作是 odom 里程计坐标系的原点。base_link 坐标系一直固定在机器人的中心，当机器人运动时，base_link 与 odom 两个坐标系的实时位姿变化可显示机器人里程计的定位信息。Gmapping 就是通过这个信息获取里程计数据的。

在 Gmapping 定位的过程中，也会建立一个新的地图坐标系 map，base_link 与 map 之间的关系就表示 Gmapping 这个 SLAM 算法对机器人的全局定位结果。但是 ROS 不允许一个坐标系有多个父坐标系，base_link 就不能同时和 map、odom

有直接关联，于是就会转而发布出 map 与 odom 之间的坐标变换，通过 TF 树中的计算也很容易推算出 base_link 与 map 两者之间的关系。

讲到这里，大家是不是有点晕了，坐标系是机器人中非常基础而重要的内容，这里出现了 base_link、odom、map 三个坐标系，我们再稍微梳理一下。

base_link 永远固定在机器人中心，可以看作是机器人；odom 是里程计坐标系，是里程计积分定位过程中的参考系；map 是地图坐标系，表示全局定位过程中的参考系。odom 和 map 都是定位的参考系，只是定位的方法不同而已。比如一个扫地机器人在运行过程中，被人为地搬到了另外一个房间，在里程计坐标系 odom 下，因为轮子没有旋转，所以位置并没有变化。但是，在地图坐标系 map 下雷达会发现地方变了，从而位置就会有变化。可见 odom 与 map 之间的偏差，可以看作是里程计的漂移，甚至是人为故意造成的位置偏移。其他 SLAM 算法中坐标系的原理也都相同。

8.3.3 配置方法

了解了 Gmapping 的接口，现在我们动手实操。但是先别急，启动 ROS 节点时还要干什么？需要编写一个 launch 文件，对节点的启动做各种配置。以下就是 LIMO 机器人中 Gmapping 节点的启动文件，我们仔细阅读。

```
<?xml version = "1.0"?>
<launch>
    <!-- use robot pose ekf to provide odometry -->
    <node pkg = "robot_pose_ekf" name = "robot_pose_ekf" type = "robot_pose_ekf">
        <param name = "output_frame" value = "odom" />
        <param name = "base_footprint_frame" value = "base_link"/>
        <!--<remap from = "imu_data" to = "imu" />-->
    </node>

    <node pkg = "gmapping" type = "slam_gmapping" name = "slam_gmapping" output =
"screen">
      <param name = "map_update_interval" value = "5.0"/>
      <param name = "maxUrange" value = "16.0"/>
      <param name = "sigma" value = "0.05"/>
      <param name = "kernelSize" value = "1"/>
      <param name = "lstep" value = "0.05"/>
      <param name = "astep" value = "0.05"/>
      <param name = "iterations" value = "5"/>
      <param name = "lsigma" value = "0.075"/>
      <param name = "ogain" value = "3.0"/>
      <param name = "lskip" value = "0"/>
      <param name = "srr" value = "0.1"/>
      <param name = "srt" value = "0.2"/>
      <param name = "str" value = "0.1"/>
      <param name = "stt" value = "0.2"/>
      <param name = "linearUpdate" value = "1.0"/>
```

```
        <param name="angularUpdate" value="0.5"/>
        <param name="temporalUpdate" value="3.0"/>
        <param name="resampleThreshold" value="0.5"/>
        <param name="particles" value="30"/>
        <param name="xmin" value="-50.0"/>
        <param name="ymin" value="-50.0"/>
        <param name="xmax" value="50.0"/>
        <param name="ymax" value="50.0"/>
        <param name="delta" value="0.05"/>
        <param name="llsamplerange" value="0.01"/>
        <param name="llsamplestep" value="0.01"/>
        <param name="lasamplerange" value="0.005"/>
        <param name="lasamplestep" value="0.005"/>
    </node>

     <node pkg="rviz" type="rviz" name="rviz" args="-d $(find limo_bringup)/
rviz/gmapping.rviz" />

</launch>
```

先看节点标签 node，这个 launch 文件有三个 node 标签，说明启动了三个节点。

- 第一个是 robot_pose_ekf，这是 ROS 中一个常用的卡尔曼滤波算法，主要是对里程计信息做滤波的，为了提高里程计数据的稳定性。这里是为了优化 LIMO 机器人的里程计原始数据，更好地为 Gmapping 服务。
- 第二个节点就是主角 Gmapping，中间一大部分代码都是各种参数的设置。Gmapping 毕竟是一个通用算法，在不同的机器人平台上，为了充分发挥出计算平台的性能，满足不同场景的需求，我们可以通过算法开放的这些参数进行配置。这些参数基本都是和算法原理相关的，如果我们对原理不了解，建议直接使用默认值，等深入了解算法后，才好调优这些参数。关于这些参数的详细说明，参考表 8-3。

表 8-3 Gmapping 功能包中的参数

参　　数	类型	默认值	描　　述
~throttle_scans	int	1	每接收到该数量帧的激光数据后，只处理其中的一帧数据，默认每接收到一帧数据就处理一次
~base_frame	string	"base_link"	机器人基座坐标系
~map_frame	string	"map"	地图坐标系
~odom_frame	string	"odom"	里程计坐标系
~map_update_interval	float	5.0	地图更新频率，该值越低，计算负载越大
~maxUrange	float	80.0	激光可探测的最大范围

续表

参　　数	类型	默认值	描　　述
～sigma	float	0.05	端点匹配的标准差
～kernelSize	int	1	在对应的内核中进行查找
～lstep	float	0.05	平移过程中的优化步长
～astep	float	0.05	旋转过程中的优化步长
～iterations	int	5	扫描匹配的迭代次数
～lsigma	float	0.075	似然计算的激光标准差
～ogain	float	3.0	似然计算时用于平滑重采样效果
～lskip	int	0	每次扫描跳过的光束数
～minimumScore	float	0.0	扫描匹配结果的最低值。当使用有限范围(例如5米)的激光扫描仪时，可以避免在大开放的空间中跳跃姿势估计
～srr	float	0.1	平移函数(rho/rho)，平移时的里程误差
～srt	float	0.2	旋转函数(rho/theta)，平移时的里程误差
～str	float	0.1	平移函数(theta/rho)，旋转时的里程误差
～str	float	0.2	旋转函数(theta/theta)，旋转时的里程误差
～linearUpdate	float	1.0	机器人每平移该距离后处理一次激光扫描数据
～angularUpdate	float	0.5	机器人每旋转该弧度后处理一次激光扫描数据
～temporalUpdate	float	−1.0	如果最新扫描处理比更新慢，则处理1次扫描，该值为负数时关闭基于时间的更新
～resampleThreshold	float	0.5	基于Neff的重采样阈值
～particles	int	30	滤波器中粒子数目
～xmin	float	−100.0	地图X向初始最小尺寸
～ymin	float	−100.0	地图Y向初始最小尺寸
～xmax	float	100.0	地图X向初始最大尺寸
～ymax	float	100.0	地图Y向初始最大尺寸
～delta	float	0.05	地图分辨率
～llsamplerange	float	0.01	似然计算的平移采样距离
～llsamplestep	float	0.01	似然计算的平移采样步长
～lasamplerange	float	0.005	似然计算的角度采样距离
～lasamplestep	float	0.005	似然计算的角度采样步长
～transform_publish_period	float	0.05	TF变换发布的时间间隔
～occ_thresh	float	0.25	栅格地图占用率的阈值
～maxRange (float)	float	—	传感器最大范围

- 第三个节点是 Rviz，加载一个配置文件，打开可视化界面，方便我们实时看到 SLAM 的过程。

8.3.4 功能运行

接下来开始 SLAM 建图。先通过 VNC 软件连接 LIMO 机器人的控制系统，然后启动三个终端，分别运行如下三句指令。

```
$ roslaunch limo_bringup limo_start.launch pub_odom_tf: = false
$ roslaunch limo_bringup limo_gmapping.launch
$ roslaunch limo_bringup limo_teletop_keyboard.launch
```

第一句启动机器人底盘，第二句启动刚才看到的 Gmapping 建图节点，第三句启动键盘控制节点。这些都启动成功后，我们就可以看到正在建图的 Rviz 上位机界面，如图 8-12 所示。机器人在画面的中间，周围的白色和黑色就是正在建立的地图。

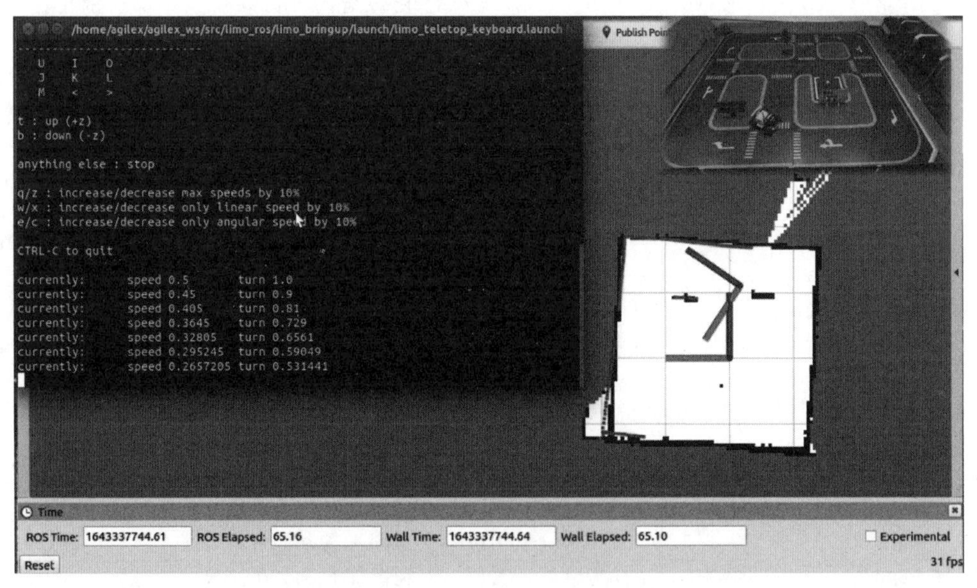

图 8-12 Gmapping 地图构建

为了让机器人可以完成对周围环境的地图构建，我们可以在键盘控制节点中遥控机器人在房间里走一圈，一边走一边在 Rviz 中观察，机器人周边的环境会不断地补充完整，机器人的位置也经常会有变化，这就是 SLAM 算法对机器人定位的调整。

在建图过程中，黑色线条是障碍物的位置，白色区域是没有障碍物的空间，灰色区域是机器人还没去过，不确定是否有障碍物的空间。栅格地图就是把整个空间打散成一系列的正方形的格子，大家可以放大地图看一下：格子的边长表示建图的分辨率，格子的数值表示此处是否有障碍物，这样我们就巧妙地将地图可据化了。现在大家可以控制机器人完成整个环境的地图构建。

地图建立完成后，千万不要急着把界面都关掉，不然刚才的成果就前功尽弃了，我们还需要通过如下命令来保存建立好的地图。

```
$ cd /agilex_ws/limo_bringup/maps/
$ rosrun map_server map_saver - f map1
```

命令-f 后边的名称是地图的文件名，运行成功后就会将当前建立的地图保存下来。一共有两个文件：地图文件和配置文件。配置文件中包含了地图的路径、分辨率、阈值等配置信息，而地图文件就是一张图片，大家可以双击打开进行查看。

打开看到的地图应该和刚才 SLAM 结束时的效果是一致的，如图 8-13 所示。大家可以对比下和实际环境是否一致，未来机器人在导航时，就可以加载这个地图作为指导信息。

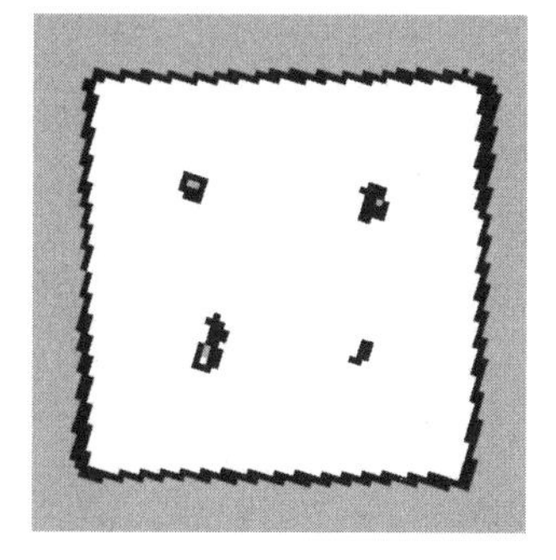

图 8-13　SLAM 建图结果

以上就是 Gmapping 地图构建的完整过程。刚才我们提到 Gmapping 适合小场景下的 SLAM 建图，而且还需要机器人提供里程计信息。如果在大场景下甚至机器人中没有里程计时，有没有比较好的 SLAM 算法呢？有的，比如 Cartographer 算法。

8.4　Cartographer 地图构建

Cartographer 是 Google 推出的一套基于图优化的 SLAM 算法，可以实现机器人在二维或三维条件下的定位及建图功能，这套算法的主要设计目的是满足机器人在计算资源有限的情况下，依然可以实时地获取较高精度的地图。

8.4.1　Cartographer 原理简介

Cartographer 算法中的 SLAM 技术主要分为两个部分，第一个部分称为 Local SLAM(本地建图)，也就是之前我们学习的 SLAM 前端，这个部分会基于激光雷达信息建立并维护一系列的子图 Submap，这些子图就是一系列的栅格地图。每当有新的雷达数据输入进来，系统就会通过一些匹配算法将其插入到子图的最佳位置。Cartographer 算法结构如图 8-14 所示。

但是子图会产生累积误差，所以算法中的 SLAM 技术的第二个部分就是 Global SLAM(全局建图)。它是 SLAM 算法的后端，主要功能就是通过闭环检测来消除累积误差，每当一个子图构建完成后，就不会再有新的雷达数据插入这个子图中，算法也会将这个子图加入到闭环检测中。

总体而言，Local SLAM 生成一个一个的拼图块，而 Global SLAM 完成整个拼图。

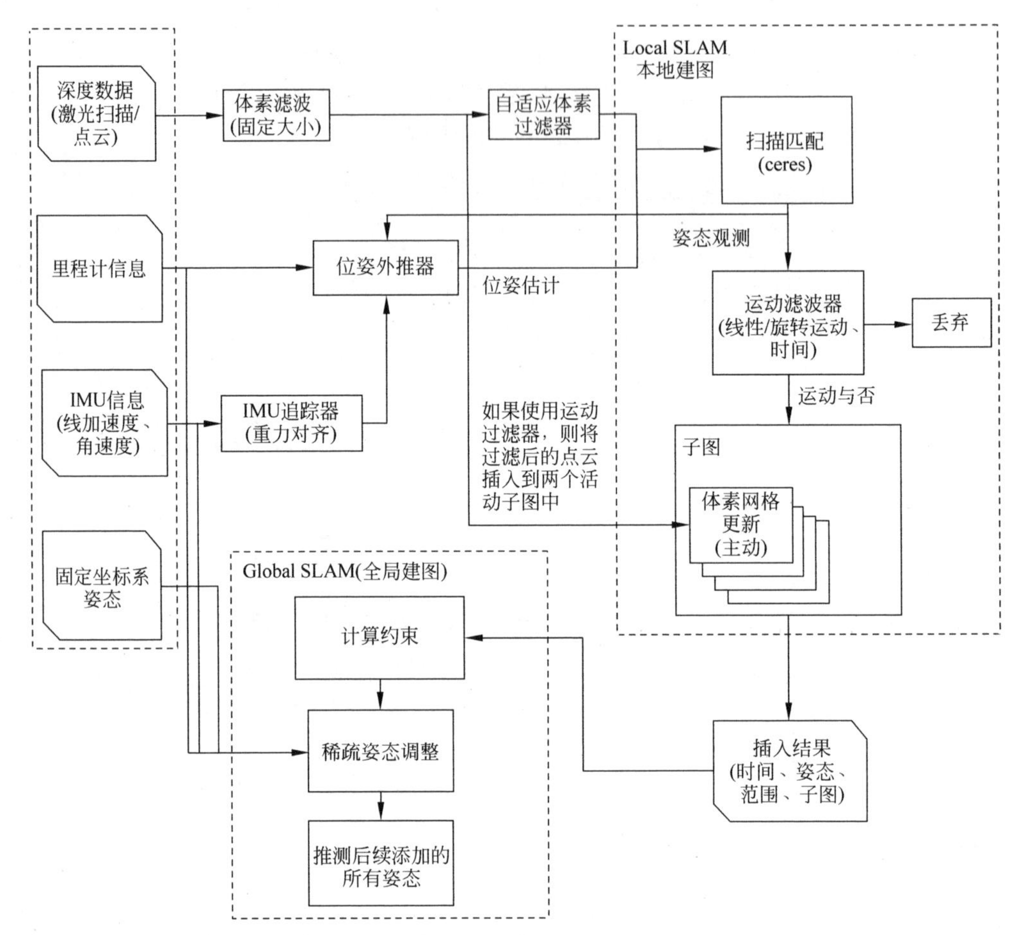

图 8-14　Cartographer 算法结构

8.4.2　配置方法

接下来就用 LIMO 机器人测试一下 Cartographer 算法的效果。

```
<?xml version = "1.0"?>
< launch >
    < param name = "/use_sim_time" value = "false" />
    < node name = "cartographer_node" pkg = "cartographer_ros" type = "cartographer_
node" args = "
     - configuration_directory $ (find limo_bringup)/param
     - configuration_basename build_map_2d.lua">
        < remap from = "horizontal_laser_2d" to = "scan" />
    </node >
    < node name = "cartographer_occupancy_grid_node" pkg = "cartographer_ros" type
 = "cartographer_occupancy_grid_node" args = " - resolution 0.05" />
    < node name = " rviz" pkg = " rviz" type = " rviz" required = " true" args = " - d
 $ (find limo_bringup)/rviz/cartographer.rviz" />
</launch >
```

以上是 LIMO 机器人中关于 Cartographer 节点的启动文件，首先是一个参数的配置，设置当前使用系统的真实时间，而不是仿真时间。一共有三个节点，如下所示。

- 第一个是 cartographer_node 节点，主要用于订阅雷达数据并且完成子图的创建，和 Gmapping 中一系列参数的配置方法不同，Cartographer 使用一个 Lua 脚本配置算法参数，这个稍后会看到。
- 第二个节点是 cartographer_occupancy_grid_node，可以将子图合并为占用栅格地图，生成 SLAM 建图的结果。
- 第三个节点是 Rviz 上位机，方便我们实时看到 SLAM 的过程。

关于 Cartographer 算法的参数配置都在 build_map. lua 文件中，基本都是和算法原理相关的，大部分参数我们使用默认的即可，需要注意几个坐标系的配置。

```
include "map_builder.lua"
include "trajectory_builder.lua"

options = {
  map_builder = MAP_BUILDER,
  trajectory_builder = TRAJECTORY_BUILDER,
  map_frame = "map",
  tracking_frame = "base_link",
  published_frame = "base_link",
  odom_frame = "odom",
  provide_odom_frame = false,
  publish_frame_projected_to_2d = true,
  use_odometry = true,
  use_nav_sat = false,
  use_landmarks = false,
  num_laser_scans = 1,
  num_multi_echo_laser_scans = 0,
  num_subdivisions_per_laser_scan = 1,
  num_point_clouds = 0,
  lookup_transform_timeout_sec = 0.2,
  submap_publish_period_sec = 0.3,
  pose_publish_period_sec = 5e-3,
  trajectory_publish_period_sec = 30e-3,
  rangefinder_sampling_ratio = 1.,
  odometry_sampling_ratio = 1.,
  fixed_frame_pose_sampling_ratio = 1.,
  imu_sampling_ratio = 1.,
  landmarks_sampling_ratio = 1.,
}

MAP_BUILDER.use_trajectory_builder_2d = true

TRAJECTORY_BUILDER_2D.submaps.num_range_data = 35
TRAJECTORY_BUILDER_2D.min_range = 0.3
```

```
TRAJECTORY_BUILDER_2D.max_range = 8.
TRAJECTORY_BUILDER_2D.missing_data_ray_length = 1.
TRAJECTORY_BUILDER_2D.use_imu_data = true
TRAJECTORY_BUILDER_2D.use_online_correlative_scan_matching = true
TRAJECTORY_BUILDER_2D.real_time_correlative_scan_matcher.linear_search_window =
0.1
TRAJECTORY_BUILDER_2D.real_time_correlative_scan_matcher.translation_delta_cost_
weight = 10.
TRAJECTORY_BUILDER_2D.real_time_correlative_scan_matcher.rotation_delta_cost_
weight = 1e-1

POSE_GRAPH.optimization_problem.huber_scale = 1e2
POSE_GRAPH.optimize_every_n_nodes = 35
POSE_GRAPH.constraint_builder.min_score = 0.65

return options
```

首先是地图坐标系的名称，一般使用的都是 map，然后是跟踪的坐标系，也就是机器人坐标系 base_link。对这些坐标系，大家在做机器人时，要尽量使用惯用的称呼。还有是否需要使用里程计，这里设置的是否。

8.4.3 功能运行

接下来就可以在机器人上运行 Cartographer 了。在 LIMO 机器人中分别启动三个终端，运行如下三句指令。第一个终端启动机器人的底盘，第二个终端运行 Cartographer 地图构建算法和 Rviz 上位机，第三个终端运行键盘控制节点。指令如下。

```
$ roslaunch limo_bringup limo_start.launch pub_odom_tf:=false
$ roslaunch limo_bringup limo_cartographer.launch
$ roslaunch limo_bringup limo_teletop_keyboard.launch
```

Cartographer 地图构建如图 8-15 所示，在打开的 Rviz 上位机中，已经可以看到 Cartographer 建立的一小部分地图了。接下来通过键盘控制节点遥控机器人在房间里四处运行一下，观察 Rviz 上位机中的 SLAM 过程，地图会随着机器人的运行不断完善。

完成地图构建后，还是需要将建立好的地图保存下来，Cartographer 虽然构建的也是栅格地图，但是格式和 Gmapping 不太一样，保存的步骤稍微有一些复杂。指令如下。

```
$ rosservice call /finish_trajectory 0
$ rosservice call /write_state "{filename: '${HOME}/agilex_ws/src/limo_ros/limo_
bringup/maps/mymap.pbstream'}"
$ rosrun cartographer_ros cartographer_pbstream_to_ros_map
```

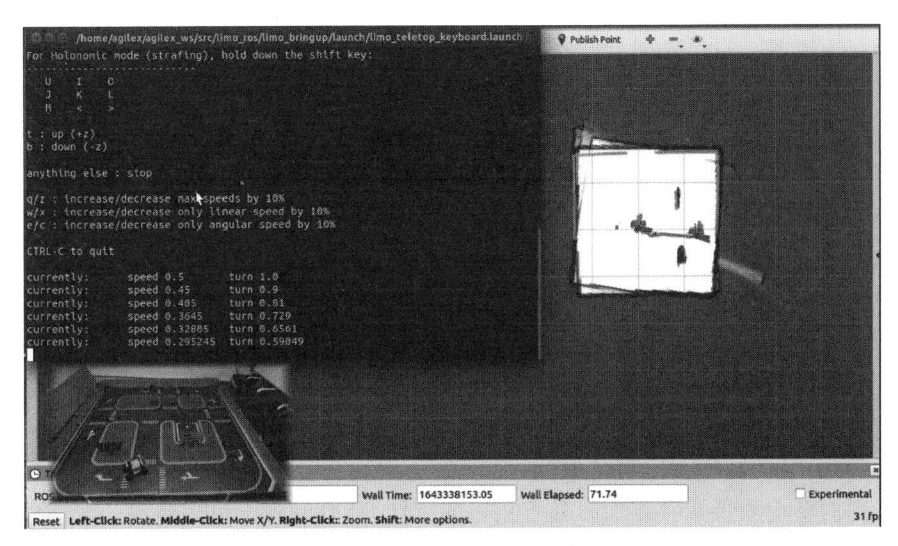

图 8-15 Cartographer 地图构建

```
  - map_filestem = ${HOME}/agilex_ws/src/limo_ros/limo_bringup/maps/mymap
  - pbstream_filename = ${HOME}/agilex_ws/src/limo_ros/limo_bringup/maps/mymap.
pbstream  - resolution = 0.05
```

在以上命令中，先调用 finish_trajectory 服务，告诉 Cartographer 结束建图，然后调用另外一个 write_state 服务，将地图的数据保存到 pbstream 这个文件当中，这里的文件路径大家可以自己选择。最后一步的指令有点长，运行了 cartographer_ros 功能包中的 cartographer_pbstream_to_ros_map 节点，即把 Cartographer 的地图数据转换成为 ROS 中的栅格地图数据。其后边要跟几个参数，第一个参数为要生成的地图文件名称，路径可以自己选择；第二个是上一步创建好的原始地图数据，需要按照上一步的路径填写；最后生成栅格地图的分辨率，0.05 表示 5cm。SLAM 建图结果如图 8-16 所示。

图 8-16 SLAM 建图结果

以上操作一共会生成三个文件：pbstream 是原始的地图数据，后两个文件和 Gmapping 建图的结果一样，一个是地图的配置文件，另一个是地图的图片。打开后如图 8-16 所示，就是我们刚刚建立好的环境地图。

以上就是Gmapping和Cartographer两种常见的二维SLAM地图构建方法，大家如果使用两种方法在同一环境中建立了地图，不妨对比一下两个地图孰优孰劣。

8.5 RTAB地图构建

二维SLAM建立的地图是一个平面，但是我们实际生活在三维空间，是否可以让机器人建立一个三维地图，和我们人类看到的环境是一样的。当然也是可以的，而且算法也很多。这里给大家介绍一种知名的三维SLAM算法——RTAB。

我们先来看下这种三维SLAM的效果是什么样的，如图8-17所示。图中只有一个三维相机，放置在房间的中间，三维相机可以获取面前的三维点云，这就和我们看到的环境效果非常相似。随着相机的旋转，获取得到了更多环境信息，这些数据会慢慢拼接到一起，最终生成整个房间的三维地图。这个效果看上去是不是相当炫酷？当然，三维SLAM相比二维SLAM，对算力的要求是指数级的提升，如果是一个性能一般的计算机，效果可不会这么流畅。

图8-17　RTAB三维SLAM

8.5.1 原理简介

图8-18中使用的三维SLAM算法叫作RTAB。从图8-18所示的算法框架中可以看到，RTAB也使用了经典的SLAM前后端结构，前端主要是通过特征点匹配进行定位，频率相对还是比较高的，后端主要通过闭环检测构建地图，复杂度更高，频率也低很多。

RTAB算法的历史比较悠久，2013年就已发布，它是一个通过内存管理方法实现回环检测的开源库。其通过限制地图的大小，使得回环检测始终可以在固定

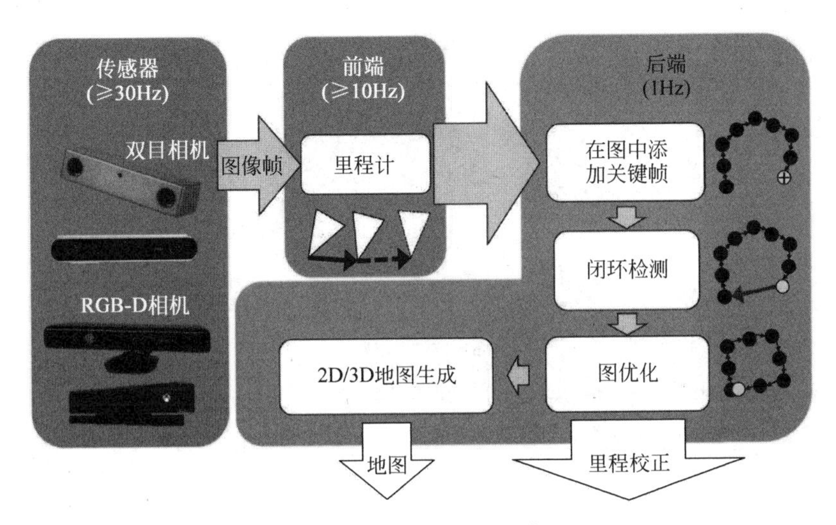

图 8-18 RTAB 算法框架

的时间限制内完成处理，从而满足长期和大规模环境在线建图要求。

在后端的回环检测过程中，RTAB 使用离散贝叶斯过滤器来估计形成地图闭环的概率，当发现定位点高概率闭环时，一个地图闭环就检测到了。具体的算法过程比较复杂，这里我们就不详述了，直接在 LIMO 机器人上来试一试。

8.5.2 功能运行

远程登录机器人后，分别启动终端运行如下的启动文件，第一条启动了机器人的底盘，把运动功能跑起来；第二条启动了机器人身上的三维视觉传感器，启动后就可以获取当前的三维点云信息了；第三条启动了 RTAB 算法节点，此时后台已经开始基于目前的三维点云构建地图；为了看到建图效果，还需要启动第四条即 Rviz 的上位机界面，运行后就可以看到如图 8-19 这样的三维建图效果。

最后运行键盘控制节点，让机器人动起来，遥控机器人一边走一边三维建图。我们在 Rviz 中可以看到，点云逐渐连接到一起，形成了一张三维地图。

```
$ roslaunch limo_bringup limo_start.launch pub_odom_tf:=true
$ roslaunch astra_camera dabai_u3.launch
$ roslaunch limo_bringup limo_rtabmap_orbbec.launch
$ roslaunch limo_bringup rtabmap_rviz.launch
$ roslaunch limo_bringup limo_teletop_keyboard.launch
```

除了三维地图之外，映射到地面的还有一个二维地图，也可以用于导航功能。

大家控制机器人在房间里走一圈，再来看看建立好的三维地图和环境是否一致，是否会有一些变形的地方。

RTAB 算法在后台会不断保存数据，并不需要我们特意保存地图。不过三维点云的数据量非常大，完成建图后大家可以关闭刚才运行的所有节点，然后看一下

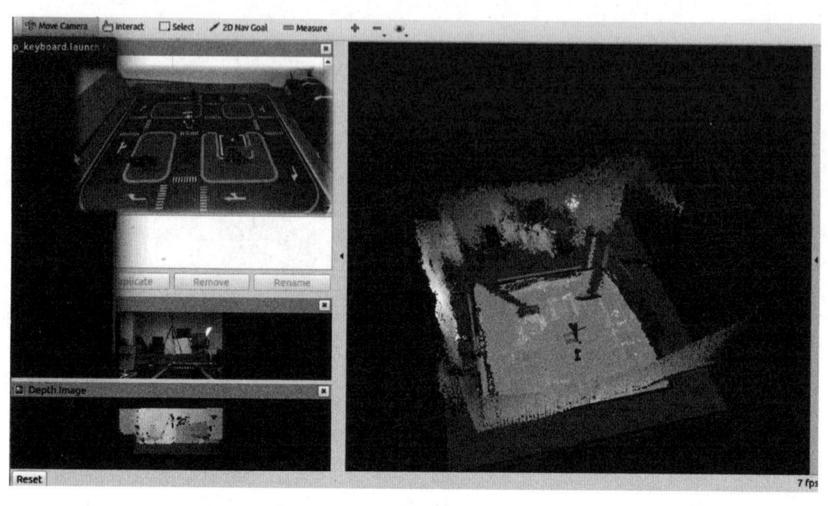

图 8-19 RTAB 地图构建

这个保存三维地图的数据库文件，至少也会有几百 MB。如果你建图的时间长，容量可能还会达到 GB。三维地图该如何查看呢，我们可以使用 RTAB 提供的一个数据库可视化工具——rtabmap-databaseViewer，后边添加数据库文件就可以，这个数据库文件就是刚才建图过程中默认保存下来的。

```
$ rtabmap - databaseViewer ~/.ros/rtabmap.db
```

启动后可以看到如图 8-20 所示的图像界面，我们可以在界面里通过鼠标拖拽查看三维建图的信息。

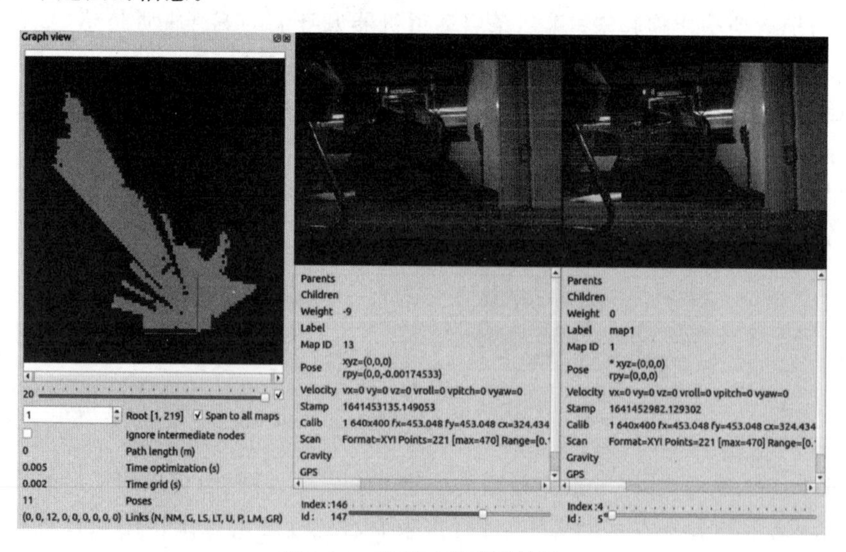

图 8-20 查看三维建图结果

二维 SLAM 和三维 SLAM 都实际操练过了，不知道大家的感受如何？是否和你想象的 SLAM 一样呢？这些都是开源社区中通用的 SLAM 算法，在扫地机器人、送餐机器人等实际应用中，还会针对场景和实际机器人的软硬件做大量适配和优化，效果会更好。如果我们深入理解了 SLAM 的原理，还可以写一套更适合自己使用的算法出来。

8.6　本章小结

本章我们一起学习了 SLAM 的基本原理和典型结构，分别使用 Gmapping、Cartographer、RTAB 三种 SLAM 算法进行了地图构建，并且在 LIMO 机器人上进行了实际操作，希望大家可以在了解 SLAM 原理的基础上，熟悉机器人在 ROS 环境中的操作方法。

第 9 章

机器人自主导航

在之前的内容中，我们已经通过 SLAM 技术，控制机器人并建立了未知的环境地图。大家心中是否有个疑问，建立好的地图有什么用。本章我们就来介绍 SLAM 地图一个重要的使用场景——自主导航。

以扫地机器人为例，当一个扫地机器人第一次来到家中时，它对家里的环境一无所知，第一次启动时，它的主要工作就是对这个未知的环境进行探索，即进行 SLAM 建图。地图建立完成后，就要正式开始干活了，接下来很多问题就摆在机器人面前：如何完整走过家里的每一个地方？如何躲避地图中已知的墙壁、衣柜等障碍物？静态的障碍物还好说，如果有熊孩子或者宠物，以及不时出现的各种杂物，机器人又该如何一一躲避？这些问题就需要一套智能化的自主导航算法来解决。

9.1 机器人自主导航原理

9.1.1 原理简介

机器人导航和我们使用的地图 App 导航是相似的过程。

首先需要选择一个导航的目标点，就是如图 9-1 所示的目标点，在地图 App 里可以直接输入这个目标点。在机器人中可以人为给定目标点，也可以通过上层应用自动给定目标点，总之先要明确去哪里。

接下来在做路径规划之前，还得知道自己在哪里。地图 App 可以通过手机的 GPS 定位，机器人在室外也可以用类似的方法，但是在室内就不行了，可以通过里程计来确定位置，或者使用 AMCL 技术——一种全局定位的算法来定位。总之第二步要明确在哪里。

接下来就是路径规划了，规划这条连接起点和终点最优路径的模块称为全局规划器即站在全局地图的视角，分析如何让机器人以最优化的方式抵达目的地。

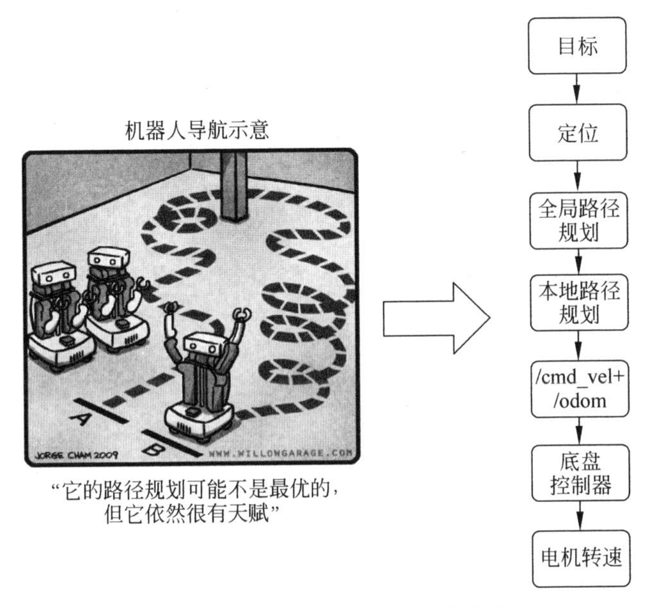

图 9-1 移动机器人的自主导航流程

终于机器人可以开始移动了，虽然我们想要尽量沿着全局最优路径运动，但是难免会遇到突然修路、临时事故等问题，需要自己动态决策一条被迫偏离的全局最优路径，需要机器人动态躲避障碍物，这个过程在机器人中是由本地规划器来完成的。

本地规划器除了会实时规划避障路径之外，还会努力让机器人沿着全局路径运动，也就是规划机器人每时每刻的运动速度。这个速度就是之前频繁用到的 cmd_vel 话题，指令发给底盘，底盘中的驱动就会控制机器人的电机按照某一速度运动，从而带动机器人向目标前进。

以上就是机器人导航从上到下的完整流程，大家可以结合地图导航的过程进一步思考。

9.1.2 ROS 自主导航框架

导航的关键是机器人定位和路径规划两大部分。针对这两个核心，ROS 提供了以下两个功能包进行实现。

(1) move_base：实现机器人导航中的最优路径规划。

(2) AMCL：实现二维地图中的机器人定位。

在上述两个功能包的基础上，ROS 提供一套完整的导航功能框架，如图 9-2 所示。

机器人只需要发布必要的传感器信息和导航的目标位置，ROS 即可完成导航功能。在该框架中，move_base 功能包提供了导航的主要运行路径、交互接口。为保障导航路径的准确性，机器人还需要对自己所处的位置进行精确定位，这部分功

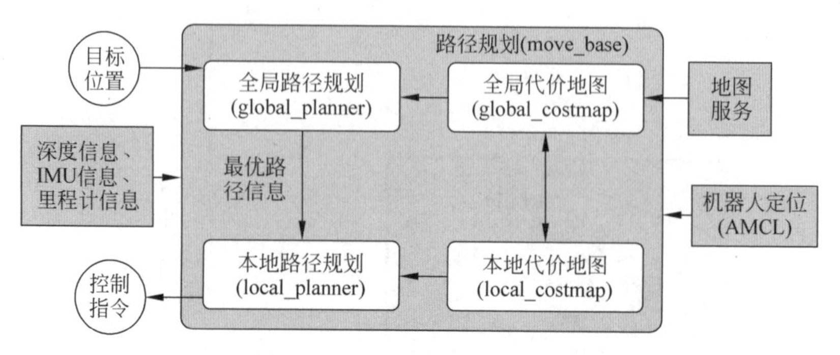

图 9-2　ROS 中的导航功能框架

能由 AMCL 功能包实现。

导航功能包需要采集机器人的传感器信息，以达到实时避障的效果。这就要求机器人通过 ROS 发布 sensor_msgs/LaserScan 或者 sensor_msgs/PointCloud 格式的消息，也就是二维激光信息或者三维点云信息。

其次，导航功能包要求机器人发布 nav_msgs/Odometry 格式的里程计信息，同时也要发布相应的 TF 变换。

最后，导航功能包的输出是 geometry_msgs/Twist 格式的控制指令，这就要求机器人控制节点具备解析控制指令中线速度、角速度的能力，通过这些指令控制机器人完成相应的运动。

9.1.3　move_base 功能包

move_base 是 ROS 中完成路径规划的功能包，其由两大规划器组成。

(1) 全局路径规划(global planner)。

根据给定的目标位置和全局地图进行总体路径的规划。在导航中，使用 Dijkstra 或 A* 算法进行全局路径的规划，计算出机器人到目标位置的最优路线，并作为机器人的全局路线。

- Dijkstra 算法

Dijkstra 算法可以看作是一种广度优先的算法，如图 9-3 所示。搜索过程会从起点一层一层辐射出去，直到发现目标点，由于搜索的空间大，往往可以找到一条全局最优解作为全局路径。不过，消耗的时间和内存资源相对较多，适合小范围场景的路径规划，比如室内或者园区内的导航。

- A* 算法

由于加入了一个启发函数，在搜索过程中会有一个搜索的方向，减少了搜索的空间，但是启发函数存在一定的随机性，最终得到的全局路径不一定是全局最优解。不过这种算法效率高，占用资源少，适合大范围的应用场景。

考虑到移动机器人大部分的应用场景范围有限，而且计算资源丰富，所以在 ROS 导航中还是以 Dijkstra 算法为主，这也是 move_base 全局规划的默认算法。

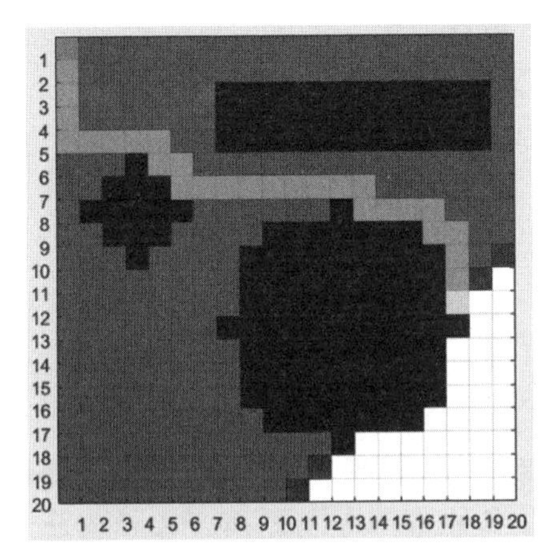

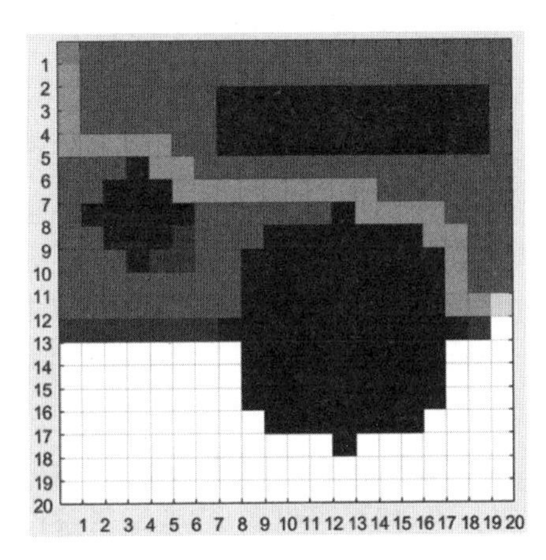

图 9-3　Dijkstra 与 A＊算法

(2) 本地实时规划(local planner)。

在实际情况中,机器人往往无法严格按照全局路线行驶,需要针对地图信息和机器人附近随时可能出现的障碍物做规划,规划机器人每个周期内应该行驶的路线,使之尽量符合全局最优路径。本地的实时规划由 local_planner 模块实现,使用 Dynamic Window Approaches 算法搜索躲避和行进的多条路经,综合各评价标准(是否会撞击障碍物,所需要的时间等)选取最优路径,并且计算行驶周期内的线速度和角速度,避免与动态出现的障碍物发生碰撞。

• DWA 算法

该算法的输入是全局路径和本地代价地图的参考信息,输出的是导航框架的最终目的——给到机器人底盘的速度指令。这中间的处理是什么样的呢? 大家可以看如图 9-4 所示右侧的算法流程图。

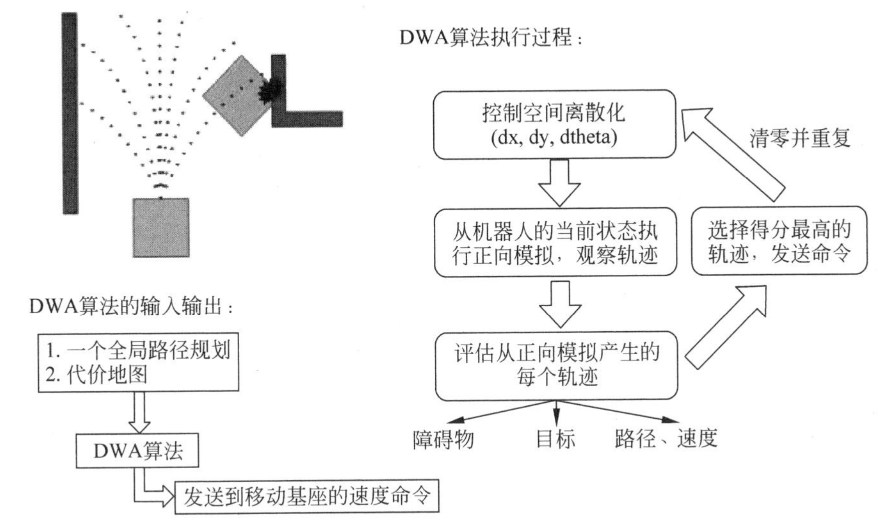

图 9-4　DWA 本地规划器

DWA 算法首先将机器人的控制空间离散化即根据机器人当前的运行状态，采样多组速度，然后采集这些速度模拟机器人在一定时间内的运动轨迹，得到多条轨迹后再通过一个评价函数对这些轨迹打分，打分标准包括轨迹是否会导致机器人碰撞，是否再向全局路径靠拢等。综合评分最高的轨迹速度就是当前给到机器人的速度指令。

DWA 算法实现流程简单，计算效率也比较高，但是对环境频繁发生变化的场景不太适用。

- TEB 算法

Elastic Band 翻译过来是橡皮筋，可见这种算法也具备橡皮筋的特性：连接起点和目标点，路径可以变形，变形的条件就是各种路径的约束，等于给橡皮筋施加了一个外力。

TEB(Time Elastic Band)本地规划器如图 9-5 所示。在这张图中，机器人在位置 A，目标点是全局路径上的一个点 B，这两个点类似橡皮筋的两端，是固定的。接下来，TEB 算法会在两点之间插入一些机器人的姿态点，作为控制橡皮筋形变的控制点，为了显示轨迹的运动学信息，我们还得定义点和点之间的运动时间，即 Time 的含义。

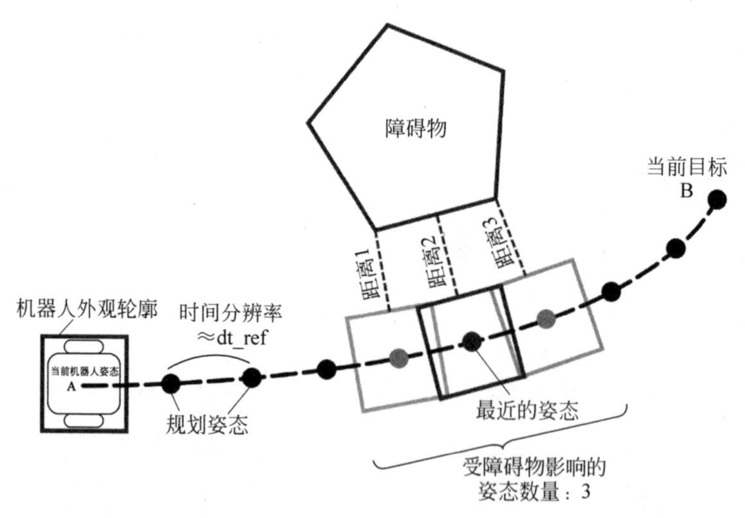

图 9-5　TEB 本地规划器

接下来这些离散的位姿就组成了一个优化问题，优化的目标就是让这些离散位姿组成的轨迹能达到时间最短、距离最短，远离障碍物等目标，同时还要限制速度与加速度，让这个轨迹满足机器人的运动学规律。

最终，满足这些约束条件的机器人状态就作为本地规划器给到机器人底盘的速度指令。

9.1.4 AMCL 功能包

导航过程中，除了路径规划算法之外，机器人还需要知道自己的实时位置。里程计定位虽然简单常用，但是会存在累积误差。在 ROS 导航中，我们还会经常使用 AMCL 功能包进行机器人的全局定位。

AMCL 功能包封装了一套针对二维环境下的蒙特卡罗定位方法，针对已有地图使用粒子滤波器跟踪一个机器人的姿态，得到优化后的全局定位。

关于 AMCL 算法的主要流程，我们可以形象地描述一下。

机器人启动后位于一个初始位姿，AMCL 定位算法会在这个初始位姿周围随机撒很多粒子，每个粒子都可以看作机器人的分身，由于是随机的，所以这些分身的姿态并不一致。AMCL 定位算法如图 9-6 所示。

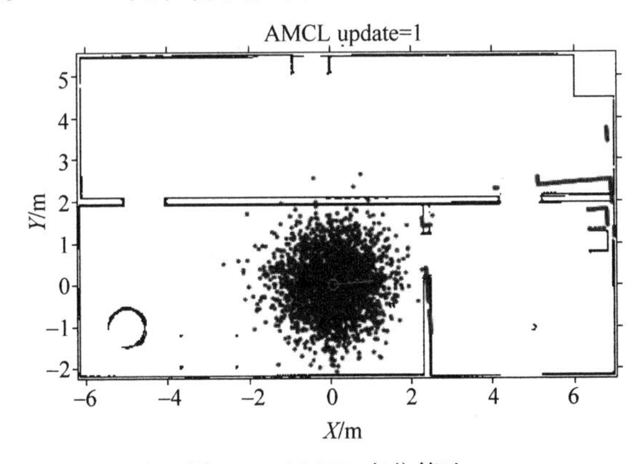

图 9-6　AMCL 定位算法

接下来机器人开始运动，比如机器人按照 1m/s 往前走，那这些粒子分身也会按照同样的速度运动。由于姿态不同，每个粒子的运动方向就会产生差异，会和机器人的运动轨迹渐行渐远。如何判断这些粒子走偏了呢？这就要结合地图信息了。

比如机器人向前走了 1m，这时通过传感器可以发现，距离前方的障碍物距离从原来的 10m 变成 9m 了，这个信息也会传达给所有粒子，那些和机器人渐行渐远的粒子看到的信息肯定和机器人不同，从而会被算法删掉。和机器人状态一致的点会被保留，同时会派生出一个同样状态的粒子，避免最后的粒子都被删完了。

按照这样的思路，以某一个固定的频率不断对粒子做筛选，一致的留下，不一致的删掉，最终这些粒子会逐渐向机器人的真实位姿靠拢，聚集度最高的地方就看作是机器人的当前位姿即定位的结果。AMCL 定位算法框架如图 9-7 所示。

以上就是 AMCL 算法的主要流程，大家也可以参考《概率机器人》这本书来做更加深入的学习。

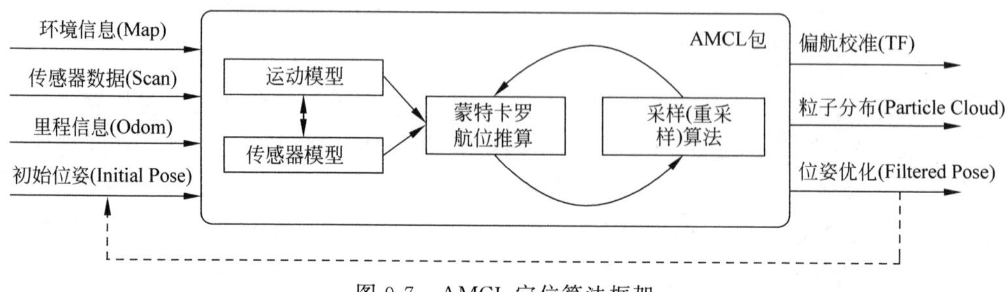

图 9-7　AMCL 定位算法框架

9.1.5　机器人定位方法对比

机器人的两种定位方法再来对比一下，如图 9-8 所示。

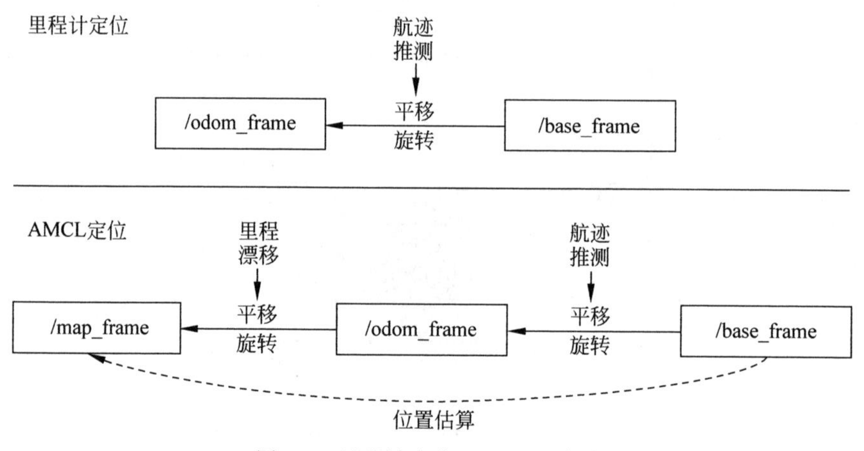

图 9-8　里程计定位和 AMCL 定位

里程计定位基于机器人运动学模型和轮子旋转的积分计算得到，称为航迹推测。它的优点是计算简单，不易受环境影响；缺点是会产生累积误差。在 ROS 当中，定位的结果通过 TF 树中的 odom 里程计坐标系和机器人 base_frame 坐标系来描述。

AMCL 定位基于机器人的激光雷达和环境地图计算得到，称为位置估算。它的优点是全局定位，没有累积误差；缺点是算法复杂。在 ROS 当中，定位的结果通过 TF 树中的 map 地图坐标系和机器人 base_frame 坐标系来描述。

在 ROS 的 TF 树中，由于不允许一个坐标系有两个父坐标系，所以 AMCL 建立了 map 地图坐标系和 odom 坐标系之间的关系，通过坐标计算就可以得到位置估计的结果了。

在某些仿真环境中，如果不考虑里程计的误差，map 和 odom 坐标系往往是重合的。但是在实际场景中，这两个坐标系往往不重合，两者之间偏差的物理意义就是里程计的漂移。

在 ROS SLAM 地图构建和自主导航的过程中，这三个坐标系至关重要，大家一定要理解每个坐标系的物理含义。总体而言,base_frame 表示机器人,odom 表示机器人里程计定位的参考系,map 表示 AMCL 等全局定位的参考系。

以上我们讲解了不少导航和定位的理论知识,接下来就在不同运动模态的机器人平台上,测试一下这些导航包的功能效果。

9.2 移动机器人差速运动导航

以 LIMO 机器人差速运动模态为例,先来看下移动机器人差速运动的导航应用。

9.2.1 功能运行

远程登录 LIMO 机器人的控制系统,启动两个终端,分别输入以下两句命令。

```
$ roslaunch limo_bringup limo_start.launch pub_odom_tf: = false
$ roslaunch limo_bringup limo_navigation_diff.launch
```

先启动机器人底盘和各种传感器,再运行差速运动导航的 launch 启动文件。

很快就可以看到启动了 Rviz 的上位机界面,之前 SLAM 建立好的地图和机器人都已经成功显示了,我们可以在 Rviz 的工具栏中选择 2D Nav Goal。回到显示区,鼠标上会多出一个小箭头,此时就可以在地图上的任意位置选择希望机器人导航到达的目标点了。单击鼠标确定位置,不要松开,继续拖曳鼠标,还可以选择导航到该点的姿态。

松开鼠标后机器人就开始导航了,观察机器人在实际环境中的导航过程,以及在 rviz 上位机中显示的导航路径,是否可以成功躲避各种地图中显示的障碍物。我们还可以突然站在机器人面前,检验下本地规划器的实时避障能力。机器人可以躲避各种障碍物,最终运动到目标点。LIMO 机器人差速运动导航如图 9-9 所示。

9.2.2 启动文件

接下来具体分析差速运动导航的实现过程。刚才启动的导航文件是 limo_bringup/launch/limo_navigation_diff.launch。

```
<?xml version = "1.0"?>
< launch >

    <!-- use robot pose ekf to provide odometry -->
   < node pkg = "robot_pose_ekf" name = "robot_pose_ekf" type = "robot_pose_ekf">
       < param name = "output_frame" value = "odom" />
       < param name = "base_footprint_frame" value = "base_link"/>
```

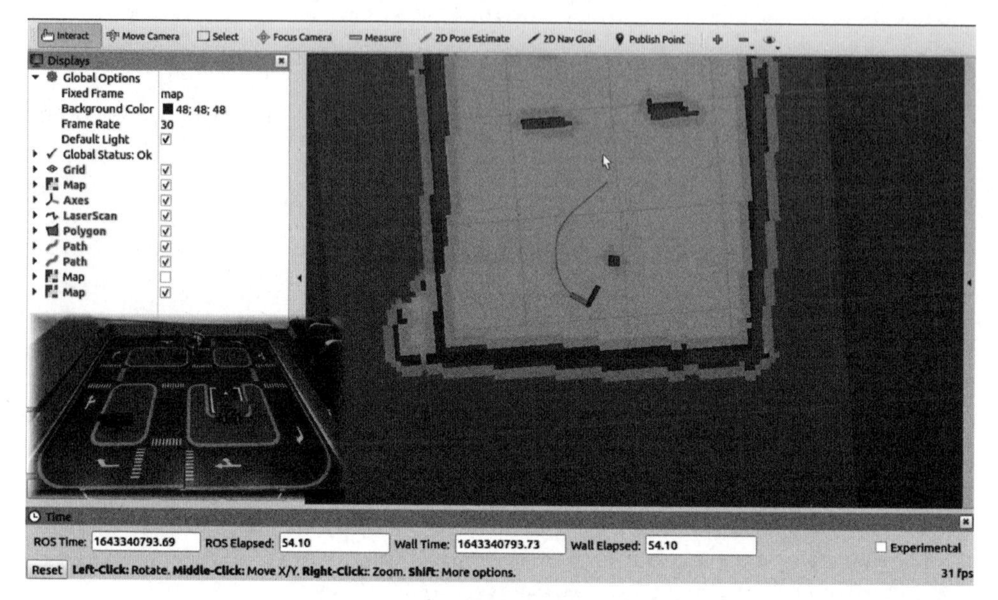

图 9-9　LIMO 机器人差速运动导航

```
        <remap from="imu_data" to="imu" />
    </node>


    <node pkg="amcl" type="amcl" name="amcl" output="screen">
        <rosparam file="$(find limo_bringup)/param/amcl_params_diff.yaml"
command="load" />
        <param name="initial_pose_x" value="0"/>
        <param name="initial_pose_y" value="0"/>
        <param name="initial_pose_a" value="0"/>
    </node>

    <!-- ************** map server *************** -->
    <node pkg="map_server" type="map_server" name="map_server" args="$(find
limo_bringup)/maps/map111.yaml" output="screen">
    <param name="frame_id" value="map"/>
    </node>
    <!-- ************** Navigation *************** -->
    <node pkg="move_base" type="move_base" respawn="false" name="move_base"
output="screen">
        <rosparam file="$(find limo_bringup)/param/diff/costmap_common_params.
yaml" command="load" ns="global_costmap" />
        <rosparam file="$(find limo_bringup)/param/diff/costmap_common_params.
yaml" command="load" ns="local_costmap" />
        <rosparam file="$(find limo_bringup)/param/diff/local_costmap_params.
yaml" command="load" />
        <rosparam file="$(find limo_bringup)/param/diff/global_costmap_params.
yaml" command="load" />
```

```
        <rosparam file=" $ (find limo_bringup)/param/diff/planner.yaml" command
    ="load" />

        <param name="base_global_planner" value="global_planner/GlobalPlanner" />
        <param name="planner_frequency" value="1.0" />
        <param name="planner_patience" value="5.0" />
        <param name=" base _ local _ planner" value=" base _ local _ planner/
    TrajectoryPlannerROS" />
        <param name="controller_frequency" value="5.0" />
        <param name="controller_patience" value="15.0" />
            <param name="clearing_rotation_allowed" value="true" />
    </node>

    <!-- **************** Visualisation **************** -->
    <node name="rviz" pkg="rviz" type="rviz" args="-d $(find limo_bringup)/
    rviz/navigation_diff.rviz"/>
    </launch>
```

这个 launch 文件中启动了哪些节点呢?

第一个是 robot_pose_ekf,这个节点之前见过,主要是对里程计定位的数据做滤波的。

第二个是 amcl 全局定位节点,其中加载了一个参数文件,同时还给定了一个机器人的初始位姿,就在 0、0 点。这个参数文件大家也可以打开看下,基本都是和算法相关的参数配置,大家需要在理解算法的基础上进行调试。如果不确定参数该如何调试也可以先使用默认值,或者使用其他同类型机器人配置好的参数。

第三个节点是 map_server,加载了之前 SLAM 构建好的地图,大家如果想要更换地图则修改这里的配置文件路径。

第四个节点是 move_base,也就是导航的主角,其中加载了很多配置文件,这些配置文件用来配置代价地图和规划算法,由于导航中算法涉及的内容较多,所以参数文件和参数内容都很多。

第五个节点是 rviz,启动了刚才导航过程中看到的 rviz 上位机,我们可以很方便地通过上位机给定机器人的目标位姿。

大家可以再回想下之前讲到的 move_base 导航框架,其中白色和灰色的模块不就是这里的 move_base、map_server 和 amcl 吗,这些都是 ROS 中提供的功能模块,我们直接使用即可。和机器人相关的模块也已经由 LIMO 机器人的厂家适配完成,我们可以很快地实现自主导航应用。

9.2.3 参数配置

在 move_base 的配置中,我们使用的全局规划器默认的是 Dijkstra 算法,规划周期是 1Hz,也就是 1s 一次;本地规划器是 Trajectory Rollout,规划周期是 5Hz,

也就是200ms一次。算法中的很多参数都在这些参数文件中，我们也来浏览一下。

首先是这几个关于代价地图的配置。

```
footprint: [[-0.16, -0.11], [-0.16, 0.11], [0.16, 0.11], [0.16, -0.11]]
footprint_padding: 0.02

transform_tolerance: 0.2
map_type: costmap

always_send_full_costmap: true

obstacle_layer:
 enabled: true
 obstacle_range: 3.0
 raytrace_range: 4.0
 inflation_radius: 0.2
 track_unknown_space: true
 combination_method: 1

 observation_sources: laser_scan_sensor
 laser_scan_sensor: {data_type: LaserScan, topic: scan, marking: true, clearing: true}


inflation_layer:
  enabled:              true
  cost_scaling_factor:  10.0  # exponential rate at which the obstacle cost drops off (default: 10)
  inflation_radius:     0.5  # max. distance from an obstacle at which costs are incurred for planning paths.

static_layer:
  enabled:              true
  map_topic:            "/map"
```

costmap_common_params.yaml这个文件是全局和本地代价地图共用的参数配置，比如footprint是机器人的外观轮廓，接下来分别是静态地图层、膨胀层、障碍物层的配置。静态地图层就是SLAM建立好的地图，膨胀层就是在障碍物周围膨胀出的安全区，障碍物层是实时检测到的障碍物。完整地图就是这样一层一层重叠到一起组成的，有点像Photoshop中图层的概念。

global_costmap_params.yaml是专门针对全局代价地图的配置参数，配置参数包括更新频率、发布频率，是否采用静态的地图信息，以及全局代价地图是由哪几个地图层组成的。

```
global_costmap:
  global_frame: map
  robot_base_frame: base_link
  update_frequency: 1.0
  publish_frequency: 0.5
  static_map: true

  transform_tolerance: 0.5
  plugins:
    - {name: static_layer,           type: "costmap_2d::StaticLayer"}
    - {name: obstacle_layer,         type: "costmap_2d::VoxelLayer"}
    - {name: inflation_layer,        type: "costmap_2d::InflationLayer"}
```

local_costmap_params.yaml是专门针对本地代价地图的配置参数，有更新频率、发布频率，以及组成的地图层。

```
local_costmap:
  global_frame: map
  robot_base_frame: base_link
  update_frequency: 5.0
  publish_frequency: 2.0
  static_map: false
  rolling_window: true
  width: 4.5
  height: 4.5
  resolution: 0.05
  transform_tolerance: 0.5
  inflation_radius:     0.1
  plugins:
   - {name: static_layer,        type: "costmap_2d::StaticLayer"}
   - {name: obstacle_layer,      type: "costmap_2d::ObstacleLayer"}
   - {name: inflation_layer,     type: "costmap_2d::InflationLayer"}
```

大家看到这两个文件中会有一些参数和通用的配置一样，在ROS的机制中，后加载的参数会覆盖先加载的参数。

导航算法的配置参数在planner.yaml这个文件中，其中配置了两种本地规划算法，一个是TrajectoryPlanner，另一个是DWAPlanner。它们在launch文件中可以做切换，每种算法结合自己的特性，都有不少参数可供我们做适配，比如机器人的加速度，规划的允许误差、控制器的频率等。大家可以对照算法和ROS wiki的介绍进行了解和修改。比如修改里面的某些参数，然后重新运行自主导航的案例，观察效果的变化，从而更好地理解参数的含义和算法的流程。

```
controller_frequency: 5.0
recovery_behaviour_enabled: true

NavfnROS:
```

```
  allow_unknown: true # Specifies whether or not to allow navfn to create plans that
traverse unknown space.
  default_tolerance: 0.1 # A tolerance on the goal point for the planner.

TrajectoryPlannerROS:
  # Robot Configuration Parameters
  acc_lim_x: 2.5
  acc_lim_theta:  3.2

  max_vel_x: 0.6
  min_vel_x: 0.0

  max_vel_theta: 1.0
  min_vel_theta: -1.0
  min_in_place_vel_theta: 0.2

  holonomic_robot: false
  escape_vel: -0.1

  # Goal Tolerance Parameters
  yaw_goal_tolerance: 0.15
  xy_goal_tolerance: 0.2
  latch_xy_goal_tolerance: false

  # Forward Simulation Parameters
  sim_time: 1.0
  sim_granularity: 0.02
  angular_sim_granularity: 0.02
  vx_samples: 6
  vtheta_samples: 20
  controller_frequency: 20.0

  # Trajectory scoring parameters
  meter_scoring: true # Whether the gdist_scale and pdist_scale parameters should
assume that goal_distance and path_distance are expressed in units of meters or cells.
Cells are assumed by default (false).
  occdist_scale:  0.1 #The weighting for how much the controller should attempt to
avoid obstacles. default 0.01
  pdist_scale: 2.5  #     The weighting for how much the controller should stay
close to the path it was given . default 0.6
  gdist_scale: 1.0 #     The weighting for how much the controller should attempt to
reach its local goal, also controls speed  default 0.8

  heading_lookahead: 0.325  #How far to look ahead in meters when scoring different
in-place-rotation trajectories
  heading_scoring: false  #Whether to score based on the robot's heading to the path
or its distance from the path. default false
  heading_scoring_timestep: 0.8   #How far to look ahead in time in seconds along
the simulated trajectory when using heading scoring (double, default: 0.8)
```

```
  dwa: false # Whether to use the Dynamic Window Approach (DWA)_ or whether to use
Trajectory Rollout
  simple_attractor: false
  publish_cost_grid_pc: true

  # Oscillation Prevention Parameters
  oscillation_reset_dist: 0.25 # How far the robot must travel in meters before
oscillation flags are reset (double, default: 0.05)
  escape_reset_dist: 0.1
  escape_reset_theta: 0.1

DWAPlannerROS:
  # Robot configuration parameters
  acc_lim_x: 2.5
  acc_lim_y: 0
  acc_lim_th: 3.2

  max_vel_x: 0.5
  min_vel_x: 0.0
  max_vel_y: 0
  min_vel_y: 0

  max_vel_trans: 0.5
  min_vel_trans: 0.1
  max_vel_theta: 1.0
  min_vel_theta: 0.2

  # Goal Tolerance Parameters
  yaw_goal_tolerance: 0.2
  xy_goal_tolerance: 0.25
  latch_xy_goal_tolerance: false
```

9.3 移动机器人全向运动导航

在全向运动模态下，移动机器人增加了 Y 轴的分速度，导航会不会更加自由呢？

9.3.1 功能运行

远程登录 LIMO 机器人的控制系统，输入以下两句命令，先启动机器人底盘和各种传感器，再运行全向运动导航的 launch 启动文件。

```
$ roslaunch limo_bringup limo_start.launch pub_odom_tf:=false
$ roslaunch limo_bringup limo_navigation_mcnamu.launch
```

rviz 上位机启动后，还是通过工具栏的 2D Nav Goal 选择目标点，调整好目标姿态后，松开鼠标，机器人就开始导航了。

注意观察机器人的导航过程，在某些避障和转向时，机器人明显会出现 Y 轴上的横向运动，全向运动模态为机器人提供了更好的运动性能。LIMO 机器人全向运动导航如图 9-10 所示。

图 9-10　LIMO 机器人全向运动导航

9.3.2　启动文件

启动全向运动导航功能的 limo_bringup/launch/limo_navigation_mcnamu.launch 文件内容如下。整体框架和其他运动模态的导航功能相同，我们直接复制代码过来就可以使用，包括里程计的滤波节点、amcl 定位节点、map_server 地图服务器节点、move_base 导航节点和 Rviz 可视化界面。

```
<?xml version="1.0"?>
<launch>
    <!-- use robot pose ekf to provide odometry -->
  <node pkg="robot_pose_ekf" name="robot_pose_ekf" type="robot_pose_ekf">
      <param name="output_frame" value="odom" />
      <param name="base_footprint_frame" value="base_link"/>
      <remap from="imu_data" to="imu" />
  </node>

  <node pkg="amcl" type="amcl" name="amcl" output="screen">
      <rosparam file="$(find limo_bringup)/param/amcl_params.yaml" command
="load" />
      <param name="initial_pose_x"            value="0"/>
      <param name="initial_pose_y"            value="0"/>
```

```
        <param name="initial_pose_a"            value="0"/>
    </node>

    <node pkg="map_server" type="map_server" name="map_server" args="$(find
limo_bringup)/maps/carto.yaml" output="screen">
    <param name="frame_id" value="map"/>
    </node>

    <!--  **************** Navigation ****************  -->
    <node pkg="move_base" type="move_base" respawn="false" name="move_base"
output="screen">
        <rosparam file="$(find limo_bringup)/param/carlike2/costmap_common_
params.yaml" command="load" ns="global_costmap" />
        <rosparam file="$(find limo_bringup)/param/carlike2/costmap_common_
params.yaml" command="load" ns="local_costmap" />
        <rosparam file="$(find limo_bringup)/param/carlike2/local_costmap_
params.yaml" command="load" />
        <rosparam file="$(find limo_bringup)/param/carlike2/global_costmap_
params.yaml" command="load" />
       <rosparam file="$(find limo_bringup)/param/carlike2/teb_local_planner_
params.yaml" command="load" />

        <param name="base_global_planner" value="global_planner/GlobalPlanner" />
        <param name="planner_frequency" value="1.0" />
        <param name="planner_patience" value="5.0" />
        <param name="base_local_planner" value="teb_local_planner/
TebLocalPlannerROS" />
        <param name="controller_frequency" value="5.0" />
        <param name="controller_patience" value="15.0" />
        <param name="clearing_rotation_allowed" value="false" /> <!-- Our
carlike robot is not able to rotate in place -->
    </node>

    <!--  **************** Visualization ****************  -->
    <node name="rviz" pkg="rviz" type="rviz" args="-d $(find limo_bringup)/
rviz/navigation_ackerman.rviz"/>

</launch>
```

本地规划器和机器人的结构息息相关，差速导航时使用的是 DWA 算法，这里我们更换成了 TEB 算法。

9.3.3 参数配置

全局代价地图和本地代价地图的配置参数与差速导航模式的配置完全相同，这里不再详述，大家如果想要调整导航规划器的效果，也可以尝试修改代价地图中的一些参数。

最大的变化是本地规划器，针对 TEB 算法的特性和开放的配置项，我们加载了一个专门针对 TEB 算法的参数文件——teb_local_planner.yaml，主要参数内容如下：

```
# Robot
max_vel_x: 1.0
max_vel_x_backwards: 0.3
max_vel_y: 0.0
max_vel_theta: 2.0
acc_lim_x: 0.4
acc_lim_theta: 1.0
```

以上是机器人平移和旋转的加速度和速度限制，大家可以发现，其中不仅有 x 方向的约束，还有 y 方向上的约束，这就是全向移动平台才可实现的。

```
# Carlike robot parameters
min_turning_radius: 0.3
wheelbase: 0.2
cmd_angle_instead_rotvel: False
footprint_model: # types: "point", "circular", "two_circles", "line", "polygon"
  type: "line"
  radius: 0.2 # for type "circular"
  line_start: [0.0, 0.0] # for type "line"
  line_end: [0.23, 0.0] # for type "line"
  front_offset: 0.2 # for type "two_circles"
  front_radius: 0.2 # for type "two_circles"
  rear_offset: 0.2 # for type "two_circles"
  rear_radius: 0.2 # for type "two_circles"
  vertices: [ [0.25, -0.05], [0.18, -0.05], [0.18, -0.18], [-0.19, -0.18],
[-0.25, 0], [-0.19, 0.18], [0.18, 0.18], [0.18, 0.05], [0.25, 0.05] ] # for type
"polygon"
```

以上是机器人的运动学参数，因为是全向移动机器人，原地旋转也可以，最小转弯半径是 0，后边几个是机器人外观轮廓的抽象描述。

```
# GoalTolerance
xy_goal_tolerance: 0.1
yaw_goal_tolerance: 0.1
free_goal_vel: False
complete_global_plan: True
```

以上是运动误差的设置，也就是在目标点正负这个范围内，都算是导航成功。

```
# Trajectory
teb_autosize: True
dt_ref: 0.3
dt_hysteresis: 0.1
```

```
max_samples: 500
 global_plan_overwrite_orientation: True
 allow_init_with_backwards_motion: True
 max_global_plan_lookahead_dist: 1.5
 global_plan_viapoint_sep: 0.1
 global_plan_prune_distance: 1
 exact_arc_length: False
 feasibility_check_no_poses: 10
 publish_feedback: False
```

以上是轨迹规划相关的一些参数，包括分辨率、采样点数等，这里使用的就是默认的配置。

```
# Obstacles
 min_obstacle_dist: 0.1 #0.2 # This value must also include our robot's expansion,
# since footprint_model is set to "line".
 inflation_dist: 0.6
 include_costmap_obstacles: True
 costmap_obstacles_behind_robot_dist: 1.0
 obstacle_poses_affected: 15

 dynamic_obstacle_inflation_dist: 0.6
 include_dynamic_obstacles: True
 obstacle_association_force_inclusion_factor: 1.5

 costmap_converter_plugin: ""
 costmap_converter_spin_thread: True
 costmap_converter_rate: 5
```

以上是障碍物相关的配置参数，有几个关键参数。min_obstacle_dist 是与障碍物的最小期望距离，单位是 m，主要影响避障的效果，这里设置的是 0.1m。机器人运动性能好，也可以减小。include_costmap_obstacles 用来配置实时避障，需要设置为 true 才行；inflation_dist 是障碍物周围的膨胀区大小。

```
# Optimization
 no_inner_iterations: 5
 no_outer_iterations: 4
 optimization_activate: True
 optimization_verbose: False
 penalty_epsilon: 0.1
 obstacle_cost_exponent: 4
 weight_max_vel_x: 2
 weight_max_vel_theta: 1
 weight_acc_lim_x: 1
 weight_acc_lim_theta: 1
 weight_kinematics_nh: 10
 weight_kinematics_forward_drive: 1
 weight_kinematics_turning_radius: 1
```

```
weight_optimaltime: 1 # must be > 0
weight_shortest_path: 0
weight_obstacle: 100
weight_inflation: 0.2
weight_dynamic_obstacle: 50 #10# not in use yet
weight_dynamic_obstacle_inflation: 0.2
weight_viapoint: 1
weight_adapt_factor: 2
```

以上是优化器算法的参数，对本地规划器的效果影响较大。其中，penalty_epsilon 参数会为速度的约束提供一个缓冲效果，在到达速度限制前产生一定的惩罚，让机器人提前减速；weight_max_vel_x 是最大速度的权重，还有最大角速度权重，以及加速度和角加速度权重，在整个运动过程中以高速还是低速运行就要看这些权重的分配。weight_kinematics_nh 是机器人前进和横向移动的权重分配；weight_kinematics_forward_drive 参数的意思是迫使机器人尽量选择前进的方向，权重越大，倒车惩罚越大；weight_kinematics_turning_radius 是机器人最小转向半径的权重，权重越大则越容易达到最小转弯半径；weight_optimaltime 这个参数是最优时间权重，如果设置得比较大，机器人会在直道上快速加速，转弯时也会尽量切内道，让时间效率更高。

```
# Homotopy Class Planner
enable_homotopy_class_planning: True
enable_multithreading: True
max_number_classes: 4
selection_cost_hysteresis: 1.0
selection_prefer_initial_plan: 0.95
selection_obst_cost_scale: 1.0
selection_alternative_time_cost: False
roadmap_graph_no_samples: 15
roadmap_graph_area_width: 5
roadmap_graph_area_length_scale: 1.0
h_signature_prescaler: 0.5
h_signature_threshold: 0.1
obstacle_heading_threshold: 0.45
switching_blocking_period: 0.0
viapoints_all_candidates: True
delete_detours_backwards: True
max_ratio_detours_duration_best_duration: 3.0
visualize_hc_graph: False
visualize_with_time_as_z_axis_scale: False
```

以上是多路径并行计算的配置，比如是否要激活多线程模式，每个线程可以计算一条路径和轨迹规划出来的轨迹数量等。

TEB 算法开放的参数非常多，大家有兴趣可以参考官方网站的解释进行修改和验证。

9.4　移动机器人阿克曼运动导航

自动驾驶汽车很多都是阿克曼转向结构的，这种类型的机器人在导航中的表现如何呢，我们来测试一下。

9.4.1　功能运行

远程登录 LIMO 机器人的控制系统，输入以下两句命令，先启动机器人底盘和各种传感器，接下来运行阿克曼运动导航的 launch 启动文件。

```
$ roslaunch limo_bringup limo_start. launch pub_odom_tf: = false
$ roslaunch limo_bringup limo_navigation_ackerman. launch
```

rviz 上位机启动后，通过工具栏的 2D Nav Goal 选择目标点，调整好目标姿态后松开鼠标，机器人就开始导航了。

注意观察机器人的导航过程，在转向时机器人的两个前轮会发生平行转向的阿克曼运动，这种运动方式会有转弯半径的限制，转弯时明显感觉机器人会绕过一个角度。LIMO 机器人阿克曼运动导航如图 9-11 所示。

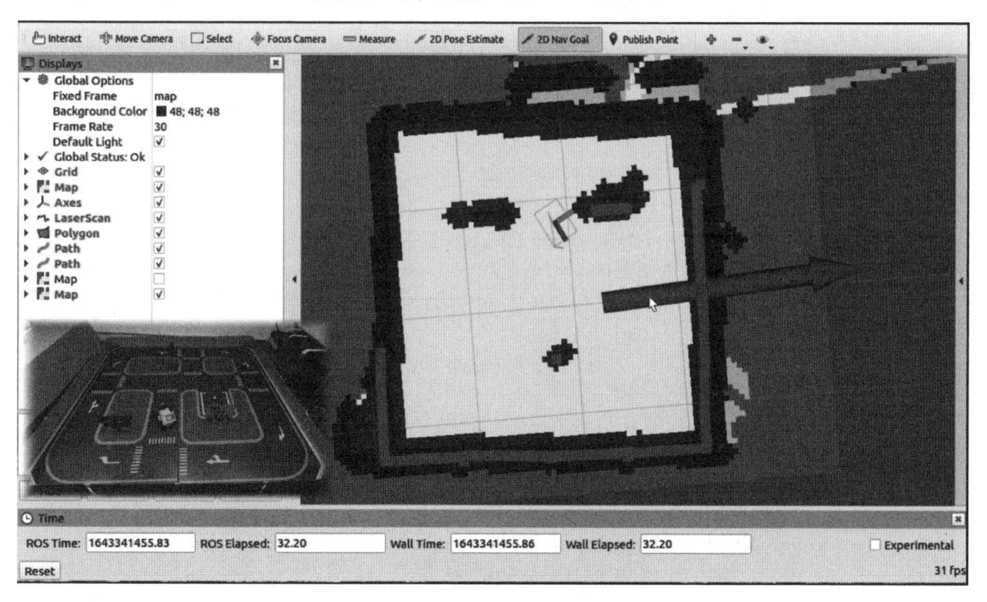

图 9-11　LIMO 机器人阿克曼运动导航

9.4.2　启动文件

启动阿克曼运动导航功能的 launch 文件 limo_bringup/launch/limo_navigation_ackerman. launch，整体框架与其他模态的导航一样，框架包括里程计的滤波节点、amcl 定位节点、map_server 地图服务器节点、move_base 导航节点和 Rviz 可视化界面。

```
<?xml version = "1.0"?>
< launch >
    <!-- use robot pose ekf to provide odometry -- >
   < node pkg = "robot_pose_ekf" name = "robot_pose_ekf" type = "robot_pose_ekf">
       < param name = "output_frame" value = "odom" />
       < param name = "base_footprint_frame" value = "base_link"/>
       < remap from = "imu_data" to = "imu" />
   </node >

   < node pkg = "amcl" type = "amcl" name = "amcl" output = "screen">
       < rosparam file = " $ (find limo_bringup)/param/amcl_params. yaml" command
= "load" />
       < param name = "initial_pose_x"              value = "0"/>
       < param name = "initial_pose_y"              value = "0"/>
       < param name = "initial_pose_a"              value = "0"/>
   </node >

   < node pkg = "map_server" type = "map_server" name = "map_server" args = " $ (find
limo_bringup)/maps/carto. yaml" output = "screen" >
   < param name = "frame_id" value = "map"/>
   </node >

   <!--    ************** Navigation ***************    -- >
   < node pkg = "move_base" type = "move_base" respawn = "false" name = "move_base"
output = "screen">
       < rosparam file = " $ (find limo_bringup)/param/carlike2/costmap_common_
params. yaml" command = "load" ns = "global_costmap" />
       < rosparam file = " $ (find limo_bringup)/param/carlike2/costmap_common_
params. yaml" command = "load" ns = "local_costmap" />
       < rosparam file = " $ (find limo_bringup)/param/carlike2/local_costmap_
params. yaml" command = "load" />
       < rosparam file = " $ (find limo_bringup)/param/carlike2/global_costmap_
params. yaml" command = "load" />
       < rosparam file = " $ (find limo_bringup)/param/carlike2/teb_local_planner_
params. yaml" command = "load" />

       < param name = "base_global_planner" value = "global_planner/GlobalPlanner" />
       < param name = "planner_frequency" value = "1.0" />
       < param name = "planner_patience" value = "5.0" />
       < param name = " base_local_planner" value = " teb_local_planner/
TebLocalPlannerROS" />
       < param name = "controller_frequency" value = "5.0" />
       < param name = "controller_patience" value = "15.0" />
       < param name = "clearing_rotation_allowed" value = "false" /> <!-- Our
carlike robot is not able to rotate in place -- >
```

```
    </node>

    <!--   ****************  Visualization ****************   -->
    <node name="rviz" pkg="rviz" type="rviz" args="-d $(find limo_bringup)/
rviz/navigation_ackerman.rviz"/>

</launch>
```

在全向运动本地规划器中也介绍过，TEB算法中考虑了最小转弯半径的设置，同样也适用于阿克曼运动模态的机器人，所以这里的本地规划器依然采用了TEB算法。

9.4.3 参数配置

如下代码所示是全局代价地图和本地代价地图的配置参数，与其他导航模式的配置完全相同，这里不再详述。大家如果想要调整导航规划器的效果，也可以尝试修改代价地图中的一些参数。

limo_bringup/param/ackerman/teb_local_planner_params.yaml是本地规划器TEB算法的配置参数，大家可以和全向运动导航的规划器参数对比一下。

```
TebLocalPlannerROS:

 odom_topic: odom

 # Trajectory
 teb_autosize: True
 dt_ref: 0.3
 dt_hysteresis: 0.1
 max_samples: 500
 global_plan_overwrite_orientation: False
 allow_init_with_backwards_motion: True
 max_global_plan_lookahead_dist: 0.8   #0.5 0.8 1.0
 global_plan_viapoint_sep: -1
 global_plan_prune_distance: 1.0
 exact_arc_length: False
 feasibility_check_no_poses: 5
 publish_feedback: False

 # Robot
 max_vel_x: 0.5
 max_vel_x_backwards: 0.3
 max_vel_y: 0.0
 max_vel_theta: 1.0 # the angular velocity is also bounded by min_turning_radius in
#case of a carlike robot (r = v / omega)
 acc_lim_x: 0.5
 acc_lim_theta: 0.5
 # GoalTolerance
```

```
xy_goal_tolerance: 0.2
yaw_goal_tolerance: 0.52359876
free_goal_vel: False
complete_global_plan: True

 # ********************** Carlike robot parameters ********************
 # max_steer_angle_ = 25 deg; r = wheelbase/tan(max_steer_angle_) = 0.42890138
min_turning_radius: 1.0     # Min turning radius of the carlike robot (compute
#value using a model or adjust with rqt_reconfigure manually)
wheelbase: 0.2                  # Wheelbase of our robot
cmd_angle_instead_rotvel: False # stage simulator takes the angle instead of the
#rotvel as input (twist message)
 # ***************************************************************
footprint_model: # types: "point", "circular", "two_circles", "line", "polygon"
   type: "line"
   #radius: 0.2 # for type "circular"
   line_start: [0.0, 0.0] # for type "line"
   line_end: [0.2, 0.0] # for type "line"
   #front_offset: 0.2 # for type "two_circles"
   #front_radius: 0.2 # for type "two_circles"
   #rear_offset: 0.2 # for type "two_circles"
   #rear_radius: 0.2 # for type "two_circles"
   #vertices: [ [0.25, -0.05], [0.18, -0.05], [0.18, -0.18], [-0.19, -0.18],
#[-0.25, 0], [-0.19, 0.18], [0.18, 0.18], [0.18, 0.05], [0.25, 0.05] ] # for
#type "polygon"

 # Obstacles
min_obstacle_dist: 0.03 # 0.05 0.08  0.1 This value must also include our robot's
#expansion, since footprint_model is set to "line".
inflation_dist: 0.03
include_costmap_obstacles: True
costmap_obstacles_behind_robot_dist: 1.0
obstacle_poses_affected: 15
dynamic_obstacle_inflation_dist: 0.6
include_dynamic_obstacles: True

costmap_converter_plugin: "costmap_converter::CostmapToPolygonsDBSMCCH"
costmap_converter_spin_thread: True
costmap_converter_rate: 5

 # Optimization
no_inner_iterations: 5
no_outer_iterations: 4
optimization_activate: True
optimization_verbose: False
penalty_epsilon: 0.1
obstacle_cost_exponent: 4
weight_max_vel_x: 2
weight_max_vel_theta: 1
weight_acc_lim_x: 1
```

```
    weight_acc_lim_theta: 1
    weight_kinematics_nh: 1000
    weight_kinematics_forward_drive: 1
    weight_kinematics_turning_radius: 1
    weight_optimaltime: 1 # must be > 0
    weight_shortest_path: 0
    weight_obstacle: 150
    weight_inflation: 0.2
    weight_dynamic_obstacle: 10 # not in use yet
    weight_dynamic_obstacle_inflation: 0.2
    weight_viapoint: 2
    weight_adapt_factor: 2

    # Homotopy Class Planner
    enable_homotopy_class_planning: True
    enable_multithreading: True
    max_number_classes: 4
    selection_cost_hysteresis: 1.0
    selection_prefer_initial_plan: 0.95
    selection_obst_cost_scale: 1.0
    selection_alternative_time_cost: False

    roadmap_graph_no_samples: 15
    roadmap_graph_area_width: 5
    roadmap_graph_area_length_scale: 1.0
    h_signature_prescaler: 0.5
    h_signature_threshold: 0.1
    obstacle_heading_threshold: 0.45
    switching_blocking_period: 0.0
    viapoints_all_candidates: True
    delete_detours_backwards: True
    max_ratio_detours_duration_best_duration: 3.0
    visualize_hc_graph: False
    visualize_with_time_as_z_axis_scale: False

   # Recovery
    shrink_horizon_backup: True
    shrink_horizon_min_duration: 10
    oscillation_recovery: True
    oscillation_v_eps: 0.8
    oscillation_omega_eps: 0.8
    oscillation_recovery_min_duration: 5
    oscillation_filter_duration: 5
```

在机器人加速度和速度限制部分，由于阿克曼运动没有Y方向的平移，所以Y方向都约束为0，X方向上加入了相应的约束。

机器人的运动学参数部分也是按照阿克曼转向的结构进行了配置，转弯半径设置为1m。其他参数与全向运动导航时的配置类似，不再赘述。大家可以参考之前的讲解进行修改验证。

9.5 本章小结

本章我们学习了移动机器人自主导航的基本原理，介绍了 ROS 中导航相关的核心功能包和算法原理，同时在 move_base 框架之上，针对常见的移动机器人运动模态分别进行了自主导航功能的配置与实现。我们发现，各种运动模态对导航框架的影响很小，主要区别是本地规划器，大家可以根据使用的机器人结构选择适合的算法模块。

第10章

机器人语音交互

声音是大自然美妙的馈赠，人与人之间通过声音进行交流，动物与动物之间通过声音交换信息。说话这个技能在大自然中人类可以做到。我们已经知道机器人能够实现视觉识别、运动控制、自主导航等功能，那说话这一人类重要的功能，机器人是否也可以实现呢？答案是肯定的。

回想下在实际生活中，大家可以和商场中的导购机器人聊天，可以通过语音助手设置家里智能电器的开关，还可以在开车时通过语音控制车辆的多媒体系统，这些都是机器人语音交互的重要应用。接下来一起学习机器人语音交互的相关技术。

10.1 机器人语音交互原理

语音交互包含两个关键词，一个是语音，另一个是交互。语音是行为，交互是目的，这项技术涉及的知识广泛，我们先来了解语音交互的基本流程和组成原理。

对于人类来讲，说话是人类最原始和最基本的沟通方式。平时我们与其他人说话时，肯定不是随便乱吼乱叫来沟通的，而是要遵循某些发音规则，只要大家使用一致的规则，就可以达到传递信息的目的。随着不同区域的文化演进，产生了很多种语言规则，比如说汉语、英语、日语等，这些称为自然语言，也就是自然而然形成的，并不是人为强制设计的。

在各种技术开发中，编写代码也有语言一说，比如说C语言、Python语言等，和自然语言相比，这些语言明显是人为设计的，主要目的是让我们可以和计算机进行交流。自然语言和编程语言如图10-1所示。

语音交互技术大家应该并不陌生，已经深入到生活的方方面面，比如苹果手机中的Siri、小米音箱等智能硬件，我们可以语音控制这些设备并听到声音上的反馈。

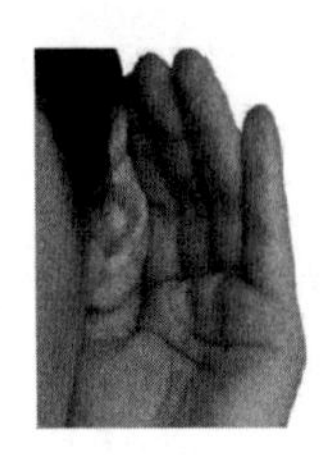

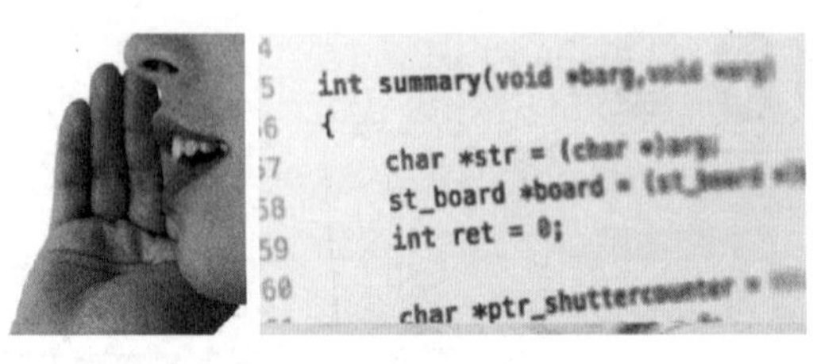

图 10-1　自然语言和编程语言

对于人类来讲，自然语言就像视觉识别功能一样常见，但是当我们想将这样的能力赋予机器人时，就充满了挑战。

举个例子，我们平时打招呼，中文可以说“你好”，英文可以说“Hello”，日语、汉语、法语等各种语言都有不同的发音，这还没考虑不同语言中的方言，再结合不同性别、不同年龄、不同环境的发音效果，想要让机器人理解“你好”这个词的含义，并不是一件简单的事情，更何况是日常中使用的各种语句了。

10.1.1　语音交互发展阶段

语音交互的发展经历了几十年，可以总结为四个关键阶段，如图 10-2 所示。

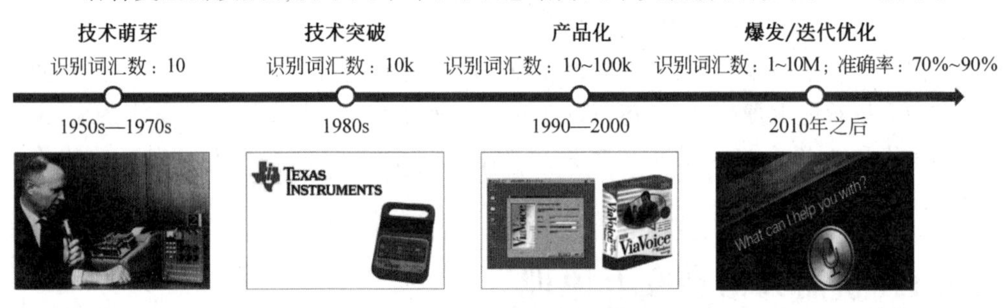

图 10-2　语音交互的发展阶段

第一个阶段是技术萌芽期，标志性的事件是在 20 世纪 50 年代，贝尔实验室开发的 Audrey 语音识别系统，这是全世界第一个能够识别出 10 个英文词汇发音的实验系统。其标志着语音交互研究的开始，这个系统的出现离不开当时大环境下现代电子计算机的出现。

仅仅 10 个英文词汇的识别肯定是不够的，在计算机技术快速发展的同时，全球电信业务也蓬勃发展，积累了大量的文本信息，这些信息可以作为计算机读取的文本语料，数据多了语音交互也有了素材，同时隐马尔可夫模型等理论也不断成熟。

第二个阶段是在 20 世纪 80 年代，语音交互进入了技术突破的重要环节。当时流行的一个设备就是 TI 公司推出的 Speak & Spell 翻译机，外观有点像现在的计算器，功能上算是学习机的鼻祖了。它的键盘由英文字母组成，可以帮助小朋友练习拼写，比如每敲写一个字母，翻译机就会播放这个字母对应的语音，完成拼写后可以播放完整的单词发音。

除此之外，还可以播放音乐、玩单词游戏。虽然翻译机在现在看来功能简单，但是在那个年代它还是比较时尚的，可以识别1000个左右的英文词汇。在这个时期，多种网络模型应用于语音交互领域，相关的项目越来越多，商业化的服务公司也逐渐成立，语音交互技术趋于成熟。

1990—2000年，科技领域的巨头公司纷纷投重金在语音交互领域，语音交互从科研阶段快速走向产品化落地阶段，这是第三阶段。此时，IBM推出Via-Voice系统，这是一个高性能的语音交互系统，虽然界面看上去还比较呆板，但是功能在当时还是非常强大的，比如可以根据个人口音建立语音库，实现连续语音交互功能，而且可以自我学习，每分钟平均识别150个字，识别率达85%，被纽约时报选为2000年最受欢迎的十大顶尖商务软件之一。

同时期互联网兴起，电子化的数据呈井喷状迸发，借助大量电子语料的资源，语音交互技术逐渐在电话呼叫中心、家电、汽车等领域实现产业化应用。此时的语音交互系统已经可以识别10万个左右的词汇量了。

第四个阶段是2010年后的大数据和人工智能时代，语音交互技术的应用爆发式增长，同时借助新一代机器学习技术，语音识别的准确度和词汇量都有了质的飞越。

移动互联网、智能家居、物联网等技术此时也进入了黄金发展期，语音交互在这些领域都有广泛的应用，比如苹果手机中的Siri。现在一个普通智能手机中都会内置语音助手。再比如小米的智能家居，说一句话就可控制开关灯和灯的亮度。具备语音交互功能的智能硬件价格越来越低，应用越来越多。

语音交互涉及的技术和内容众多，大家可以参考图10-3。

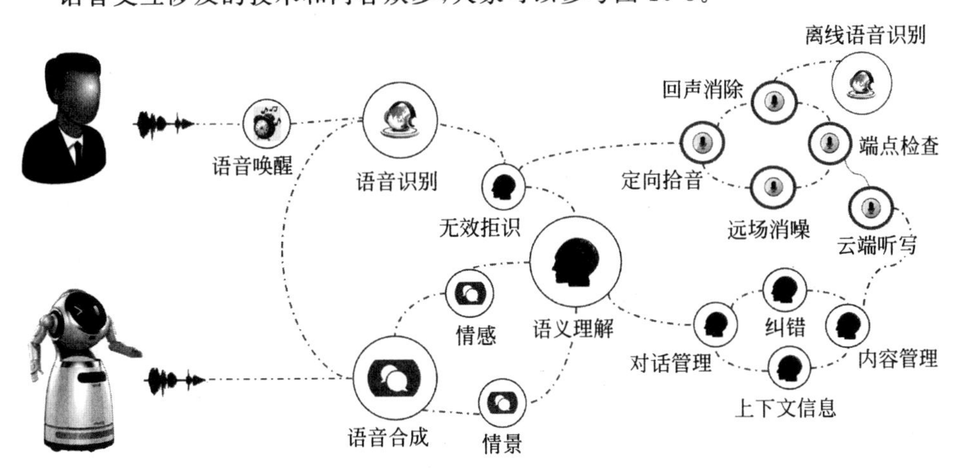

图10-3 语音交互涉及的技术

当人和机器人通过语音交互时，我们先要语音唤醒机器人，让机器人能够进行语音识别。在嘈杂的情况下，语音识别能够定向拾音，知道谁是说话人，并且实现远场消噪和回声消除，将语音转变成文本信息。

接下来机器人的大脑要对文本进行理解，也就是语义理解。在语义理解的过程中，包含了对话管理、纠错、内容管理，以及上下文信息等功能。

最后，机器人要语音作答，我们希望回答是有温度的，这就涉及情感和情景。机器人会通过嘴巴，即语音合成发出声音，完成人类和机器人的对话。

总体而言，在整个语音交互的过程中，可以分为语音识别、自然语言理解和语音合成这三大部分。

10.1.2 语音识别

语音识别（Automatic Speech Recognition，ASR）是计算机科学和计算语言学的一个跨学科子领域，以语音为研究对象，通过语音信号处理和模式识别让机器自动识别人类口述的语言。

语音识别系统本质上是一种模式识别系统，简单来讲就是将口语声音的声波转变成文本信息的过程。比如我们说了"Hello"这个单词，语音识别就是将这段声音变成"Hello"字符串的过程，如图 10-4 所示。

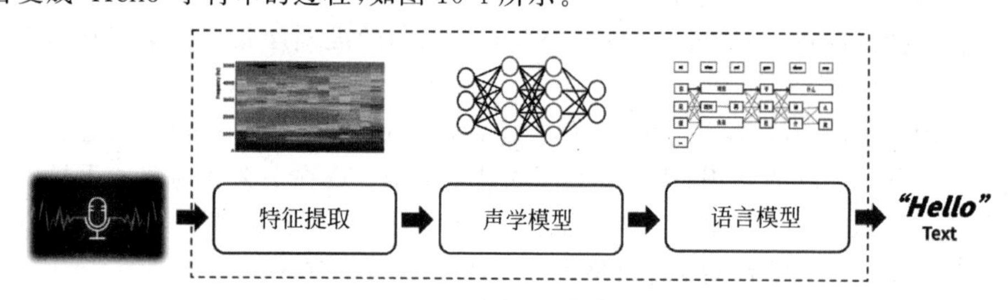

图 10-4 语音识别过程

中间框要做的工作，就是语音识别技术需要研究的内容，主要分为三个部分：特征提取、声学模型和语言模型。

语音信号采集后输入到系统中，先要做预处理去除一些噪声，然后开始提取语音特征，接下来将这些特征信号放到声学模型中，可以通过已有的声学模型与这些特征进行比较，找到最优的匹配结果，也可以使用训练好的神经网络进行计算。

此时可以得到一个文本内容，但是这个文本内容是否符合语法规则呢？比如"Hello"中间多识别了一个"l"，这是不对的，还需要根据语言模型进行校准。可见，语音识别的效果与特征的选择、模型的好坏有着直接的关系，这也是相关研究需要突破的难点。

一般来讲，声学模型和语言模型都是基于预先收集好的海量语音、语言数据库做信号处理和知识挖掘。但是人类的语言、声音变化太多，想要采集足够多的数据，没有足够的算力其实并不容易。每种模型都有对应的使用范围，比如中文普通话、美式英语这样相对缩小的语言范畴。

既然是对声音做处理，我们就得先了解声音的一些特征。

声音实际上是一种波。当物体震动时，会带动周围的空气分子也产生震荡，能量依次传播，从而产生声波，就像将石头扔到水里产生的水波纹一样。音频信号如图 10-5 所示。

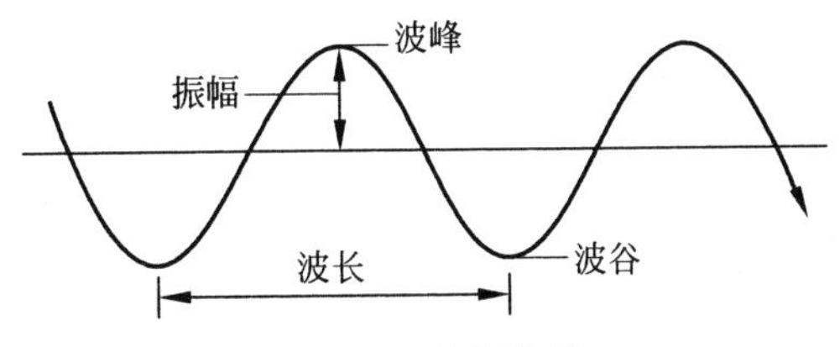

图 10-5 音频信号

那声音有哪些特征呢？首先是振幅，是指空气分子从静止位置开始的最大位移，在声波图中就是波形的高度，最高点叫作波峰，最低点叫作波谷。两个连续的波峰或波谷之间的距离称为波长。

音频信号都是周期遍历的，一个完整的向上移动和向下移动组成的一次循环称为周期。比如从这个静止点开始向下移动，到向上移动回到这个静止点，这两个点之间就是一个周期。

频率是指信号在一段时间内的变化速度，如图 10-6 所示这两只速度不同的袋鼠。速度快的这只袋鼠 1 表示了一段高频率的声波，速度慢的这只袋鼠 2 表示一段低频率的声波。

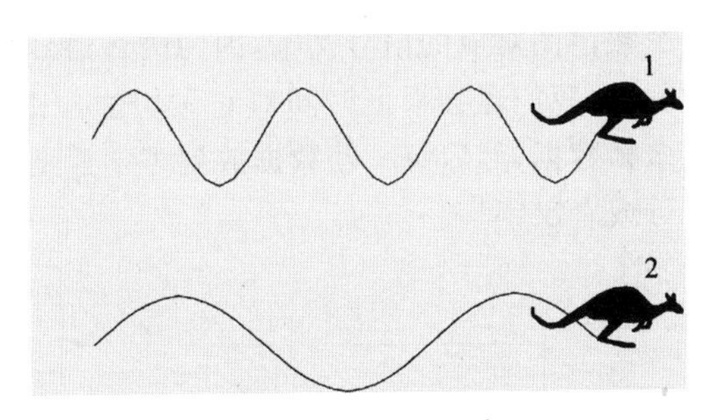

图 10-6 声音的频率

这里频率的高低表示音调的高低，也就是音高。振幅的高低表示声音的强弱，也就是音量。

了解了声音的特征之后，如何让计算机识别这些特征，并转换成对应的文本信息呢？计算机主要处理数字信号，也就是我们常说的 0 和 1，想要识别语音特征就得把声波变成数字信号。语音识别过程如图 10-7 所示。

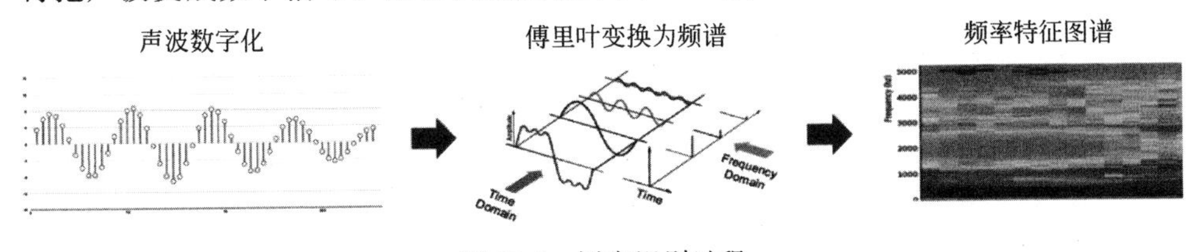

图 10-7 语音识别过程

语音识别的第一步就是将声波数字化。假设声波是这样一条曲线，上边这些小圆点就是一系列离线采样的数据点，数据点越密集则采样到的数字信号越多，也就越逼近真实的声音信息。这个采样的密集程度称为采样率，是单位时间内对声波的采样次数。比如 1ms 之内在这个声波曲线上采样多少个点，单位是 Hz。这样，我们就将声音数字化了，便于后续计算机的处理。

在声波采样的过程中还有一个重要方法，那就是傅里叶变换。从时域的角度看，横轴如果是时间则声音曲线的特征并不明显，傅里叶变换可以将这段信号在频域中进行分离即横轴变成频率，此时原本的一条曲线变成了三条特征明显而规律的曲线。

比如一个班 50 人，身高各有不同，如果我们随机排成一队则队伍的高度一会儿低一会儿高，没有太多规律可循。

接下来做队伍分类，1.6m 以下的同学一队，1.6～1.7m 的同学一队，1.7m 以上的同学一队。原本的一条队伍就变成了三条，每条队伍的高度相对均匀，特征就更明显了。傅里叶变换就是将声波分离成多个不同频段信号的过程。

我们将“Hello”的语音转换到频域后，不同频段的信号就组成了如图 10-8 所示的频谱图，通过颜色描述信号的集中程度。可以看到 1000Hz 以下的频率最为集中，高频部分较少，所以大致可以推断出这是一个男性的声音。

接下来要识别这个频谱图对应的信号文本，因为语音信号具有时间长度，在对这个频谱图识别的过程中，我们也会根据时间对它做切片。比如 20ms 一帧数据，可以把频谱图切分成多帧数据，然后每一帧数据放到声学模型的网络中进行识别，看它对应到哪一个字母或者汉字。

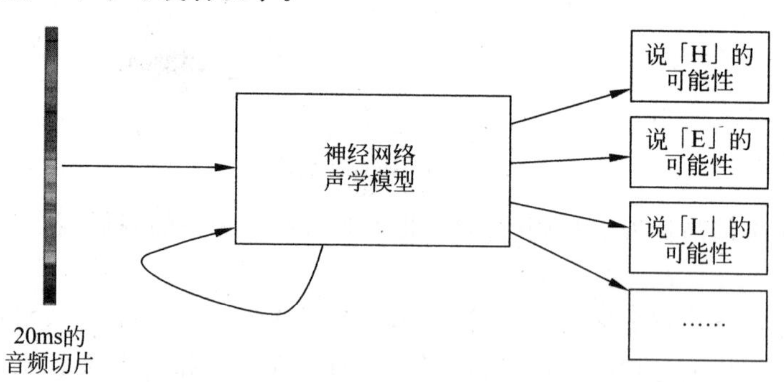

图 10-8　声学模型识别

当所有帧的数据都经过声学网络的识别后，我们就可以得到一个音频信号与字符的映射图，此图可以表示每一个音频切片最有可能对应的字母，如图 10-9 所示。

比如第一帧和第二帧的数据有可能没有声音，第三帧到第五帧的数据有可能都是“H”等，以此类推。

大家发现，此时的识别结果并不是我们要的“Hello”。接下来还需要对重复的

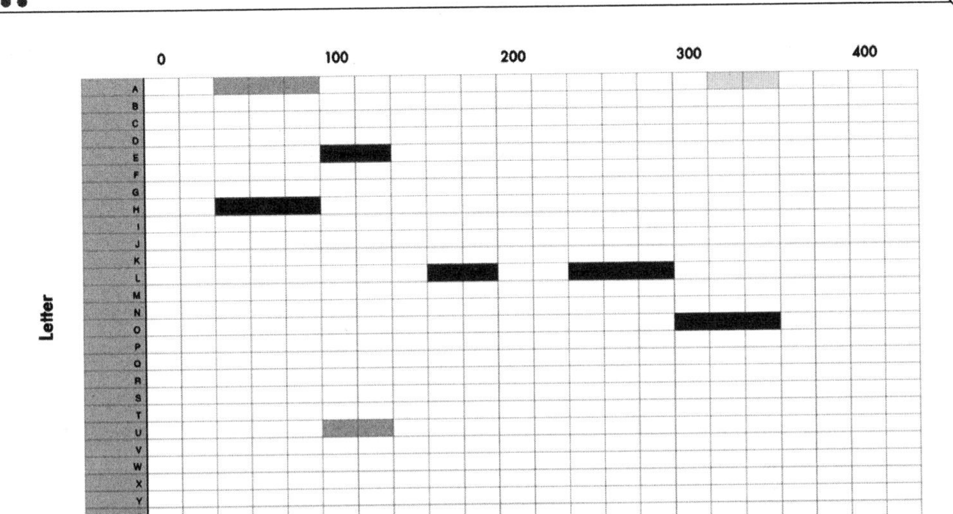

图 10-9　音频切片对应的字母

字符进行折叠，将这一段字符“HHHEE_LL_LLLOOO ”变成“HE_L_LO”，再删除中间的空格符，最终输出识别后的“HELLO”。

图 10-10 所示的就是常用的 CTC 算法实现该过程的效果。

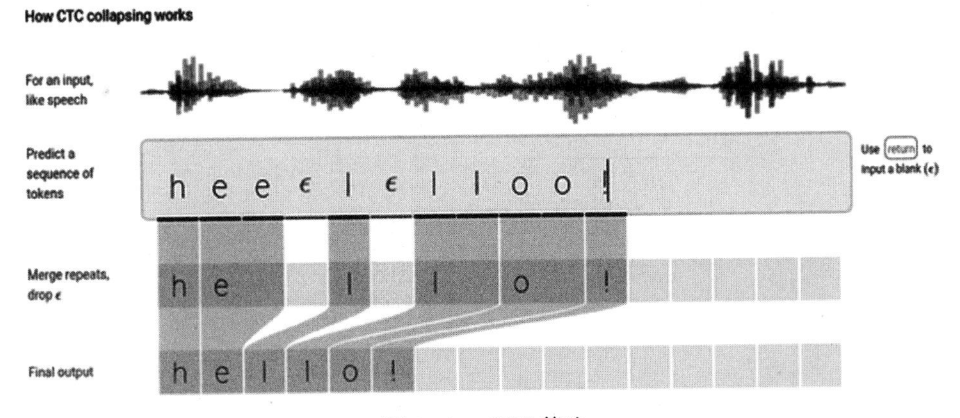

图 10-10　CTC 算法

经过以上复杂的变换，我们终于将语音变成了对应的文本信息，这就是语音识别的过程。

此时才完成了语音交互的第一步，接下来机器人还需要理解文本信息的含义，才能完成后续的行为，这就是自然语言处理的过程了。

10.1.3　自然语言理解

人类通过语言来交流，狗通过汪汪叫来交流，机器也有自己的交流方式，那就是数字信息。不同的语言之间是无法沟通的，比如说人类就无法听懂狗叫，使用不同语言的人类之间也无法直接交流，需要翻译才行，如图 10-11 所示。计算机与人类怎样才能交流呢？这就需要通过自然语言处理来实现。

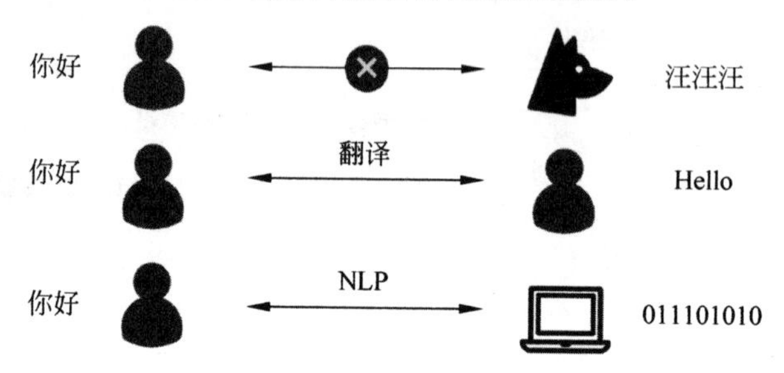

图 10-11　不同语言之间的交流

自然语言处理(Natural Language Processing，NLP)就是用计算机来处理，理解以及运用人类语言，达到人与计算机之间有效通信的目的，它是机器语言和人类语言之间沟通的桥梁。

人类的语言和知识是开放性的，在这种背景下让机器人达到完全正确响应人类的对话是一件非常难做到的事情。所以自然语言处理被比尔盖茨称为"人工智能皇冠上的明珠"。自 AlphaGo 先后战胜李世石、柯洁后，逐渐掀起了人工智能的热潮。深度学习、神经网络等概念逐渐进入了大众视野，自然语言处理作为其中一分子，已逐渐发展成为一门独立的学科。

从自然语言的角度出发，自然语言处理可以分为自然语言理解和自然语言生成两大部分，前者负责理解内容，后者负责生成内容，如图 10-12 所示。

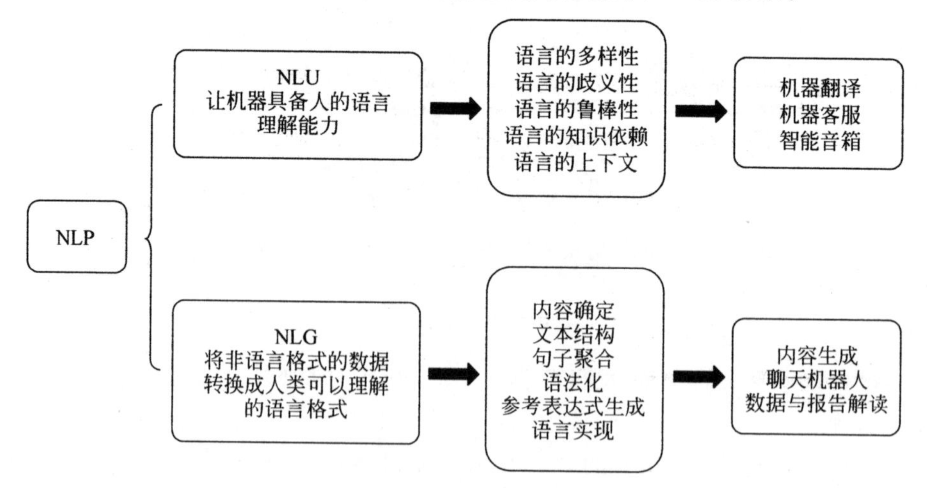

图 10-12　自然语言理解和自然语言生成

自然语言理解(Natural Language Understanding，NLU)就是希望机器具备人一样的语言理解能力。在生活中，如果我们想要订机票，会有很多种自然的表达：比如"订机票""有去北京的航班么？""看看航班，下周二出发去北京""要出差，帮我查下机票"等等。类似这样"自然的表达"可以有无穷多的组合，都是在表达"订机票"这个意图。听到这些表达的人，可以准确地理解"订机票"这件事，但是对于机器来讲这是一个巨大的挑战。

过去机器只能处理结构化的数据，比如关键词，如果要听懂人在讲什么，必须要用户输入精确的指令。

无论说"我要出差"还是"帮我看看去北京的航班"，只要这些字里面没有包含设定好的关键词——订机票，系统都无法处理。"我要退订机票"这句话里也有这三个字，同样会被处理成用户想要订机票的效果，这就出现问题了。

自然语言理解这个功能出现后，可以让机器从各种自然语言中区分出哪些话属于这个意图，而哪些表达不归属于这一类，不再依赖那么死板的关键词。比如经过训练后，机器能够识别"帮我推荐一家附近的餐厅"，就不属于"订机票"这个意图的表达。通过训练，机器还能够在句子中自动提取出"北京"，这两个字指的是目的地这个概念；"下周二"指的是出发时间。

不过有一些语句依然让机器难以理解，比如"过几天天天天天气不好"，这一句话出现了四个"天"字，机器想要断句和理解就比较困难。自然语言由于其多样性、歧义性和对背景知识及上下文的依赖，对机器理解语义造成了重重困难，这些难点都让 NLU 远不如人类的表现。跟文字语言和语音相关的应用大部分都会用到 NLU，比如机器翻译，在理解我们语言的基础上，才能更好地结合语义翻译；机器客服，机器要和我们对话，要为我们服务，都必须要理解我们的目的；智能音箱，不但需要识别用户在说什么话，更要理解用户的意图。

自然语言理解的第二个部分是自然语言生成，也就是将非语言格式的数据转换成人类可以理解的语言格式，比如文章、报告等。

以智能音箱为例，当用户说"几点了?"，首先需要利用 NLU 技术判断用户意图，理解用户想要什么，然后利用 NLG 技术说出"现在是 12 点整"。NLG 的处理过程主要包含 6 个步骤。

(1) 首先确定哪些信息应该包含在文本中。

(2) 第二步是合理地组织文本的顺序，比如先说时间地点，再说事件的内容和结果。

(3) 第三步是将多个信息合并到一个句子里表达。

(4) 第四步是将句子中的内容组织成自然语言，通过连接词进行串联。

(5) 第五步是结合知识的专业领域，对语句做专业的表达式优化。

(6) 最后一步，对完整的语句做优化，让它更流畅，更易于人类理解。

通过以上这 6 个步骤，NLG 的主要目的就是大规模产生个性化内容，让数据更容易理解，可以应用于内容生成，比如现在很多体育新闻，都是借助 NLG 自动完成的；刚才提到的语音客服这样的聊天机器人，反馈给我们的语音回复也需要 NLG 完成；还有各行各业的数据统计，也可以借助 NLG 来解读这些数据，自动地输出结论和观点。

综合而言，自然语言处理是语音交互中的核心，涉及的知识和技术非常多，大家可以参考如图 10-13 所示内容。

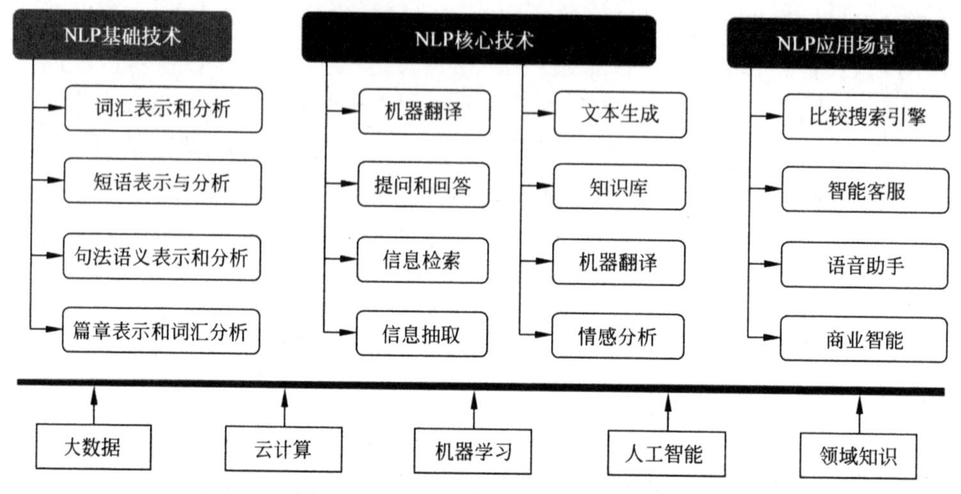

图 10-13　自然语言处理涉及的知识

第一列是 NLP 基础技术，不同层次的自然语言处理都需要用到，比如词汇表示和分析、短语表示与分析等。

中间部分是 NLP 核心技术，包括机器翻译、提问和回答、信息检索等。

最后是 NLP 在各垂直领域中的应用场景，如比较搜索引擎、智能客服、语音助手等，此外还有更多在法律、医疗、教育等方面的应用。

自然语言处理需要很多的技术支撑和海量数据处理，自然语言处理需要做训练的大数据，需要云计算平台，需要机器学习和深度学习作支撑。

自然语言理解在过去 60 年的发展中，从基于规则方法到基于统计方法，再到基于深度学习的方法，技术越来越成熟，很多领域都取得了巨大的进步。展望未来，随着机器学习、大数据、云计算的推动，自然语言处理必将越来越实用。

10.1.4　语音合成

识别了输入的语音，理解了语音的含义，接下来还要让机器开口说话。语音交互三大组成部分的最后一个是语音合成技术（Text To Speech，TTS），它是指将任意文字信息快速地转换成清晰自然、富有表现力的音频，相当于给机器装上了嘴巴，让机器人像人一样开口说话。语音合成过程如图 10-14 所示。

经过前边的一系列处理，机器人希望将“Hello World”这个文本通过声音表达出来，输入是文本，输出是声音，和语音识别的过程相似，但中间的处理过程大有不同。

拿到输入的文本后，我们先要针对文本内容进行分析，比如结合语法规则对内

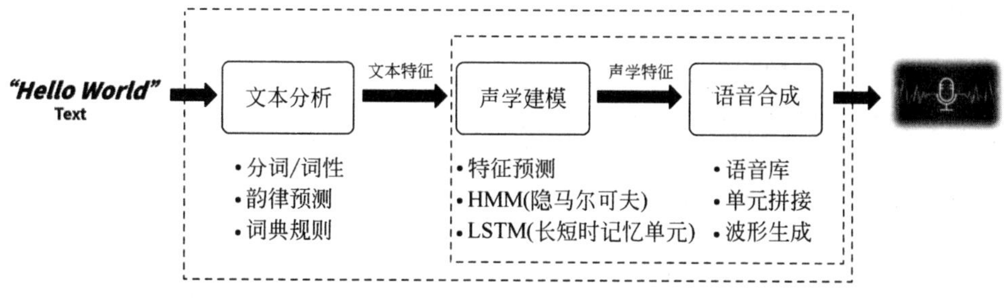

图 10-14 语音合成过程

容进行分词。"Hello World"由"Hello"和"World"两个单词组成,还需要对这两个单词的韵律进行预测,也就是标注该如何发音。经过这个部分的处理,我们得到了文本的特征,接下来将这些特征传递给下一个模块进行声学建模,这里会使用到类似 HMM(隐马尔可夫)网络、LSTM(长短时记忆单元)、DNN(深度神经网络)等技术,将文本特征转变成声学特征。

下一步就是将这些声学特征合成为语音信号,并且播放出来。这个模块会结合已有的语音库合成声音的波形,比如男性的声音、女性的声音、小孩子的声音,波形特征各不相同,生成之后的波形通过电信号传递给喇叭,喇叭通过震动就可以让我们听到机器发出的声音。

为了让机器理解我们的语言,并且可以和我们进行语音交流,需要全人类的智慧一起努力。语音交互逐渐成为人机交互的重要方式,互联网巨头们为了争夺热点赛道,在智能语音市场也展开了疯狂的"军备竞赛",以亚马逊、谷歌、苹果、微软、百度、腾讯等为代表的巨头,纷纷通过并购或自研推出自己的语音产品,加大对语音市场的争夺。国内语音识别技术的龙头企业是科大讯飞,百度、腾讯、阿里也在不断砸入重金跟进。

大量语音交互平台的推出,减少了我们开发语音交互功能的成本,刚才讲到的所有技术都可以借助这些平台或者开源技术快速实现,并且继续优化,向前迈进。

在后续机器人语音交互的实践过程中,我们主要采用科大讯飞的语音识别引擎,在此之上继续搭建我们需要的机器人语音应用。

10.2 科大讯飞语音识别库

基于可中文识别的科大讯飞平台,和大家一起尝试如何让机器人识别出我们说的中文语音。大家可以在浏览器中登录科大讯飞开放平台,平台提供免费版本的在线语音识别功能,需要注册并且创建应用后才能下载本地使用的 SDK 语音识别包。

10.2.1 语音识别 SDK

大家可以参考以下步骤下载 SDK 语音识别包。

（1）首先进入网站后，先注册账号并登录，如图 10-15 所示。

图 10-15　讯飞开放平台网站界面

（2）登录完成后，选择右上角的控制台，进入控制台界面并创建应用，如图 10-16 所示。

图 10-16　控制台界面

（3）选择进入创建好的应用，可以在应用界面中看到当前的语音识别库是否被使用，当天使用过多少次，同时在界面右边有语音听写 SDK，这是我们可以使用的免费在线版本的语音识别库。大家可以在里面选择对应的版本，这里使用到的是 Ubuntu 系统，选择 Linux MSC 并单击下载。应用界面如图 10-17 所示。

（4）单击下载，将讯飞语音识别 SDK 下载保存到本地。

本书配套的源码附带了下载好的 SDK 库，大家可以直接使用，也可以按照这个流程自行在平台下载使用。除了 SDK 对应的 ID 不同之外，功能方面并没有差别。

图 10-17　应用界面

请大家解压下载好的语音识别包，如图 10-18 所示。它包含了一个封装好的库文件，还有一系列语音识别和语音合成的示例代码，接下来在这些代码的基础上进行实践。

图 10-18　讯飞 SDK 的 samples

10.2.2　中文语音识别例程

先来试一试讯飞语音识别 SDK 里面内置的语音识别例程，让大家对语音识别有一个感性的认识。

打开 iat_online_record_sample，在该文件夹路径下打开终端。例程代码使用 C 语言编写，在运行代码之前先进行编译，在 iat_online_record_sample 文件夹里可以看到一个内置的编译脚本。如果是 32 位机，大家选择 32bit_make.sh；如果是 64 位机，大家选择 64bit_make.sh。本书以 64 位机为例，用 source 指令编译 64bit_make.sh 脚本。

编译过程中会遇到如下问题，如图 10-19 所示。

出现此问题是因为缺少某个库而导致的，只需要安装该库就可以了，库安装如图 10-20 所示。

如果一切顺利，编译成功的信息如下，如图 10-21 所示。

```
gyh@ubuntu: ~/Linux_iat1226_tts_online1226_594a7b46/samples/iat_online_record_sample
gyh@ubuntu:~/Linux_iat1226_tts_online1226_594a7b46/samples/iat_online_record_sample$ source 64bit_make.sh
gcc -c -g -Wall -I../../include speech_recognizer.c -o speech_recognizer.o
gcc -c -g -Wall -I../../include linuxrec.c -o linuxrec.o
linuxrec.c:12:10: fatal error: alsa/asoundlib.h: No such file or directory
   12 | #include <alsa/asoundlib.h>
      |          ^~~~~~~~~~~~~~~~~~
compilation terminated.
make: *** [Makefile:28: linuxrec.o] Error 1
gyh@ubuntu:~/Linux_iat1226_tts_online1226_594a7b46/samples/iat_online_record_sample$
```

图 10-19 64 位脚本编译

```
gyh@ubuntu:~/Linux_iat1226_tts_online1226_594a7b46/samples/iat_online_record_sample$ sudo apt-get install libasound2-dev
[sudo] password for gyh:
Sorry, try again.
[sudo] password for gyh:
Sorry, try again.
[sudo] password for gyh:
Reading package lists... Done
Building dependency tree... 50%
```

图 10-20 库安装

```
gyh@ubuntu:~/Linux_iat1226_tts_online1226_594a7b46/samples/iat_online_record_sample$ source 64bit_make.sh
gcc -c -g -Wall -I../../include speech_recognizer.c -o speech_recognizer.o
gcc -c -g -Wall -I../../include linuxrec.c -o linuxrec.o
linuxrec.c:529:12: warning: 'list_pcm' defined but not used [-Wunused-function]
  529 | static int list_pcm(snd_pcm_stream_t stream, char**name_out,
      |            ^~~~~~~~
gcc -c -g -Wall -I../../include iat_online_record_sample.c -o iat_online_record_sample.o
gcc -g -Wall -I../../include speech_recognizer.o linuxrec.o iat_online_record_sample.o -o ../../bin/iat_online_record_sample -L../../libs/x64 -lmsc -lrt -ldl -lpthread -lasound -lstdc++
```

图 10-21 脚本编译完成

编译完成后,命令行进入可执行文件所在目录,启动例程,如图 10-22 所示。

```
gyh@ubuntu:~/Linux_iat1226_tts_online1226_594a7b46/samples$ cd ..
gyh@ubuntu:~/Linux_iat1226_tts_online1226_594a7b46$ cd bin/
gyh@ubuntu:~/Linux_iat1226_tts_online1226_594a7b46/bin$ ./iat_online_record_sample
Want to upload the user words ?
0: No.
1: Yes
```

图 10-22 执行例程

启动成功后,会询问是否需要上传用户语音库,选择"0",不用上传。接下来会询问语音信号来源,0 是语音文件,1 是麦克风,选择"1"。选择完毕后,单击回车键,语音识别已经开始,通过麦克风说话,声波信号会迅速传到后台云端。需要确保系统已经联网,云端完成语音识别后把文本反馈到本地,然后再打印出来,告诉我们结果,如图 10-23 所示。

每个人下载 SDK 中的 ID 是不同的,如果使用本书附带的 SDK,后续学习使用的代码不需要修改。如果大家想要使用自己下载的 SDK 包,则需要对应修改代码中的 ID。

10.2.3 中文语音合成例程

打开之前解压的 samples 文件夹,找到 tts_online_sample 文件,这个例程的功

```
hcx@hcx-pc:~/Linux_iat1226_tts_online1226_594a7b46/bin$ ./iat_online_record_sample
Want to upload the user words ?
0: No.
1: Yes
0
Where the audio comes from?
0: From a audio file.
1: From microphone.
1
Demo recognizing the speech from microphone
Speak in 15 seconds
Start Listening...
Result: [ 你好，欢迎学习机器人课程。 ]

Speaking done
Not started or already stopped.
15 sec passed
```

图 10-23　语音识别例程

能就是将一段文本信息通过语音播放出来。

我们需要在该文件夹下面打开终端，运行编译脚本，如图 10-24 所示。

```
gyh@ubuntu:~/Linux_iat1226_tts_online1226_594a7b46/samples/tts_online_sample$ so
urce 64bit_make.sh
gcc -c -g -Wall -I../../include tts_online_sample.c -o tts_online_sample.o
gcc -g -Wall -I../../include tts_online_sample.o -o ../../bin/tts_online_sample
-L../../libs/x64 -lmsc -lrt -ldl -lpthread -lstdc++
gyh@ubuntu:~/Linux_iat1226_tts_online1226_594a7b46/samples/tts_online_sample$
```

图 10-24　脚本编译

接下来在终端里面进入到编译好的可执行文件的路径下运行，如图 10-25 所示。

```
gyh@ubuntu:~/Linux_iat1226_tts_online1226_594a7b46/samples$ cd ..
gyh@ubuntu:~/Linux_iat1226_tts_online1226_594a7b46$ cd bin/
gyh@ubuntu:~/Linux_iat1226_tts_online1226_594a7b46/bin$ ./tts_online_sample

###########################################################################
## 语音合成（Text To Speech，TTS）技术能够自动将任意文字实时转换为连续的 ##
## 自然语音，是一种能够在任何时间、任何地点，向任何人提供语音信息服务的 ##
## 高效便捷手段，非常符合信息时代海量数据、动态更新和个性化查询的需求。 ##
###########################################################################

开始合成 ...
正在合成 ...
>>>>>>>>>>>>>>>>>>
合成完毕
按任意键退出 ...
```

图 10-25　执行例程

合成完毕后按任意键退出，这个示例代码将一段已经内置好的文本信息合成一段语音的波形文件，波形文件用一个.wav 文件保存，如图 10-26 所示。双击生成的这个文件就可以听到语音合成的示例效果。

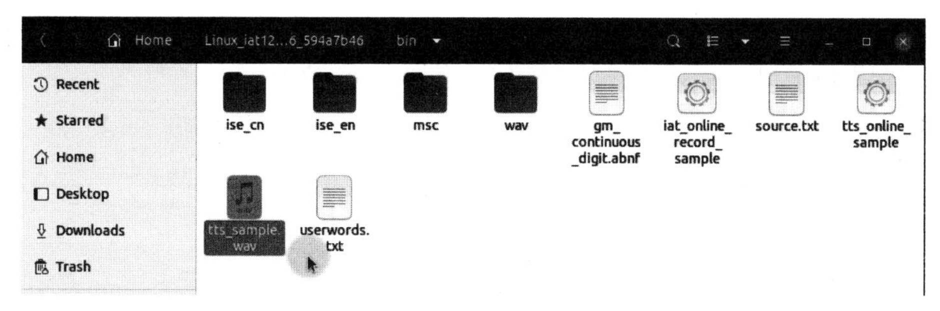

图 10-26　查看语音合成文件

10.3 中文语音识别

使用 SDK 自带的语音识别例程,可以实现中文语音识别。接下来基于这个例程,将中文语音识别的功能移植到 ROS 环境中,为后续机器人的语音交互做准备。

10.3.1 实现思路

我们要实现的功能框架如图 10-27 所示,核心是中间的 voiceRecognition 节点。

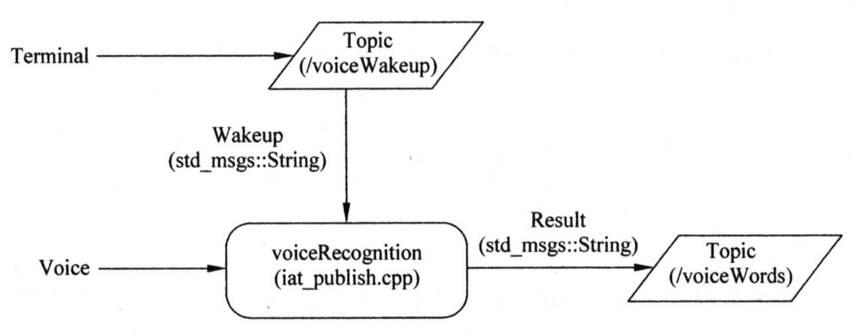

图 10-27 语音识别功能框图

为了模拟语音唤醒的功能,首先通过终端发布一个 voiceWakeup 话题,具体消息是什么无所谓,只要 voiceRecognition 节点收到该话题的数据,就会唤醒语音识别功能,然后等待语音信号的输入。

接下来随便说一句话,语音信号输入后 voiceRecognition 节点通过讯飞的语音识别 SDK 将数据发送到云端,在云端完成语音识别的过程,并反馈识别的文本结果。

为了便于对机器人的控制,我们将识别到的文本结果封装成 voiceWords 话题,其中的字符串消息就是识别结果。如果我们想要让机器人理解我们的语音指令,就可以订阅这个话题拿到文本信息。接下来我们就试试如何通过代码实现这个框架中的所有功能。

10.3.2 功能运行

大家可以把本书附带的 robot_voice 功能包复制到电脑端的工作空间下面,将语音识别的库 libmsc.so 复制到系统库中,如图 10-28 所示。

```
gyh@ubuntu:~/catkin_ws/src/robot_voice/libs$ sudo cp libmsc.so /usr/lib
[sudo] password for gyh:
gyh@ubuntu:~/catkin_ws/src/robot_voice/libs$
gyh@ubuntu:~/catkin_ws/src/robot_voice/libs$
gyh@ubuntu:~/catkin_ws/src/robot_voice/libs$
```

图 10-28 库复制

回到 catkin_ws 里面,打开终端,编译工作空间。编译成功后,就可以使用如下命令启动语音识别例程了,大家可以输入任意唤醒词内容。语音识别例程如

图 10-29 所示。

```
$ roscore
$ rosrun robot_voice iat_publish
$ rostopic pub /voiceWakeup std_msgs/String "data: 'any string'"
```

```
hcx@hcx-pc:~$ rosrun robot_voice iat_publish
[ INFO] [1566368910.649395424]: Sleeping...
waking up
[ INFO] [1566368917.248451264]: Wakeup...
Demo recognizing the speech from microphone
Speak in 8 seconds
Start Listening...
Result: [ 欢迎来到机器人的世界。 ]

Speaking done
Not started or already stopped.
8 sec passed
```

图 10-29 语音识别例程

以上,我们就完成了 ROS 环境里面机器人的中文语音识别,识别结果已经通过话题发布出来,后续可以通过机器人订阅该话题来进行控制。

10.4 中文语音输出

机器人已经可以识别我们说的话了,下一步希望它可以和我们交流,我们基于 SDK 中的语音输出功能,让机器人“张嘴说话”。

10.4.1 实现思路

要实现的语音输出功能如图 10-30 所示,核心是 TextToSpeech 节点。

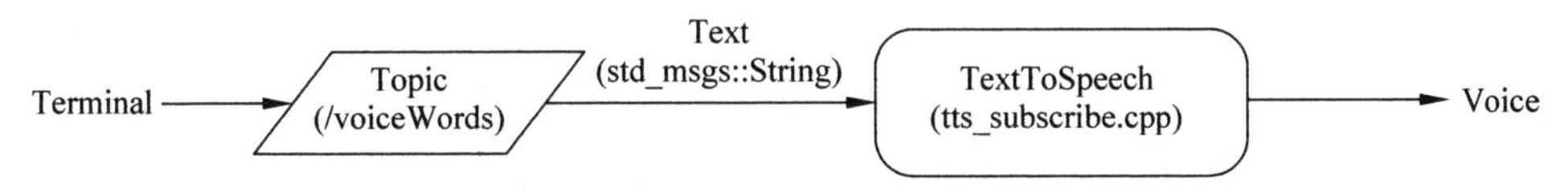

图 10-30 语音输出功能框图

该节点订阅需要语音播放的文本信息,在一个终端中通过 voiceWords 话题发布这个消息,其中的文本信息可以是任意的中文或者英文,接下来 TextToSpeech 节点会完成对文本信息的语音合成,并且输出语音信号,这样就可以通过电脑上的喇叭听到声音了。

10.4.2 功能运行

需要先安装语音播放器,输入如下命令行进行安装。

```
$ sudo cp libmsc.so /usr/lib/
$ sudo apt install sox
$ sudo apt install libsox - fmt - all
```

接下来，使用如下命令启动语音输出的例程，就可以听到机器人的声音了。

```
$ roscore
$ rosrun robot_voice tts_subscribe
$ rostopic pub /voiceWords std_msgs/String "data: '你好，我是机器人'"
```

启动语音输出如图 10-31 所示。

```
hcx@hcx-pc:~$ rosrun robot_voice tts_subscribe

###############################################################################
## 语音合成（Text To Speech，TTS）技术能够自动将任意文字实时转换为连续的 ##
## 自然语音，是一种能够在任何时间、任何地点，向任何人提供语音信息服务的   ##
## 高效便捷手段，非常符合信息时代海量数据、动态更新和个性化查询的需求。   ##
###############################################################################

I heard :你好，我是机器人
开始合成 ...
正在合成 ...
>>>>
合成完毕

tts_sample.wav:
```

图 10-31　启动语音输出

10.5　中文语音识别与输出

之前 TextToSpeech 节点订阅的话题是 voiceWords，而在 10.4 节中的语音识别结果也是通过这个话题发布出来的，这是我们故意为之的，这样就可以把语音识别和语音输出两个功能串到一起了。

10.5.1　实现思路

终端发布唤醒词之后，voiceRecognition 开始识别我们说的中文语音，识别之后将文本结果通过 voiceWords 话题发布，此时 TextToSpeech 节点订阅拿到这个文本，再通过语音播放出来，这样就可以让机器人不断重复我们说的话了。语音识别与语音输出功能框图如图 10-32 所示。

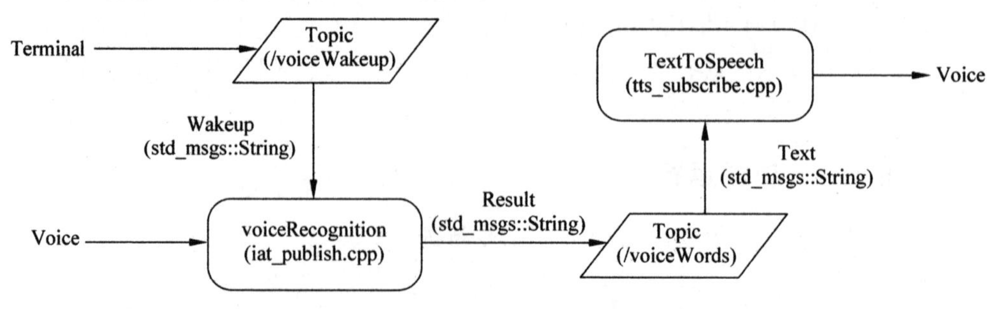

图 10-32　语音识别与语音输出功能框图

10.5.2　功能运行

在这里专门编写了一个 launch 文件 repeat_voice.launch，方便运行之前的节点。大家可以看到这个文件里就是我们刚才 rosrun 运行的两个节点，一个节点识别语音信息并且发布出来；另一个订阅话题信息，把文本信息变成语音，再重复播放出来。

```
<launch>
    <node name = "iat_publish" pkg = "robot_voice" type = "iat_publish" output =
"screen"/>
    <node name = "tts_subscribe" pkg = "robot_voice" type = "tts_subscribe" output
= "screen"/>
</launch>
```

打开终端，运行如下命令行，就可以让机器人不断重复我们说的话了。

```
$ roslaunch robot_voice repeat_voice.launch
$ rostopic pub /voiceWakeup std_msgs/String "data: 'any string'"
```

中文语音识别与输出如图 10-33 所示。

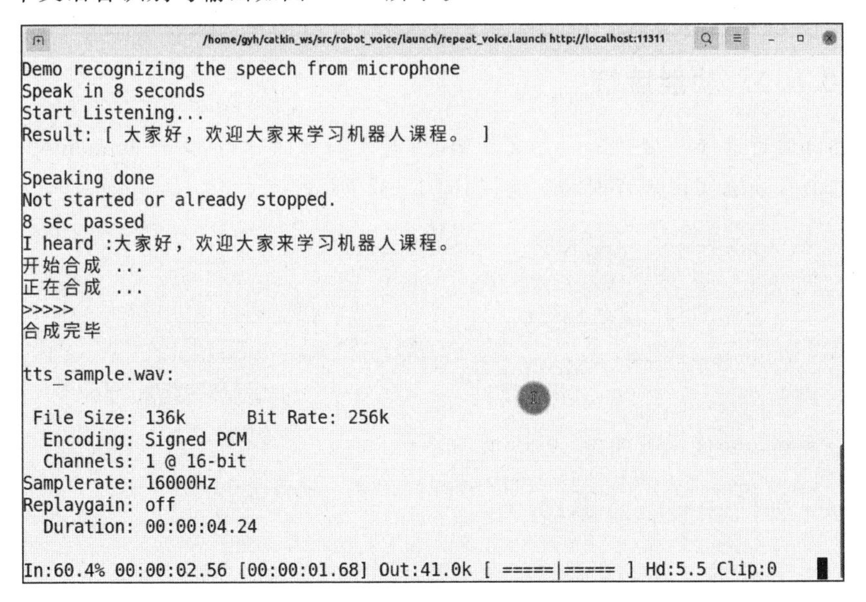

图 10-33　中文语音识别与输出

10.6　中文语音交互

语音交互中的识别和输出功能都实现了，还差一个部分——让机器人理解我们说的内容，对应并做出反馈。接下来我们加入一些语言理解的机制，打通与机器人之间的语音交互。

10.6.1 实现思路

语音交互功能框图如图 10-34 所示，要实现的核心节点是 voiceAssistant，该节点在 TextToSpeech 节点之上又加入了语言理解的机制。

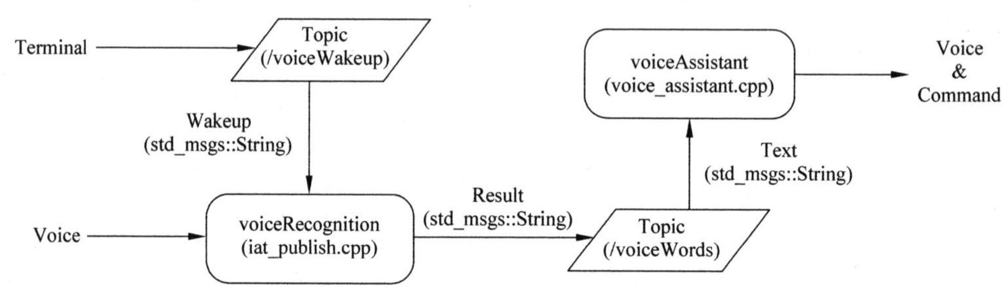

图 10-34 语音交互功能框图

整个功能流程的实现还是从终端发布唤醒词开始，voiceRecognition 识别中文语音，识别之后将文本结果通过 voiceWords 话题发布，然后 voiceAssistant 节点订阅该话题获取我们的指令，接着通过关键词匹配的方式理解指令，并组织将要反馈的文本内容，最终再通过语音合成将要反馈的内容语音播放出来。

10.6.2 功能运行

尝试运行这样一个中文语音交互功能，输入如下命令行，运行 launch 文件，然后通过语音唤醒实现语音识别功能，如图 10-35 所示。

```
$ roslaunch robot_voice voice_assistant.launch
$ rostopic pub /voiceWakeup std_msgs/String "data: 'any string'"
```

```
[ INFO] [1566369259.535482648]: Wakeup...
Demo recognizing the speech from microphone
Speak in 8 seconds
Start Listening...
Result: [ 你是谁？ ]

Speaking done
Not started or already stopped.
8 sec passed
I heard :你是谁？
我是你的语音小助手，你可以叫我小R
开始合成 ...
正在合成 ...
>>>>>
合成完毕
```

```
[ INFO] [1566369292.699814275]: Wakeup...
Demo recognizing the speech from microphone
Speak in 8 seconds
Start Listening...
Result: [ 你几岁了？ ]

Speaking done
Not started or already stopped.
8 sec passed
I heard :你几岁了？
我已经四岁了，不再是两三岁的小孩子了
开始合成 ...
正在合成 ...
>>>>>>
合成完毕
```

```
[ INFO] [1566369324.064703842]: Wakeup...
Demo recognizing the speech from microphone
Speak in 8 seconds
Start Listening...
Result: [ 现在时间。 ]

Speaking done
Not started or already stopped.
8 sec passed
I heard :现在时间。
现在时间14点35分
开始合成 ...
正在合成 ...
>>>
合成完毕
```

图 10-35 语音交互例程

10.7 机器人语音控制

继续在这个例程的基础上扩展，如何能够通过语音控制机器人运动呢？

10.7.1 实现思路

在 LIMO 机器人身上重新实现了语音理解和输出的功能，就是 limo_listener 节点的功能，整体语音交互的框架并没有变化，如图 10-36 所示。我们看这个 limo_listener 节点订阅语音识别结果后，是如何控制机器人运动的。

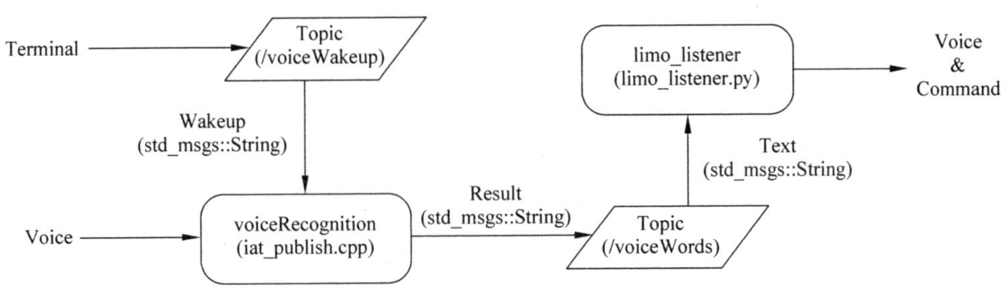

图 10-36 语音交互功能框架

大家可以打开机器人端的 limo_voice/scripts/limo_listener.py 文件来看一下是如何进行语音交互的。代码如下。

```
#!/usr/bin/env python3
# -*- coding: utf-8 -*-

import rospy
import time
import numpy as np
from playsound import playsound
from sensor_msgs.msg import Image
from geometry_msgs.msg import Twist
from std_msgs.msg import String

twist = Twist()
twist.linear.x = 0
twist.linear.y = 0
twist.linear.z = 0
twist.angular.x = 0
twist.angular.y = 0
twist.angular.z = 0

cmd_vel_pub = rospy.Publisher('cmd_vel', Twist, queue_size=10)

def callback(data):
    playsound('/home/agilex/agilex_ws/src/limo_voice/scripts/roger.wav')
    if data.data == '前进.':
        twist = Twist()
        twist.linear.x = 0.3
        cmd_vel_pub.publish(twist)
        rospy.sleep(1.)
```

```
            playsound('/home/agilex/agilex_ws/src/limo_voice/scripts/forward.wav')
        elif data.data == '后退.':
            twist = Twist()
            twist.linear.x = -0.3
            cmd_vel_pub.publish(twist)
            rospy.sleep(1.)
            playsound('/home/agilex/agilex_ws/src/limo_voice/scripts/backward.wav')
        elif data.data == '左转.':
            twist = Twist()
            twist.angular.z = 1.0
            cmd_vel_pub.publish(twist)
            rospy.sleep(1.)
            playsound('/home/agilex/agilex_ws/src/limo_voice/scripts/left.wav')
        elif data.data == '右转.':
            twist = Twist()
            twist.angular.z = -1.0
            cmd_vel_pub.publish(twist)
            rospy.sleep(1.)
            playsound('/home/agilex/agilex_ws/src/limo_voice/scripts/right.wav')
        else:
            rospy.sleep(1.)
            playsound('/home/agilex/agilex_ws/src/limo_voice/scripts/undefined.wav')

def listener():
    rospy.init_node('limo_listener',anonymous = False)
    rospy.Subscriber("/voiceWords",\
        String, callback, queue_size=1)
    rospy.spin()


if __name__ == '__main__':
    listener()
```

10.7.2 功能运行

这个例程使用分布式框架来实现,PC 端运行基于讯飞 SDK 的语音识别包,识别结果通过网络发布,LIMO 机器人订阅该信息,并根据语音信息的内容实现机器人的运动控制。接下来分别在机器人端和电脑端启动如下指令,试一试语音控制机器人运动吧。

```
机器人端:
$ roslaunch limo_base limo_base.launch
$ rosrun limo_voice limo_listener.py
PC 端:
$ rosrun robot_voice iat_publish
$ rostopic pub /voiceWakeup std_msgs/String "data: 'any string '"
```

LIMO 机器人语音识别例程如图 10-37 所示。

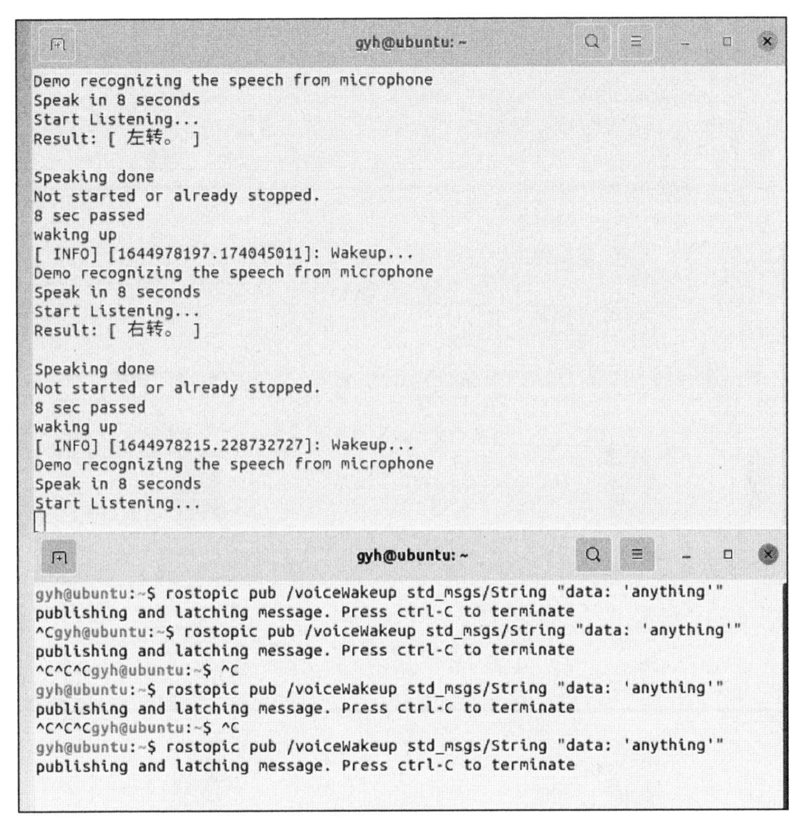

图 10-37 LIMO 机器人语音识别例程

我们对语音交互的例程做了很多的简化，给大家详细介绍机器人语音交互的核心流程和实现效果。在真实场景的机器人应用中，每个技术点都会有更为复杂的实现，大家可以通过更为深入的课程学习。

10.8 本章小结

本章介绍了机器人语音交互的基本原理，抽象出语音识别、语音合成、自然语言处理三个部分，基于讯飞语音识别的 SDK 实现了中文语音的识别、输出，以及简单的语音理解功能，最后通过语音控制机器人前后左右运动。

移动机器人自动驾驶应用

第11章

自动驾驶中的路径规划

前边介绍了移动机器人涉及的主要原理和基础应用，在移动机器人的落地场景中，视觉、导航、语音等技术不会单一实现，更多是这些技术的综合应用。

从本章开始，我们先针对自动驾驶中的运动部分——路径规划进行讲解和实践。

11.1 路线巡检

自动驾驶汽车行驶在道路上，最为核心的问题之一就是要沿着道路行驶，如何准确识别道路线，并且控制汽车沿着正确的路径运动，是我们要解决的一个关键问题。

11.1.1 应用场景

在自动驾驶汽车行驶过程中能得到一些已知的信息，比如事先创建好的环境地图，实时出现的路况变化。结合静态和动态的信息，汽车的大脑分析得到车道线的位置和前后轮速度指令。如果放大汽车行驶过程中的路径，我们可以看到这条路径是由很多个路径点组合而成，汽车要尽量沿着这条路径行驶，这项技术叫作路径跟踪，它是自动驾驶中的基础功能。自动驾驶汽车的路径规划如图 11-1 所示。

除此之外，自动驾驶技术还有很多应用场景，比如路线巡检。巡检的目的是按照一定频率检测某些设备、物品、人员、环境等是否出现了违反规则的情况。这项任务的流程相对明确，之前是由人来完成巡检工作，人眼作为传感器，大脑作为控制器，很快就可以根据既定规则判断结果。

比如电力巡检，机器人需要定时检测电厂中各个设备的电压、温度等典型信号特征，从而判断是否出现了异常；安防巡检，机器人在公园、社区、园林等重点区域定时巡逻，通过视觉检测是否出现了可疑人员或者火灾等意外情况；机房巡检，机

图 11-1　自动驾驶汽车的路径规划

器人在大型服务器机房中，动态检测服务器的运行状态。如果某个服务器宕机了，机器人可以及时找到并控制该服务器重启；最后一个是自动清洁机器人，和巡检机器人类似，它也需要定时在某段道路上运行，完成地面的清洁。移动机器人巡检场景如图 11-2 所示。

图 11-2　移动机器人巡检

针对这些典型场景的应用，我们分析一下其中涉及的通用技术。检测过程主要通过视觉完成，那机器人就得装配视觉传感器，并且完成视觉识别和智能算法处理；运动过程通过机器人的底盘完成，这就涉及定位、导航、运动控制等功能，需要对多传感器进行融合计算，并且将功能部署在控制系统中；整个应用也不能脱离人的监管，一旦发生意外，机器人需要将准确的信息发给指定人员，这就要求机器人装备无线通信系统。后台还有一套远程监控平台，便于我们监控，也可以看到机器人的实时信息；如果机器人在外边快没电了，就尽快到最近的充电站充电，机器人还得有一套自动充电系统。巡检机器人如图 11-3 所示。

图 11-3 巡检机器人

可见，机器人在真实应用中涉及的技术非常多，是一个典型的系统工程。

回到路径规划相关的功能，在这些场景中机器人都是在一些相对结构化的环境里工作，电厂、公园、机房都不会发生太大的突变，机器人巡检过程行驶的路径可以在运动前确定下来，每一个需要检测的关键路径点都加入到巡检路径当中，依次串联运动，就可以完成指定线路的巡检了。

11.1.2 算法介绍

按照这样的思路，是不是我们也可以在实际机器人的开发中，实现类似的路线巡检功能呢？

LIMO机器人自动驾驶沙盘1如图11-4所示，在LIMO机器人自动驾驶的沙盘上，如果机器人按照给定的路径点进行巡检，这些路径点使用圆点表示，由点串成线，就得到了巡检路径。点越多、越密集，就会越接近我们期望的轨迹。

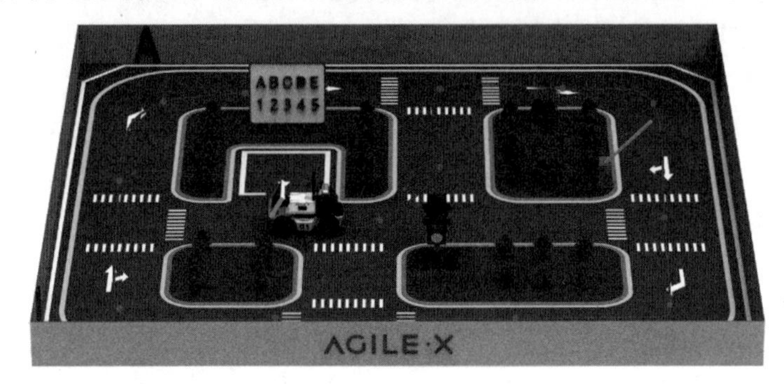

图11-4 LIMO机器人自动驾驶沙盘1

接下来的重点就是如何控制机器人依次经过这些路径点，这里使用一种经典的控制策略——纯跟踪控制算法。

纯跟踪控制算法是路径跟踪中的经典算法之一，它是一种基于几何追踪的横向控制算法，最早在1985年提出，鲁棒性较好。算法的基本思想是在每个控制周期内通过前方目标轨迹上的一个点，指导当前方向盘的动作，使车辆产生向目标点的移动，纯跟踪控制算法如图11-5所示。

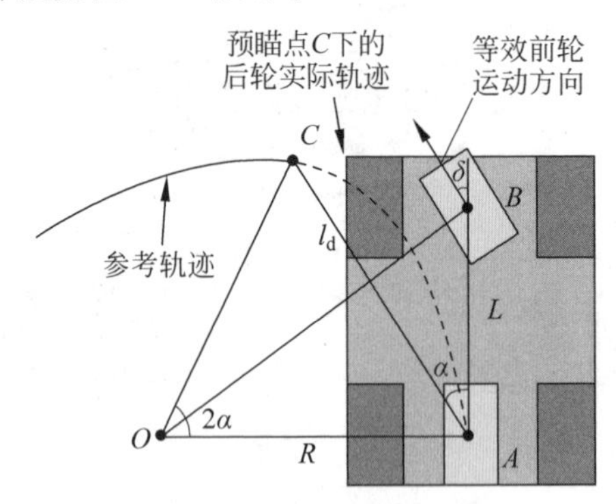

图11-5 纯跟踪控制算法

以这个算法的模型图为例，我们可以把机器人抽象为自行车模型，前轮打角决定方向，后轮主要起驱动作用。参考轨迹是我们希望的机器人行驶路径，从中选择一个目标点，叫作预瞄点C。接下来的控制目标就是让机器人的后轮中心点，按照某一半径为R的圆弧运动，并经过这个预瞄点。后轮中心点为A，和预瞄点的距离是l_d，和前轮的距离是L，这两条线的夹角是α。

假设要让机器人按照这个圆弧运动，机器人的转角设为δ，$\angle CAB$的大小是α，$\angle AOC$的大小是2α，接下来简化为几何问题求解。使用这种算法，我们将一系列路径点作为机器人每个控制周期中的预瞄点，就可以控制机器人通过所有路径点了。

11.1.3　功能运行

按照这个思路是否可以实现呢？先来运行实现该功能的代码，看看效果如何，之后再详细解释代码的实现过程。

远程登录 LIMO 机器人的控制系统，运行底盘启动的指令。

```
$ roslaunch limo_bringup limo_start.launch
```

这里使用的是 LIMO 机器人的四轮差速模态，所以要启动差速模态下的导航功能，很快也会看到启动的 Rviz 上位机，如图 11-6 所示。

```
$ roslaunch limo_bringup limo_navigation_diff.launch
```

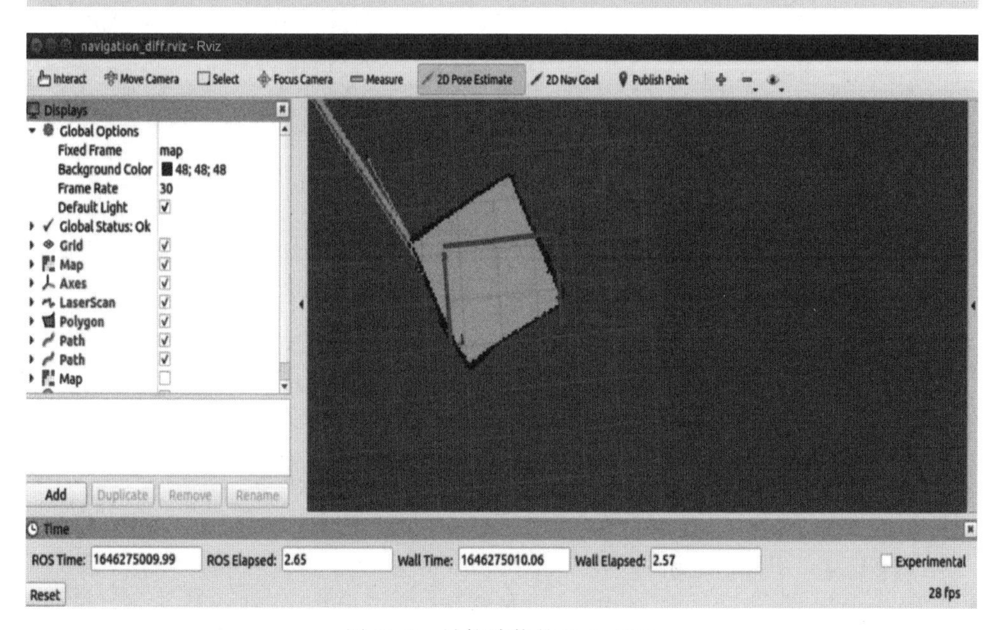

图 11-6　导航功能的 Rviz 显示

这里是不是似曾相识？这就是之前导航时运行的 launch 文件。如果在上位机中选择导航目标，机器人是可以自主导航的，不过此时的目标并不是导航，而是使用导航功能提供必要的地图和坐标数据。

接下来采集轨迹点，一个一个人为地输入太麻烦，不如我们遥控机器人走一圈，一边走一边自动采样并记录在文本中。

按照这个思路，我们运行记录轨迹的 launch 文件，启动一个采样运动轨迹点的功能节点，启动成功后使用手机遥控机器人，走出一个期望的轨迹，如图 11-7 所示。在运动过程中，后台的节点会周期性地采样轨迹点，并保存到一个文件中。

```
$ roslaunch agilex_pure_pursuit record_path.launch(记录轨迹)
```

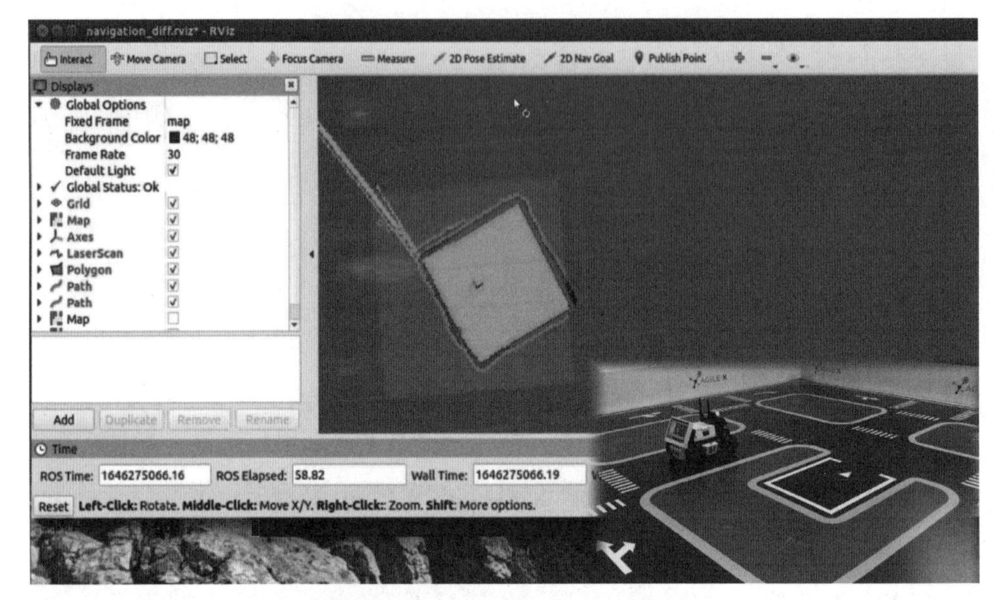

图 11-7 遥控机器人走出期望轨迹

遥控机器人完成某一轨迹的采样后,就可以关闭轨迹记录功能了。大家可以打开刚才采样的轨迹点,其实就是一系列的 x、y 坐标。

接下来完成路线巡检的核心功能,执行复现轨迹 launch 命令,启动路线巡检节点。这个节点会读取刚才保存的轨迹点文件,并依次封装成纯跟踪算法中的预瞄点,控制机器人像贪吃蛇一样,到达某一个点之后,继续向下一个点前进,最终按照之前采样的轨迹完成指定路线的巡检。

```
$ roslaunch agilex_pure_pursuit pure_pursuit.launch(复现轨迹)
```

11.1.4 代码解析

路线巡检的功能跑起来了,轨迹录制和路线巡检两个核心功能是如何实现的?我们带领大家一起学习。先来看 launch 文件夹,里面包含两个 launch 文件,分别是之前运行的轨迹录制和路径跟踪。

- 轨迹录制

先看轨迹录制功能 record_path.launch 的实现,里面运行了 record_path 节点,用来录制轨迹。根据机器人当前运行的状态,周期性采样位置信息,并且把这个位置保存到对应的文本里,这是路径录制节点的核心功能。在 agilex_pure_pursuit 功能包下,同时还加载了一个 path_file 参数文件——target_path.txt,这是后续需要放置路径点的文本。文本如下。

```
<?xml version = "1.0"?>
< launch >
```

```
    <node name = "record_path" pkg = "agilex_pure_pursuit" type = "record_path"
output = "screen" >
        <param name = "path_file" value = "/home/agilex/target_path.txt"/>
    </node>
</launch>
```

target_path.txt 文本运行后会放置在主文件夹下面，如图 11-8 所示。它会把机器人运行过程中的路径都保存在这个文本里面，数据格式比较简单，里面只包含每个时间点机器人的 x 坐标和 y 坐标，一系列的坐标就组成了一系列的路径点，机器人只要按照这些路径点依次运动，就可以完成我们事先定义好的轨迹。

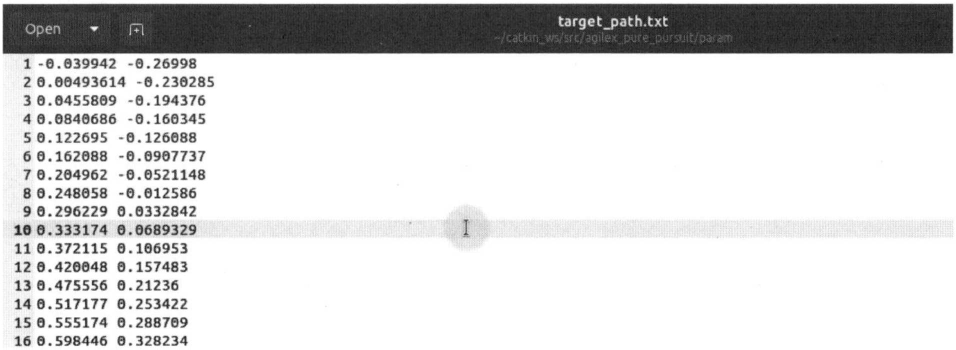

```
Open        target_path.txt
            ~/catkin_ws/src/agilex_pure_pursuit/param
1 -0.039942 -0.26998
2 0.00493614 -0.230285
3 0.0455809 -0.194376
4 0.0840686 -0.160345
5 0.122695 -0.126088
6 0.162088 -0.0907737
7 0.204962 -0.0521148
8 0.248058 -0.012586
9 0.296229 0.0332842
10 0.333174 0.0689329
11 0.372115 0.106953
12 0.420048 0.157483
13 0.475556 0.21236
14 0.517177 0.253422
15 0.555174 0.288709
16 0.598446 0.328234
```

图 11-8　target_path.txt 文件中的路径点信息

轨迹录制节点的功能通过 record_path.cpp 文件来实现，主要的实现思路如下。

```
int main(int argc, char ** argv) {
    ros::init(argc, argv, "record_path");
    ros::console::set_logger_level(ROSCONSOLE_DEFAULT_NAME, ros::console::
levels::Info);

    ros::NodeHandle nh;
    ros::NodeHandle private_nh("~");
    ros::Publisher path_pub = nh.advertise<nav_msgs::Path>("target_path", 1,
true);
```

在 main 函数中，首先初始化节点，然后设置当前节点的日志级别，避免在终端里有太多干扰；接下来对节点进行常规设置，包括对句柄的创建，方便后续创建发布者和订阅者；然后创建一个发布者 path_pub，发布轨迹消息，叫作 target_path，缓冲区为 1，保持最新的路径信息。

```
std::string path_file;
private_nh.param("path_file", path_file, std::string("/home/agilex/target_path.
txt"));
```

```
tf::TransformListener tf_listener;
tf::StampedTransform tf_pose;

nav_msgs::Path path_msg;
```

这段代码创建一个 path_file 路径文件，保存路径点信息。然后创建一个 tf_listener，后续会通过 tf_listener 监听得到机器人当前在地图里面的 x 坐标和 y 坐标。最后创建一个 path_msg，方便后续发布路径使用的消息。

```
ros::Rate r(20);
while (ros::ok()) {
    try {
        tf_listener.waitForTransform("map", "base_link", ros::Time(0), ros::
Duration(0.5));
        tf_listener.lookupTransform("map", "base_link", ros::Time(0), tf_pose);
    }
    catch (tf::TransformException e) {
        ROS_ERROR("%s", e.what());
    }

    static double x = tf_pose.getOrigin().getX();
    static double y = tf_pose.getOrigin().getY();

    double dx = tf_pose.getOrigin().getX() - x;
    double dy = tf_pose.getOrigin().getY() - y;
    if (sqrt(dx * dx + dy * dy) > 0.05) {
        x = tf_pose.getOrigin().getX();
        y = tf_pose.getOrigin().getY();

        geometry_msgs::PoseStamped pose_msg;
        pose_msg.header.stamp = ros::Time::now();
        pose_msg.header.frame_id = "map";

        pose_msg.pose.position.x = x;
        pose_msg.pose.position.y = y;
        pose_msg.pose.position.z = 0.0;

        path_msg.header = pose_msg.header;
        path_msg.poses.push_back(pose_msg);
        path_pub.publish(path_msg);
    }

    r.sleep();
}
```

以上代码是核心功能的 while 循环，循环的周期为 20Hz 即机器人每 50ms 采样当前位置一次。while 循环里面的第一个片段主要是用 tf_listener 监听机器人当前所在的位置，其中 map 表示全局的地图坐标系，base_link 表示机器人底盘坐标系，base_link 坐标系在 map 坐标系下的位置就表示机器人在整个地图里当前的坐标位置。然后保存到 tf_pose 结构体里，需要使用时去查看它就可以了。

接下来我们创建 x 和 y，分别表示机器人当前所在的位置，通过后面的代码可以知道，x 和 y 表示每次循环时上一周期内机器人保存下来的位置。同时定义 dx 和 dy 分别计算机器人这一周期和上一周期位置的偏差，使用 if 语句判断机器人是否发生运动。

如果机器人没有运动则不需要把数据重复的在文本里面记录，如果机器人位置有变化则会把更新的位置信息保存下来，封装到 pose_msg 姿态里，包括消息的时间和坐标系。把这个姿态信息放置到整个路径的数组里面，然后把路径发布出去，方便在 Rviz 里面看到每次采样到的路径点，也可以通过其他节点或终端来订阅每时每刻采样到的路径点。

```
std::ofstream stream(path_file);
for (int i = 0; i < path_msg.poses.size(); ++i) {
    stream << path_msg.poses[i].pose.position.x << " " << path_msg.poses[i].pose.
position.y << std::endl;
}

stream.close();
return 0;
```

代码的尾段主要是把采样得到的路径点记录在文本里。

整个代码的核心流程就是不断读取当前机器人所在的位置坐标，再把坐标保存到文本里，方便下一个阶段复现路径，以上就是轨迹录制功能的实现过程。

- 路径跟踪

录制完成后，复现刚才的轨迹。让机器人严格按照刚才的轨迹运行，利用纯跟踪算法来控制机器人向目标前进，路径跟踪的 launch 文件 pure_pursuit.launch 代码如下。

```
<?xml version = "1.0"?>
<launch>
    <node name = "pure_pursuit" pkg = "agilex_pure_pursuit" type = "pure_pursuit"
output = "screen">
        <rosparam file = "$(find agilex_pure_pursuit)/param/param.yaml" command
 = "load" />
    </node>
</launch>
```

这里启动了一个纯跟踪的节点，同时加载了一个参数文件 param.yaml，主要配置算法的参数，比如机器人订阅话题的名称。

接下来我们看一下这个功能的实现，其中包含两个头文件，一个是纯跟踪算法整个功能流程的头文件，另一个是为了满足纯跟踪算法里面的数据要求而单独创建的 path.h 头文件。

```
#ifndef PATH_H
#define PATH_H

#include <vector>
#include <Eigen/Core>

struct WayPoint {
    WayPoint() {}
    WayPoint(const Eigen::Vector2d& position, double heading) {
        this->position = position;
        this->heading = heading;
    }

    int id;
    Eigen::Vector2d position;
    double heading;
};

class Path {
public:
    Path() {}
    ~Path() {}
    void clear() {
        waypoints_.clear();
        seg_dists_.clear();
    }
    int size() { return waypoints_.size(); }
    void push_back(const WayPoint& p) {
        if (waypoints_.size() > 0) {
            double seg_dist = (waypoints_.back().position - p.position).norm();
            seg_dists_.push_back(seg_dist);
        }
        waypoints_.push_back(p);
        waypoints_.back().id = waypoints_.size() - 1;
    }

    WayPoint getStartPoint() { return waypoints_[0]; }
    WayPoint getEndPoint() { return waypoints_.back(); }

    WayPoint findClosestPoint(const Eigen::Vector3d& pose, int start_id);
    WayPoint findNextPoint(const WayPoint& closest_point, double distance);
private:
    std::vector<WayPoint> waypoints_;
    std::vector<double> seg_dists_;
};

#endif // PATH_H
```

path.h 头文件里面主要包含两个部分的内容,一个是 Waypoint,用来定义路径点的数据结构,里面包含了 heading 和 position 信息;另一个是 PATH 路径,里面包含了很多 Waypoint,同时设置了关于轨迹点的基本处理方法,比如怎样获取起点和终点的信息,怎样迅速查找当前姿态。

```
#ifndef PURE_PURSUIT_H
#define PURE_PURSUIT_H

#include <ros/ros.h>
#include <std_msgs/Int16.h>
#include <nav_msgs/Path.h>
#include <sensor_msgs/LaserScan.h>
#include <geometry_msgs/PoseStamped.h>
#include <geometry_msgs/PoseArray.h>
#include <tf/tf.h>
#include <tf/transform_listener.h>
#include <std_msgs/Int16.h>
#include "path.h"

class PurePursuit {
public:
    PurePursuit();
    ~PurePursuit() {}

    void run();
private:

    double normalizeAngle(double angle);
    void makePath(const nav_msgs::Path& path_msg);
    void scanCallback(const sensor_msgs::LaserScanConstPtr& scan_msg);

    bool getPose();
    void detectOobstacle(const sensor_msgs::LaserScan& scan);
    bool checkPosition(const WayPoint& p);
    bool checkHeading(const WayPoint& p);
    double calculateAngVel(const WayPoint& p);
    void calculateVel(const WayPoint& closest_p, const WayPoint& next_p,
                      double& lin_vel, double& ang_vel);
    void track();

    void publishCmdVel(double lin_vel, double ang_vel);
    void publishNextWayPoint(const WayPoint& p);
    bool loadTargetPath(const std::string& path_file, nav_msgs::Path& path_msg);

private:
    enum TrackingState {
        IDLE,
        START,
```

```
        TRACK,
    };

    ros::Publisher cmd_vel_pub_;
    ros::Publisher next_waypoint_pub_;
    ros::Publisher target_path_pub_;
    ros::Subscriber scan_sub_;
    tf::TransformListener tf_listener_;

    bool obstacle_detected_ = false;
    double obstacle_check_x_range_;
    double obstacle_check_y_range_;
    double position_control_tolerance_;
    double angle_control_tolerance_;
    double look_ahead_dist_;
    double position_kp_;
    double angle_kp_;
    double max_lin_vel_;
    double max_ang_vel_;

    Eigen::Vector3d cur_pose_ = Eigen::Vector3d::Zero();
    Path path_;
    TrackingState state_ = IDLE;
    double obstacle_distance_;
};

#endif // PURE_PURSUIT_H
```

另外一个头文件 pure_pursuit.h 包含了整个算法的执行过程，纯跟踪公式实现等都封装在函数里面，还包括我们对 ROS 话题的订阅、发布等。

在下面的代码里也创建了很多发布者和订阅者，发布者可以发布速度控制指令，发布下一个位置点，发布整个路径，这些都是为了方便上位机进行可视化显示的；另一个订阅者用来订阅激光雷达数据，通过雷达信息判断机器人面前是否有障碍物。tf_listener 则会实时查看整棵 TF 树中机器人所在的位置。

接下来查看对应实现的 CPP 文件——pure_pursuit.cpp。

```
int main(int argc, char** argv) {
    ros::init(argc, argv, "pure_pursuit");
    ros::console::set_logger_level(ROSCONSOLE_DEFAULT_NAME, ros::console::
levels::Info);

    PurePursuit p;
    p.run();

    return 0;
}
```

main 函数首先初始化了一个节点，然后创建节点日志级别，再创建一个纯跟踪算法的类，核心功能的实现内容都在最后两行的函数里面。

```
PurePursuit::PurePursuit() {
    ros::NodeHandle nh;
    ros::NodeHandle private_nh("~");

    std::string scan_topic, pose_topic, cmd_vel_topic, path_topic;
    private_nh.param("scan_topic", scan_topic, std::string("scan"));
    private_nh.param("pose_topic", pose_topic, std::string("pose"));

    private_nh.param("path_topic", path_topic, std::string("target_path"));
    private_nh.param("cmd_vel_topic", cmd_vel_topic, std::string("cmd_vel"));

    private_nh.param("obstacle_check_x_range", obstacle_check_x_range_, 0.5);
    private_nh.param("obstacle_check_y_range", obstacle_check_y_range_, 0.3);

    private_nh.param("position_control_tolerance", position_control_tolerance_,
0.01);
    private_nh.param("angle_control_tolerance", angle_control_tolerance_, 0.3);

    private_nh.param("max_lin_vel", max_lin_vel_, 0.5);
    private_nh.param("max_ang_vel", max_ang_vel_, M_PI);

    private_nh.param("position_kp", position_kp_, 1.0);
    private_nh.param("angle_kp", angle_kp_, 5.0);

    private_nh.param("look_ahead_dist", look_ahead_dist_, 1.0);

    cmd_vel_pub_ = nh.advertise<geometry_msgs::Twist>(cmd_vel_topic, 1);
    next_waypoint_pub_ = nh.advertise<geometry_msgs::PoseStamped>("next_
waypoint", 1);
    target_path_pub_ = nh.advertise<nav_msgs::Path>("target_path", 1, true);

    scan_sub_ = nh.subscribe(scan_topic, 1, &PurePursuit::scanCallback, this);

    nav_msgs::Path path_msg;
    if (loadTargetPath("/home/agilex/target_path.txt", path_msg)) {
        makePath(path_msg);
        target_path_pub_.publish(path_msg);
        state_ = START;
    }
    else {
        ROS_ERROR("Failed to load path file!");
    }
}
```

在纯跟踪算法的构造函数中，创建了类的实例化对象和 ROS 节点句柄，然后获取了一系列的运行参数，就是之前在启动文件中加载的参数。接着还创建了几个发布者，方便我们控制机器人和发布位置信息，以及在上位机中看到路径显示。继续创建一个订阅者，订阅雷达信息，作为机器人避障功能的数据来源。最后对之前录制好的路径点文本做处理，封装成纯跟踪的路径。

```
void PurePursuit::makePath(const nav_msgs::Path& path_msg) {
    path_.clear();

    int n = path_msg.poses.size();
    for (int i = 0; i < n - 1; ++i) {
        Eigen::Vector2d position(path_msg.poses[i].pose.position.x,
                                 path_msg.poses[i].pose.position.y);

        double dx = path_msg.poses[i + 1].pose.position.x - position(0);
        double dy = path_msg.poses[i + 1].pose.position.y - position(1);
        double theta = atan2(dy, dx);

        WayPoint p(position, theta);
        path_.push_back(p);
    }

    Eigen::Vector2d position(path_msg.poses[n - 1].pose.position.x,
                             path_msg.poses[n - 1].pose.position.y);
    double theta = path_.getEndPoint().heading;
    WayPoint p(position, theta);
    path_.push_back(p);
}
```

makepath 函数的功能主要是把路径点信息重新梳理一遍，梳理成下一步做纯跟踪算法所使用的路径。

以上我们就在构造函数里面把所有的准备工作都做完了，下一步就让机器人跟踪路径开始运动。

```
void PurePursuit::run() {
    ros::Rate rate(50);

    while (ros::ok()) {
        track();
        rate.sleep();
        ros::spinOnce();
    }
}
```

运行的循环中，创建了一个 50Hz 的跟踪频率，每 20ms 控制一次机器人，然后进入到 while 循环让机器人跟着路径移动，算法的执行过程是在 track 函数中完成的。

以上就是路径跟踪功能的实现过程，大家可以对照代码进行更为详细的理解。

11.2 视觉巡线

路线巡检一般会控制机器人按照指定的路径行驶，需要事先了解运行环境的地图，并通过采样或者人为规划的方式得到运行的路径，得到适合此环境下相对稳定的场景，不然每次路径都要修改，工作量还是不小的。

如何让机器人更好地适应环境，尽量减少对环境的依赖呢？我们想到了具备"眼睛"这一特殊属性的相机，是不是可以通过视觉动态分析环境信息，从而控制机器人运动呢？

11.2.1 应用场景

汽车行驶的道路是人造的，道路线就是给人一个信号，知道该往哪走，至于路两旁是山还是海，其实影响并不大。

按照这个逻辑，假设我们给机器人也铺设一个专用的道路线，机器人不用关心周围到底有什么障碍物，哪里有线就往哪里走，这样就把一个复杂的路径规划问题简化成了路径跟踪问题。视觉传感器或者其他传感器可以辅助我们寻找出道路线在哪里。

这种方法其实在工业界已经普及，比如我们常见的 AGV 物流机器人。如图 11-9 所示。工厂环境复杂，为了让机器人可以稳定快速的运行，我们会给机器人铺设一个专用的道路标志。标志有可能是二维码标签，也有可能是有明显颜色的道路线，还有可能是磁导线，总之就是给机器人一个明确的运行信号，机器人按照这个信号行驶就可以了。减速、分叉、停止等功能也可以通过抽象后的信号来描述。AGV 物流机器人如图 11-9 所示。

图 11-9　AGV 物流机器人

11.2.2 算法介绍

类似的巡线功能原理其实并不复杂，大家想象我们自己就是这个机器人，当你发现道路线出现在你视野左侧时，说明你在道路线的右侧，向左走才能回到道路线上；如果道路线出现在视野的右侧，说明你在道路线的左侧，向右走才能回到道路线上。

机器人也是一样，如图 11-10 所示。机器人发现道路线出现在视野的左侧，于是机器人向左转，偏得越厉害，转向的速度就越大，只要尽量保持道路线在视野的中间，机器人就可以沿着这条线运行。

思路清楚了，接下来开始动手操作。明确下目标，我们希望让机器人通过相机识别道路线，在如图 11-11 所示的沙盘 2 上，沿着外围的道路行驶。

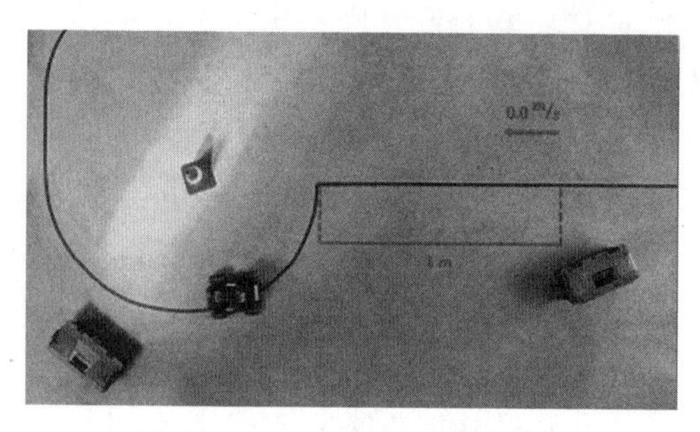

图 11-10 移动机器人视觉巡线

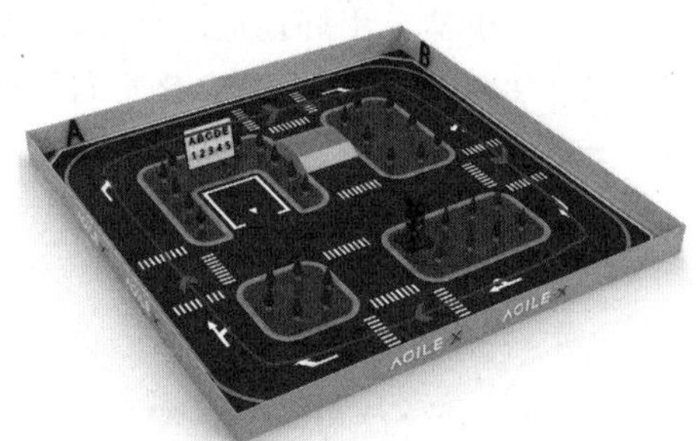

图 11-11 LIMO 自动驾驶沙盘 2

和刚才看到的场景有点不太一样，沙盘上的道路线并不在中心位置，而是像真实道路一样在两侧。在某些区域，一侧的道路线还会消失，处理起来稍微麻烦一些，但是原理相同。如果按照箭头的方向运行，左侧道路线连续存在，我们就把这一侧的道路线作为巡线目标，判断机器人和道路线的相对位置，只不过就不能让它保持在机器人视野的中心区了，而是要保持这条线在视野左侧的某一片区域，这样机器人才能尽量在道路的中间。

接下来按照刚才说到的逻辑控制机器人即可。关于视觉识别功能，和之前机器视觉章节中提到的物体识别与跟踪原理一致。

机器人相机采集到图像后，进入图像处理流程，如图 11-12 所示。先完成对图像的二值化处理，沙盘上的黄色还是比较明显的，可以得到一幅相对比较纯净的图像。接下来针对图像中白色的道路线进行识别，右侧道路线在沙盘上会出现中断，影响我们的判断，主要以左侧道路线为检测目标。

11.2.3 功能运行

启动 LIMO 机器人后，将机器人放置在沙盘外围道路任意一边的中间。然后远程登录 LIMO 机器人的控制系统，视觉巡线的所有功能都已经封装在 follow_lane.launch 这个文件中，直接启动即可。

```
$ roslaunch limo_deeplearning follow_lane.launch
```

运行成功后，就可以看到机器人沿着沙盘外围道路行驶。终端中可以看到实时识别到的车道线坐标，我们也可以通过 Rviz 订阅图像话题，显示机器人实时看

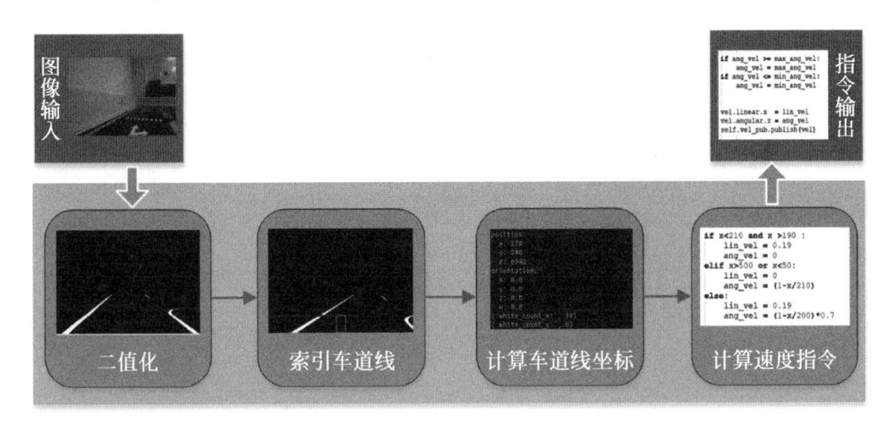

图 11-12　机器人视觉巡线流程

到的原始图像和道路线识别的动态效果。机器人视觉巡线实现如图 11-13 所示。

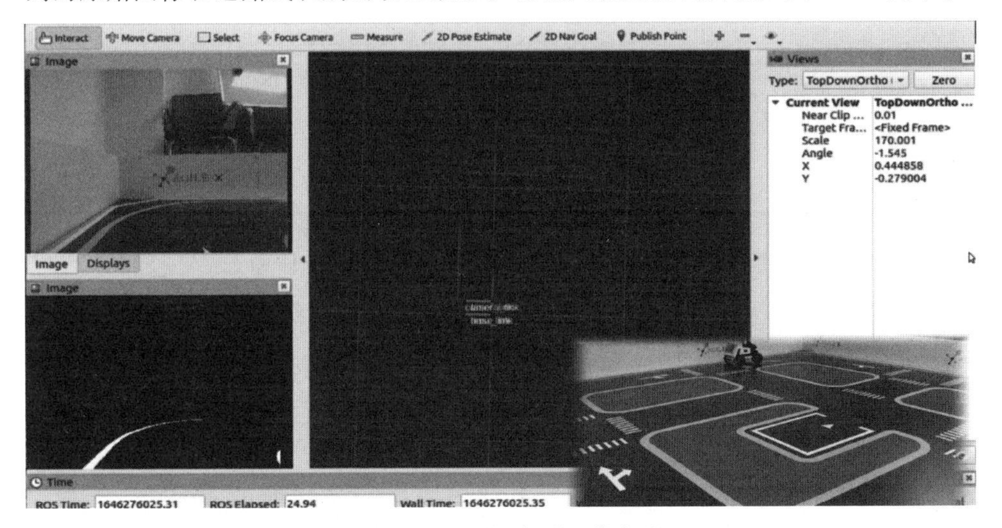

图 11-13　机器人视觉巡线实现

11.2.4　代码解析

视觉巡线的效果还不错,实现代码如下。先来看刚才启动的 launch 文件,打开 follow_lane.launch 文件。

```
<launch>
    <include file="$(find limo_bringup)/launch/limo_start.launch" />
    <include file="$(find astra_camera)/launch/astra_rgb.launch" />

    <node name="rviz" pkg="rviz"  type="rviz" args="-d $(find limo_
deeplearning)/rviz.rviz" />
    <node name="detect_lane" pkg="limo_deeplearning" type="detect_lane.py"
output="screen" />
```

```
    <node name="follow_lane" pkg="limo_deeplearning" type="follow_lane.py"
output="screen" />
</launch>
```

第一步启动了机器人底盘,第二步启动了机器人相机,然后启动了机器人路径线检测节点,得到路径线位置。还启动了 follow_lane 节点,根据检测到的路径线位置,完成对机器人速度指令的发布,让机器人动起来。

接下来,分析视觉巡线图像处理功能的实现,打开 detect_lane.py 文件。

```
if __name__ == '__main__':
    try:
        # 初始化 ROS 节点
        rospy.init_node("detect_lane", anonymous=True)
        rospy.loginfo("Starting lane object")
        lane_converter()
        rospy.spin()
    except KeyboardInterrupt:
        print "Shutting down lane_detect node."
        cv2.destroyAllWindows()
```

在 main 函数里初始化了 ROS 节点,节点名称叫作 detect_lane,同时通过 log 日志告诉用户已经开始路径线检测,接下来调用创建好的 lane_converter 实现核心的检测功能,如果有图像进来,就通过回调函数进行图像处理。

```
class lane_converter:
    def __init__(self):
        # 创建 cv_bridge,声明图像的发布者和订阅者
        self.image_pub = rospy.Publisher("lane_detect_image", Image, queue_size
=1)
        self.target_pub = rospy.Publisher("lane_detect_pose", Pose,  queue_size
=1)
        self.bridge = CvBridge()
        self.image_sub = rospy.Subscriber("/camera/image_raw", Image, self.
callback)
```

lane_converter 的实现分为两个部分,第一个是初始化部分,先创建了第一个发布者,用来发布对图像处理之后的效果;再创建第二个发布者,发布对道路线位置的检测结果,接下来通过 cv_bridge 对图像消息进行处理。再次创建一个订阅者订阅图像话题,一旦有图像进来就进入回调函数 callback 进行处理。

```
def callback(self,data):
    # 使用 cv_bridge 将 ROS 的图像数据转换成 OpenCV 的图像格式
    try:
        cv_image = self.bridge.imgmsg_to_cv2(data, "bgr8")
    except CvBridgeError as e:
        print e
```

```
hsv = cv2.cvtColor(cv_image, cv2.COLOR_BGR2HSV)

lower_yellow = np.array([5, 80, 100])
upper_yellow = np.array([28, 200, 255])

kernel = np.ones((5,5),np.uint8)

mask = cv2.inRange(hsv, lower_yellow, upper_yellow)


mask = cv2.morphologyEx(mask,cv2.MORPH_CLOSE,kernel)
color_x = mask[400,0:400]
color_y = mask[400:480,300:340]
color_sum = mask
white_count_x = np.sum(color_x == 255)
white_count_y = np.sum(color_y == 255)
white_count_sum = np.sum(color_sum == 255)
print('white_count_x:', white_count_x)
print('white_count_y:', white_count_y)

white_index_x = np.where(color_x == 255)
white_index_y = np.where(color_y == 255)

if white_count_y == 0:
    center_y = 240
else :
    center_y = (white_index_y[0][white_count_y - 2] + white_index_y[0][0]) / 2
    center_y = center_y + 340
if white_count_x == 0:
    center_x = 195
else:
    center_x = (white_index_x[0][white_count_x - 2] + white_index_x[0][0]) / 2


objPose = Pose()
objPose.position.x = center_x;
objPose.position.y = center_y;
objPose.position.z = white_count_sum;
#objPose.orientation.y = white_count_y;
self.target_pub.publish(objPose)
print(objPose)

try:
    self.image_pub.publish(self.bridge.cv2_to_imgmsg(mask, "mono8"))
except CvBridgeError as e:
    print e
```

第二是回调函数部分，用来做图像处理。先使用 cv_bridge 将 ROS 图像数据转换成 OpenCV 的图像格式，然后用 OpenCV 的方法检测车道线，将图像由 RGB 格式转化为 HSV 格式，再二值化图像，同时对图像进行裁剪，设定一个检测的区域后读取区域像素数量，方便接下来对图像进行判断。计算坐标值，封装成 ROS 消息，通过 ROS 话题发布出去，下一步的节点将订阅该位置完成机器人控制。最后，把图像处理后的结果通过 ROS 话题发布出来，可以在 Rviz 上位机看到图像处理的结果或者原始图像。

下一步要对机器人完成速度控制，打开 follow_lane.py 文件。程序的关键是订阅路径线识别结果，并且变成对机器人速度控制的指令。

```
if __name__ == '__main__':
    try:
        # 初始化 ROS 节点
        rospy.init_node("follow_lane", anonymous = True)
        rospy.loginfo("Starting follow lane")
        follow_lane()
        rospy.spin()
    except KeyboardInterrupt:
        print "Shutting down follow_object node."
        cv2.destroyAllWindows()
```

在 main 函数里初始化节点，然后调用 follow_lane 执行功能，还需要通过 spin 检查队列里面是否有车道线的位置消息，如果有就开始对机器人做控制。

follow_lane 有两个主要的函数，如下所示。

```
class follow_lane:
    def __init__(self):

         self.Pose_sub = rospy.Subscriber("lane_detect_pose", Pose, self.
velctory)
        #发布速度指令
        self.vel_pub = rospy.Publisher('cmd_vel', Twist, queue_size = 2)
```

首先是初始化函数，里面创建了一个订阅者来订阅刚才图像处理后的结果，也就是车道线的位置，同时还创建了一个发布者来发布机器人的速度指令，方便接下来给机器人发布速度话题。

```
def velctory(self,Pose):
    x = Pose.position.x
    y = Pose.position.y
    z = Pose.position.z
    y_count = Pose.orientation.y

    vel = Twist()
    count = 0
```

```
    max_ang_vel = 0.8
    min_ang_vel = -0.8


    if z <= 5 :
        lin_vel = 0
        ang_vel = 0
        vel.linear.x   = lin_vel
        vel.angular.z = ang_vel
        self.vel_pub.publish(vel)
        time.sleep(1)
        rospy.loginfo("Publish velocity command[{} m/s, {} rad/s]".format(
                    vel.linear.x, vel.angular.z))
    else:
        if x < 140 and x > 160 :   #185,205
            lin_vel = 0.19
            ang_vel = 0
        elif x > 500 or x < 50:
            lin_vel = 0
            ang_vel = (1 - x/150)   #210
        else:
            lin_vel = 0.19
            ang_vel = (1 - x/150) * 0.25   #200
        # clositest > 400
        if x == 195 and y >= 360:
            lin_vel = 0.19
            ang_vel = -0.45


    if ang_vel >= max_ang_vel:
        ang_vel = max_ang_vel
    if ang_vel <= min_ang_vel:
        ang_vel = min_ang_vel


    vel.linear.x   = lin_vel
    vel.angular.z = ang_vel
    self.vel_pub.publish(vel)

    rospy.loginfo("Publish velocity command[{} m/s, {} rad/s]".format(
                vel.linear.x, vel.angular.z))
```

一旦有车道线位置发布进来，就会进入到回调函数，对速度指令进行封装和发布。核心原理就是保持机器人和车道线的相对关系，以上就是视觉巡线的核心实现过程。

11.3　倒车入库

无论是路线巡检还是视觉巡线，核心都是让机器人按照期望路径运行，最终机器人总还是要停下来,停到哪里去呢?是不是应该停到指定的车库中呢?说到这里,大家可能会想起驾照考试中的倒车入库。

11.3.1 应用场景

在驾照考试科目二中,包含了两项停车技术的考核,分别是侧方停车和倒车入库,这也是真实开车场景中最为常见的两种停车方式,如图 11-14 所示。

图 11-14 侧方停车和倒车入库

如果大家经历过科目二考试,可以回想下练习过程中教练会一再强调点位,比如入库停车前,后视镜需要看到库角等,这些点位的目的就是帮助我们确定车身的姿态,从而控制汽车按照期望的路径准确停车入库。相信大家在练习的过程中,心里想过这样的问题,汽车为什么要设计成这么复杂的东西,如果可以横着移动,不就可以直接停进车库了么。

随着机器人自动驾驶技术的应用,机器人底盘并不局限于汽车的阿克曼形态,所以为了满足一些狭窄场景下机器人的灵活性,很多 AMR 智能物流机器人确实可以横着运动,一步到位,直接入库。

图 11-15 机器人自动泊车

此外,为了提高某些大型公共场所的停车效率,自动停车机器人也逐渐出现,我们在车库门口把车开上机器人平台,就可以放心离开。至于把车放到什么位置,都交给机器人来完成。总之,停车入库是自动驾驶中必备的一项技术,我们也可以在机器人上尝试。

11.3.2 算法介绍

在 LIMO 自动驾驶沙盘中，已经规划了一个停车位，如图 11-16 所示。

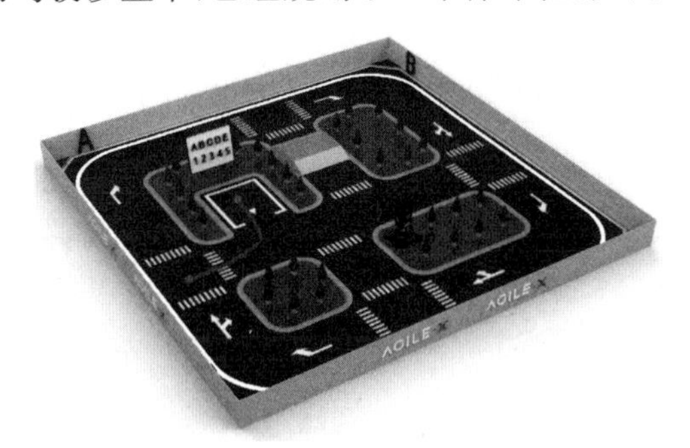

图 11-16　停车位示意图

现在，我们的目的就是让机器人自动倒车，准确地停到这个车库范围内。如何实现停车的过程？刚才讲到，科目二考试中教练一直让我们对点操作，机器人身上有相机，也可以用类似的思路操作。

假设机器人朝向沙盘外围路肩运动，如果看到路肩的道路线，只要判断出机器人和这条道路线的距离，就可以知道机器人相对车库的位置，然后再调整到合适的位置，计算一个合适的速度，开始倒车。按照这个思路，我们绘制了机器人停车的模型，如图 11-17 所示。LIMO 机器人车长约 32cm，车宽 22cm，通过视觉检测得到小车距离路肩道路线的距离 d，这决定了未来机器人停车入库后的位置，所以要选择一个合适的 d，开始倒车。

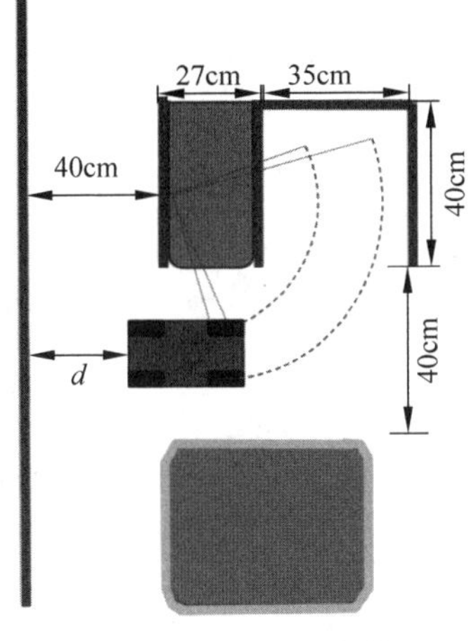

图 11-17　机器人停车模型

最终给机器人的是速度指令，还需要将距离和角度转换成线速度和角速度，比如我们期望倒车花费的时间是 2s，距离除以时间就得到了平均速度，按照这个速度和时间就可以开始倒车了。

接下来尝试让机器人倒车入库，看看它能不能像老司机一样，一把入库。

11.3.3 功能运行

先把 LIMO 机器人放置到如图 11-18 所示的位置，稍后它会向前运行，并控制距离沙盘最外围道路线的距离。

启动机器人后，远程登录机器人控制系统，运行 back.launch 文件。

```
$ roslaunch limo_deeplearning back.launch
```

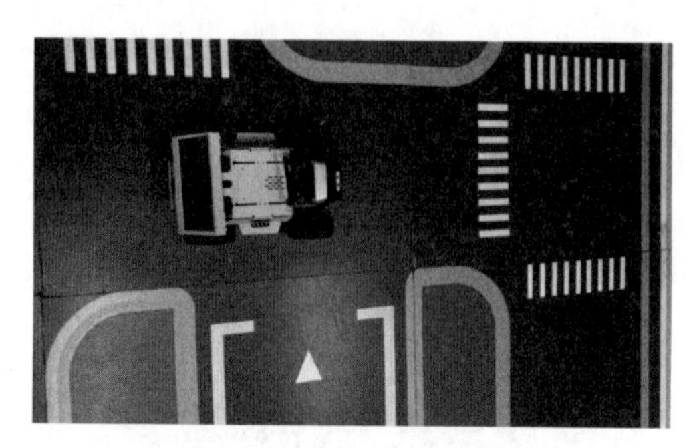

图 11-18　LIMO 机器人放置位置

启动成功后，就可以看到机器人开始向前移动，当识别到最外围的道路线后，开始控制相对距离，距离合适后自动停车，然后给定一个线速度和角速度的指令，机器人开始倒车。机器人很快进入车库，在设置的时间内结束时，停车完成入库。LIMO 机器人倒车入库如图 11-19 所示。

图 11-19　LIMO 机器人倒车入库

11.3.4　代码解析

打开 back.launch 文件，第一步启动机器人的底盘，第二步启动机器人的相机，通过相机识别停车的标志点。然后启动机器人视觉检测功能，这个功能和已学过的视觉巡线内容完全一致，倒车的核心部分是运动控制，结合视觉识别到的位置完成对机器人整体倒车运动规划的控制。

```
<launch>
    <include file="$(find limo_bringup)/launch/limo_start.launch" />
    <include file="$(find astra_camera)/launch/astra_rgb.launch" />
```

```
    <node name = "detect_lane" pkg = "limo_deeplearning" type = "detect_lane.py" output = "screen" />
    <node name = "back" pkg = "limo_deeplearning" type = "back.py" output = "screen" />
</launch>
```

视觉检测部分代码和机器人视觉巡线的代码完全一致，核心就是通过机器人面前的道路线来判断机器人的相对位置，从而推导出机器人和车库的相对位置。视觉识别的过程主要分为两部分，第一部分在机器人初始位置开始时，此时还没有看到最外围的道路线，机器人需要沿着两边的路径线往前走，这和之前视觉巡线的过程完全一致，判断机器人需要往前走，还是向左向右转。第二部分，当外围道路线出现时，机器人此时开始倒车。

接下来我们看一下关键的控制实现代码 back.py。

```
class follow_lane:
    def __init__(self):
        #订阅道路线位置
        self.Pose_sub = rospy.Subscriber("lane_detect_pose", Pose, self.velctory)
        #发布速度指令
        self.vel_pub = rospy.Publisher('cmd_vel', Twist, queue_size=2)
    def myhook(self):
        print "shutdown time!"

    def back(self,count):
        vel = Twist()
        global over
        lin_vel = 0
        ang_vel = 0
        vel.linear.x = lin_vel
        vel.angular.z = ang_vel
        self.vel_pub.publish(vel)
        rospy.loginfo(
            "Wait to back: command[{} m/s, {} rad/s]".format(
                vel.linear.x, vel.angular.z))
        time.sleep(1)
        while (count > 0):
            lin_vel = -0.4
            ang_vel = 1.1
            count = count - 1
            time.sleep(0.1)
            vel.linear.x = lin_vel
            vel.angular.z = ang_vel
            self.vel_pub.publish(vel)
            rospy.loginfo(
                "Start to back: command[{} m/s, {} rad/s]".format(
                    vel.linear.x, vel.angular.z))
```

```
        else:
            lin_vel = 0
            ang_vel = 0
            over = 1

    def velctory(self,Pose):
        x = Pose.position.x
        y = Pose.position.y
        z = Pose.position.z
        global over
        vel = Twist()
        #设定角速度范围
        max_ang_vel = 0.8
        min_ang_vel = -2.0
        #如果识别不出道路信息或者倒车结束,停车
        if z <= 5 or over == 1:
            lin_vel = 0
            ang_vel = 0
            vel.linear.x  = lin_vel
            vel.angular.z = ang_vel
            self.vel_pub.publish(vel)
            time.sleep(0.3)
            rospy.loginfo(
                    "Publish velocity command[{} m/s, {} rad/s]".format(
                        vel.linear.x, vel.angular.z))
        else :
            #识别出两条道路线直行
            if x < 210 and x > 190 :
                lin_vel = 0.19
                ang_vel = 0
            #识别出一条道路线直行
            elif x > 90 and x < 150:
                lin_vel = 0.19
                ang_vel = 0
            else:
                lin_vel = 0.19
                ang_vel = (1 - x/200) * 0.7
            #行驶至倒车点并开始倒车
            if x == 195 and y >= 390:
                count = 17
                self.back(count)

        if ang_vel >= max_ang_vel:
            ang_vel = max_ang_vel
        if ang_vel <= min_ang_vel:
            ang_vel = min_ang_vel

        vel.linear.x  = lin_vel
        vel.angular.z = ang_vel
        #发布速度指令
```

```
        self.vel_pub.publish(vel)
        rospy.loginfo("Publish velocity command[{} m/s, {} rad/s]".format(
                      vel.linear.x, vel.angular.z))
```

在 while 循环中，控制机器人倒车时间，实现机器人倒车。当机器人倒车入库后，将机器人线速度、角速度设为 0，完成机器人停车。

大家可以发现整个倒车的过程是通过时间来控制的，通过之前的模型可以分析得到机器人的位置信息，可以给机器人速度指令，整体倒车的路径规划是以一种简单，但是有效的方式实现的。在回调函数里根据图像识别的结果判断机器人是该巡线走，还是看到标志位开始倒车，以上就是机器人在倒车入库时程序实现的过程。

11.4 本章小结

本章围绕自动驾驶中路径规划相关的技术展开，讲解了路线巡检、视觉巡线、倒车入库的原理和应用，并且使用 LIMO 机器人完成了这些功能的开发实践。

第12章

自动驾驶中的视觉感知

对于人类、机器人，还有自动驾驶汽车，视觉都是最为重要的传感器。在自动驾驶场景中，汽车需要实时处理大量的视觉信息，比如道路线在哪里，前方多远有其他车辆或障碍物，各种交通标志（如红绿灯）提示的信息是什么等。这些视觉信息不仅要准确识别，还需要在控制器这个大脑中快速、精准的分析，从而控制汽车完成对应的动作，中间涉及的技术环节众多。

如图12-1所示是自动驾驶汽车在路测过程中，视觉感知方面的应用。比如红绿灯、障碍物、道路线和交通标志，这些都需要在尽量短的时间内识别出来。车辆运行过程中，周围可能会有非常多移动的、不移动的、一会儿动一会儿不动的物体。这种情况下，我们不仅要判断与每一个障碍物的距离，甚至还要判断每一个物体是什么，从而预判未来可能出现的状况。如果物体是一个人，虽然他现在正在路边站

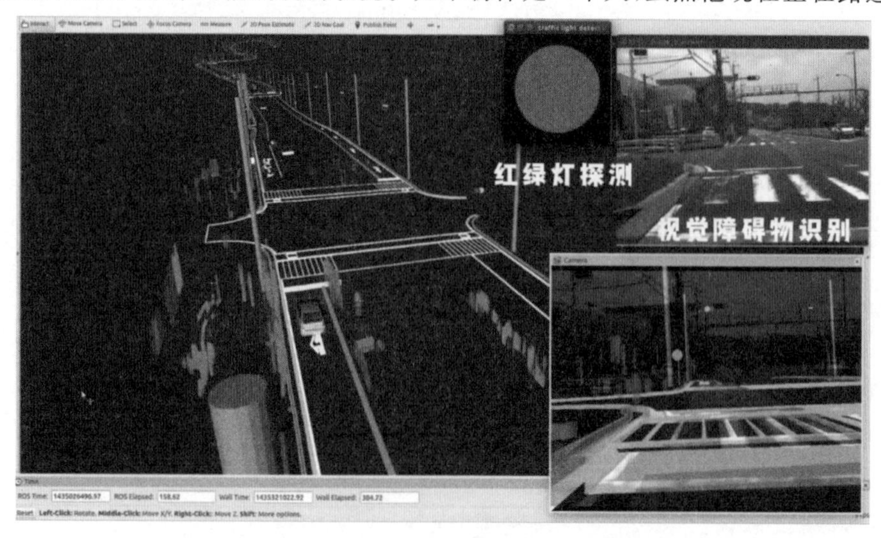

图12-1　自动驾驶中的视觉感知应用

着，有可能一会儿就会突然过马路，那我们就得随时准备刹车或者提前让路。

12.1 红绿灯识别

在交通系统中，红绿灯是最为常见的一种交通标志。没有规矩不成方圆，在一个大城市的街道上，假设红绿灯稍微宕机几分钟，路上就会被堵得水泄不通。直行、左转、右转、掉头，只有在红绿灯的统一协调下，才能让各种车辆行驶得井然有序，做到交通系统效率的最大化。

红绿灯的种类很多，有纯颜色的，有带方向的，还有横着或竖着的，但总结起来，红绿灯是有明确特征的。我们尝试使用之前讲解过的原理，实现对红绿灯不同状态的识别。

12.1.1 算法介绍

识别红绿灯信号是自动驾驶汽车最为基础的一项功能。如何让汽车自动识别红绿灯呢？识别颜色就行。

自动控制红绿灯模型如图 12-2 所示。附带一个可以自动控制的红绿灯，分为四个方向，每个方向都有红绿灯，可以用来控制机器人行驶过程中运动或停止的状态。比如机器人运行过来，发现是红灯，就停下来等绿灯亮起；如果是绿灯，直接通行即可；如果是黄灯，也得减速停下来。

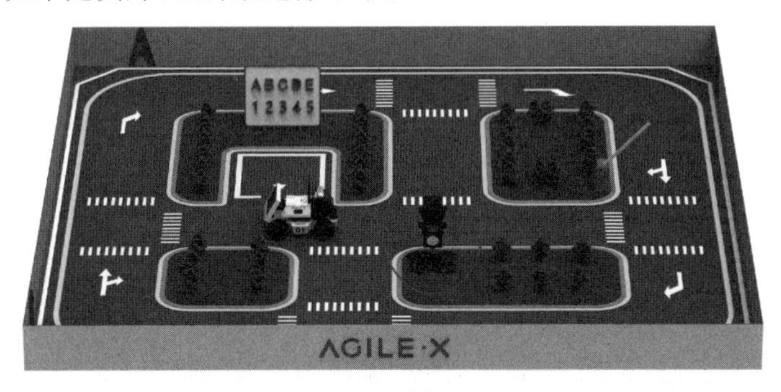

图 12-2 自动控制红绿灯沙盘

我们学习过基于 HSV 颜色模型的识别方法，如果得到红绿黄三种灯光在点亮状态下的阈值，是不是就可以很快区分出三种颜色了呢？这是可行的，不过还可以继续优化一下。红绿灯识别流程如图 12-3 所示。

通过机器人的相机采集图像，接下来分别采样三种灯光的 HSV 阈值，包含每个颜色的上限和下限。在识别过程中，根据事先设置好的阈值，针对一幅图像可以得到三张二值化后的图像，比如只保留红色部分，其他颜色就被删掉了(包括其他颜色没有点亮的灯)。如果只保留绿色，当绿色灯没有亮时，采样值就会在阈值范围之外，此时二进制后的图像就不会有任何有效区域。

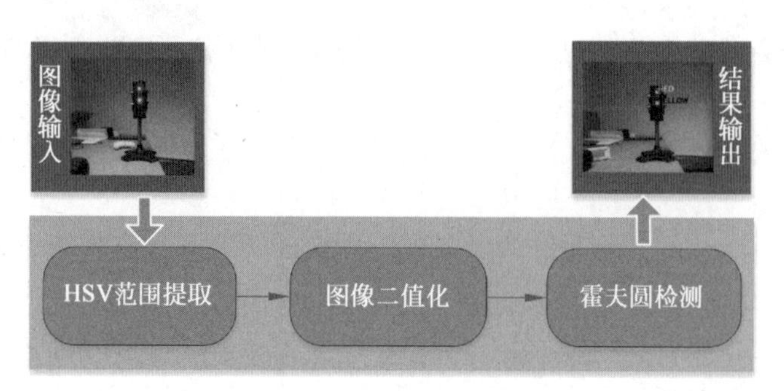

图 12-3 红绿灯识别流程

使用上述方法，可以快速分割出点亮状态下的红绿灯。和之前物体识别有一点不同的是，每一个点亮的灯光在视觉范围内都比较小，很容易被外界干扰。比如环境中的远处也有一个红色的物体，相对会更容易误识别。为了提高稳定性，我们又加了一个步骤，叫作霍夫圆检测。

简单来讲，就是不仅要识别颜色，还要识别形状，只有圆形的红色区域才有可能是亮起的红灯。霍夫圆检测是一种检测圆形的常用方法，在二值化后的图像中，红色区域会呈现白色，周边都是黑色。检测算法先对这张图片做边缘检测，然后根据边缘推导出可能存在的圆心和半径，再通过圆的面积公式判断，推导出这个区域是一个圆，非圆形的干扰区域就被删掉了。

最终通过颜色、形状两个关键特征，我们就得到了红绿灯检测的结果，并且在图片中进行标注。

12.1.2 功能运行

按照这个思路，我们编写了红绿灯识别的功能代码。

启动 LIMO 机器人后，将红绿灯放置在机器人的视野范围内，然后远程登录 LIMO 机器人的控制系统，红绿灯识别的功能已经封装在 traffic_detect.launch 这个文件中，直接启动即可。

```
$ roslaunch limo_deeplearning traffic_detect.launch
```

运行成功后，启动 rqt_image_view 可视化工具，订阅识别后的图像，可以看到实时识别的效果，终端中也会不断输出识别到的红绿灯的信息。红绿灯识别结果如图 12-4 所示。

12.1.3 代码解析

先来看刚才启动的 traffic_detect.launch 文件。

```
<launch>
    <include file="$(find astra_camera)/launch/astra_rgb.launch" />
```

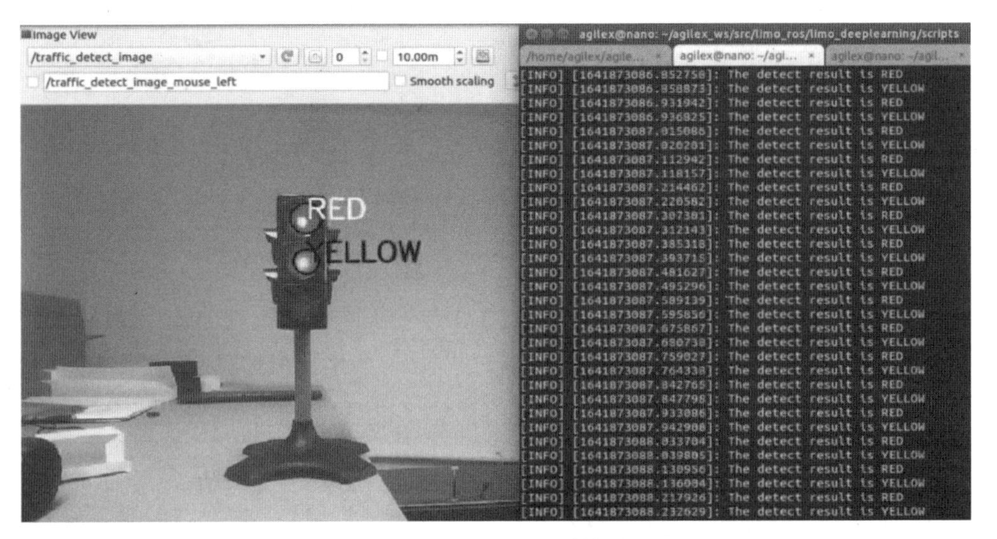

图 12-4　红绿灯识别结果

```
    <node name = "detect_traffic_light" pkg = "limo_deeplearning" type = "traffic_
light.py" output = "screen" />
</launch>
```

第一行启动了移动机器人的相机，获取到图像信息。第二个节点运行红绿灯识别的主要功能，订阅相机驱动发布的图像信息。

我们重点学习一下红绿灯识别的 traffic_light. py 程序。该程序里面有很多代码是重复的，识别红、黄、绿三种颜色灯的方法是类似的，相应的程序也会重复三次。

```
if __name__ == '__main__':
    try:
        # 初始化 ROS 节点
        rospy.init_node("detect_traffic_light", anonymous = True)
        rospy.loginfo("Starting traffic light detect")
        traffic_light()
        rospy.spin()
    except KeyboardInterrupt:
        print "Shutting down traffic_light node."
        cv2.destroyAllWindows()
```

在 main 函数中先初始化 ROS 节点，然后调用创建好的 class，通过回调函数查看是否有图像消息收到，如果有图像消息就进行图像处理。

在 traffic_light 类中主要包含两部分内容，一个是 init 初始化函数，另一个是 callback 回调函数，它完成图像处理，和之前讲解的视觉识别过程相似。

```
class traffic_light:
    def __init__(self):
```

```
        # 创建 cv_bridge,声明图像的发布者和订阅者
        self.image_pub = rospy.Publisher("traffic_detect_image", Image, queue_
size=1)
        #self.light_mode_pub = rospy.Publisher("traffic_light_mode", Person,
queue_size=1)
        self.bridge = CvBridge()
        self.image_sub = rospy.Subscriber("/camera/image_raw", Image, self.
callback)
```

初始化函数中先创建一个发布者，发布图像处理之后的图片，把识别的结果给框出来；接下来创建了一个 CvBridge，把 ROS 里面的图像消息跟 OpenCV 里面的图像数据结构做转换；然后创建了一个图像的订阅者，订阅相机驱动发布的图像话题，接收到后完成具体的图像处理。

相机发布的图像话题是 camera/image_raw，每收到一帧图像消息后都会用回调函数对图像进行处理，所以回调函数的效率要很高才能满足高效的识别过程。

```
def callback(self,data):
    # 使用 cv_bridge 将 ROS 的图像数据转换成 OpenCV 的图像格式
    try:
        cv_image = self.bridge.imgmsg_to_cv2(data, "bgr8")
    except CvBridgeError as e:
        print e
    hsv = cv2.cvtColor(cv_image, cv2.COLOR_BGR2HSV)

    font = cv2.FONT_HERSHEY_SIMPLEX
    img = hsv

    cimg = img
```

在 callback 回调函数中，用 cv_bridge 将 ROS 图像消息转换成 OpenCV 的图像格式，接下来所有的图像处理都会用 OpenCV 完成。

```
# color range
lower_red1 = np.array([0, 15, 220])    #[0, 130, 150]
upper_red1 = np.array([20, 30, 255])    #[20, 255, 255]
lower_red3 = np.array([160, 150, 210])    #[160, 220, 150]
upper_red3 = np.array([180, 245, 255])     #[180, 255, 255]

lower_green1 = np.array([40, 200, 150])      #[40, 40, 210]
upper_green1 = np.array([90, 255, 255])      #[90, 255, 255]
lower_green2 = np.array([50, 10, 224])      #[40, 40, 210]
upper_green2 = np.array([90, 40, 235])      #[90, 255, 255]
lower_yellow = np.array([28, 10, 230])
upper_yellow = np.array([35, 20, 255])
lower_yellow1 = np.array([8, 190, 180])
upper_yellow1 = np.array([15, 225, 255])
```

```
lower = np.array([25, 2, 230])
upper = np.array([34, 20, 235])
mask = cv2.inRange(hsv, lower, upper)
mask1 = cv2.inRange(hsv, lower_red1, upper_red1)
mask3 = cv2.inRange(hsv, lower_red3, upper_red3)
maskr = cv2.add(mask1,mask3)
maskr = cv2.add(maskr,mask)
maskg1 = cv2.inRange(hsv, lower_green1, upper_green1)
maskg2 = cv2.inRange(hsv, lower_green2, upper_green2)
maskg = cv2.add(maskg1,maskg2)
maskg = cv2.add(maskg,mask)

masky1 = cv2.inRange(hsv, lower_yellow, upper_yellow)
masky2 = cv2.inRange(hsv, lower_yellow1, upper_yellow1)
masky = cv2.add(masky1,masky2)
masky = cv2.add(masky,mask)
```

这段代码创建了红、绿、黄三种颜色阈值的上下限，由于红绿灯中心部分和外围部分颜色阈值差距会比较大，所以部分颜色采样了两套阈值，稍后会在二值化过程中把两套阈值二值化后的图像叠到一起，这样可以更好地识别完整的灯光范围。大家实际操作时需要具体调整这里的阈值，以适应自己所在的环境。

确定阈值之后，就要做图像二值化处理，先用红色第一套阈值做二值化，再用第二套阈值做二值化，把两套二值化后的图片叠到一起，融合两个区域。这样既能识别到红灯的中心，又能识别到红灯外围的区域。接下来针对绿灯和黄灯也是同样操作。红绿灯点亮效果如图 12-5 所示。

图 12-5　红绿灯点亮效果

```
kernel = np.ones((5,5),np.uint8)
maskr = cv2.morphologyEx(maskr,cv2.MORPH_CLOSE,kernel)
masky = cv2.morphologyEx(masky,cv2.MORPH_CLOSE,kernel)
maskg = cv2.morphologyEx(maskg,cv2.MORPH_CLOSE,kernel)

maskr = cv2.medianBlur(maskr, 5)
masky = cv2.medianBlur(masky, 5)
maskg = cv2.medianBlur(maskg, 5)
```

接下来做一遍图像的填充，即图像的腐蚀和膨胀，主要目的是把一些比较小的噪声去除掉。这里先对图像做腐蚀，然后再做膨胀，接下来又做了一遍滤波，把一些高斯噪声和不规则的噪声去除掉。这时二值化的图像就很纯净，尽量减少图像里面除了红绿灯之外的噪声影响。

```
# hough circle detect
r_circles = cv2.HoughCircles(maskr, cv2.HOUGH_GRADIENT, 1, 80,
                             param1 = 50, param2 = 10, minRadius = 8, maxRadius =
30)

g_circles = cv2.HoughCircles(maskg, cv2.HOUGH_GRADIENT, 1, 60,
                             param1 = 50, param2 = 10, minRadius = 7, maxRadius =
30)

y_circles = cv2.HoughCircles(masky, cv2.HOUGH_GRADIENT, 1, 30,
                             param1 = 50, param2 = 7, minRadius = 10, maxRadius =
30)
```

进入霍夫圆检测过程，这时只有三幅图像，针对红色、绿色、黄色三幅二值化后的图像，在三幅图像里面分别检测红灯、黄灯、绿灯。针对每一个二值化图像做霍夫圆检测，其中的参数也可以根据实际效果进行调整。

```
# traffic light detect
r = 5
bound = 5.0 / 10
if r_circles is not None:

    r_circles = np.uint16(np.around(r_circles))

    for i in r_circles[0, :]:
        if i[0] > size[1] or i[1] > size[0] or i[1] > size[0] * bound:
            continue

        h, s = 0.0, 0.0
        for m in range( - r, r):
            for n in range( - r, r):

                if (i[1] + m) >= size[0] or (i[0] + n) >= size[1]:
                    continue
                h += maskr[i[1] + m, i[0] + n]
                s += 1
        if h / s > 50:
            cv2.circle(cimg, (i[0], i[1]), i[2] + 10, (0, 255, 0), 2)
            cv2.circle(maskr, (i[0], i[1]), i[2] + 30, (0, 255, 0), 2)
            cv2.putText(cimg, 'RED', (i[0], i[1]), font, 1, (0, 0, 255), 2, cv2.LINE
_AA)

    rospy.loginfo("The detect result is RED")
```

检测完成之后，会把二值化图像里所有可能是圆的，符合参数设置的圆形都检测出来。接下来要遍历这些圆，去除掉不满足条件的圆形。先对红灯做遍历，如果确定圆是红灯则会把红灯通过 circle 语句给框选出来，并且在侧边标注上“red”，并在终端里面输出日志信息，告诉大家红灯特征已经检测到了。绿灯、黄灯的检测方法和红灯一致，只是对参数做了一些修改。

通过三个 if 语句判断得到红绿黄灯的位置，并把识别结果画在了图像里面，再把图像转换成 ROS 消息，通过 publish 发布出来，我们就可以通过 rqt、Rviz 查看识别的结果。

以上就是红绿灯检测的实现过程，使用的依然是相对传统的模板匹配方法，这种方法的好处是简单易用，不足就是适应性差，需要考虑所有可能的情况，如果红绿灯变成指针，这里的程序肯定就用不了了。

接下来我们就试一试另外一种更为热门，也更具普适性的方法——机器学习。

12.2 机器学习环境搭建

近十年来，机器学习技术迅速发展，结合机器学习进行机器视觉检测成为新的发展趋势。相比传统图像处理技术，机器学习能够让机器视觉适应更多的变化，从而提高复杂环境下的精确程度。同时，机器学习也能够大幅减少开发和测试时间，这给机器视觉领域带来了巨大的机遇。本节我们就尝试在 PC 端和机器人端分别搭建机器学习环境，为后续行人识别的应用做好准备。

12.2.1 机器学习完整流程

先来了解下机器学习的完整流程，如图 12-6 所示。机器学习的核心目的是要帮助我们解决问题。

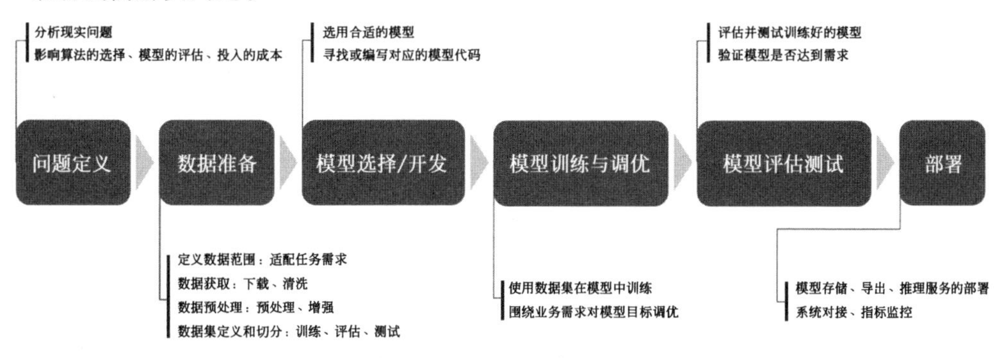

图 12-6 机器学习完整流程

第一步，先要明确问题是什么？对问题进行定义，比如是红绿灯检测？行人检测？还是道路线识别？不同的问题会影响之后的算法、模型，还有投入的时间、算力等成本，所以最好先在网上找一下其他人解决类似问题的过程，做到心中有数。

第二步，获取数据。理论上获取的数据越多越好，但实际上会有很多限制。尽量准备足够的数据，针对这些数据还要做一些预处理，比如标注每一幅图片中，哪里是红绿灯，哪里是行人，为后续的训练做准备。为了节省时间，我们也可以采用别人标注好的数据集，比如图像领域有一个知名的数据集叫作 ImageNet，里边有

1400 万张手动标注过的图片。

此外，还要针对这些数据进行切分。比如哪些数据是用来做训练的，哪些数据是用来做评估和测试的。数据准备好之后，就要开始准备模型了，也就是神经网络模型。它是模拟人类大脑来处理数据的一套流程。CNN（卷积神经网络）、GAN（生成对抗网络）、RNN（循环神经网络）等都属于这个范畴，我们会使用通用的平台如 TensorFlow、PyTorch 等来编写程序代码。

建立好模型之后，就可以把刚才准备好的数据放进去训练了，训练的过程就是让目标最优化的过程，可以理解为是机器从大量数据中学习什么是红绿灯，什么是行人，当然这些最终都会被量化，成为一系列模型的参数。数据训练得好不好，和我们采用的模型有关，还需要对模型不断优化。

训练完成之后，就该对训练的结果进行测试了。此时会拿出一些机器之前没见过的数据，放到训练好的模型里跑一跑，看一下识别的准确性。如果能准确识别，则说明前边几步做得不错，如果识别不准确，就得继续增加数据，或者调整模型。

最终，我们将训练好的模型部署到设备上，比如把训练好的目标检测系统运行在自动驾驶汽车上，对红绿灯、行人等目标进行检测，通过检测结果确认下一步的运动控制。

以上就是完整的机器学习流程，了解这个流程之后，我们才能明确该干什么。针对后续行人检测的应用，数据准备和模型训练都是需要我们自己做的，在此之前先来安装机器学习使用的平台和神经网络模型。

12.2.2 PyTorch 安装

这里使用的机器学习平台是 PyTorch，PyTorch 是 Facebook 在 2017 年发布的机器学习库，主要支持 Python 语言，使用起来相对简单。

先在 PC 端安装 PyTorch，安装方法并不复杂，两句命令就可以完成，如图 12-7 所示。

```
$ sudo apt install python3 - pip
$ pip install torch == 1.9.0 + cpu torchvision == 0.10.0 + cpu torchaudio == 0.9.0
- f https://download.pytorch.org/whl/torch_stable.html
```

在机器人端，安装的步骤相对烦琐一些，用于处理图像的 torchvision 库也得单独安装。

安装 PyTorch（机器人端）：

```
$ wget https://nvidia.box.com/shared/static/p57jwntv436lfrd78inwl7iml6p13fzh.whl
- O torch - 1.8.0 - cp36 - cp36m - linux_aarch64.whl
$ sudo apt - get install python3 - pip libopenblas - base libopenmpi - dev
$ pip3 install Cython
$ pip3 install numpy torch - 1.10.0 - cp36 - cp36m - linux_aarch64.whl
```

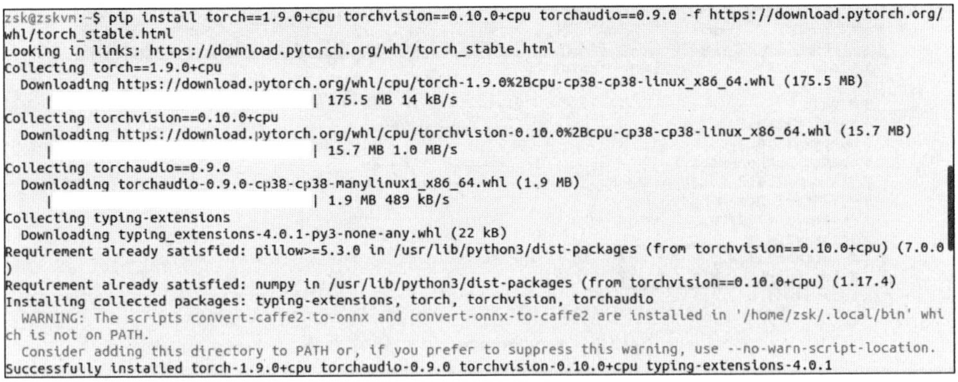

```
zsk@zskvm:~$ pip install torch==1.9.0+cpu torchvision==0.10.0+cpu torchaudio==0.9.0 -f https://download.pytorch.org/whl/torch_stable.html
Looking in links: https://download.pytorch.org/whl/torch_stable.html
Collecting torch==1.9.0+cpu
  Downloading https://download.pytorch.org/whl/cpu/torch-1.9.0%2Bcpu-cp38-cp38-linux_x86_64.whl (175.5 MB)
     |                                | 175.5 MB 14 kB/s
Collecting torchvision==0.10.0+cpu
  Downloading https://download.pytorch.org/whl/cpu/torchvision-0.10.0%2Bcpu-cp38-cp38-linux_x86_64.whl (15.7 MB)
     |                                | 15.7 MB 1.0 MB/s
Collecting torchaudio==0.9.0
  Downloading torchaudio-0.9.0-cp38-cp38-manylinux1_x86_64.whl (1.9 MB)
     |                                | 1.9 MB 489 kB/s
Collecting typing-extensions
  Downloading typing_extensions-4.0.1-py3-none-any.whl (22 kB)
Requirement already satisfied: pillow>=5.3.0 in /usr/lib/python3/dist-packages (from torchvision==0.10.0+cpu) (7.0.0)
Requirement already satisfied: numpy in /usr/lib/python3/dist-packages (from torchvision==0.10.0+cpu) (1.17.4)
Installing collected packages: typing-extensions, torch, torchvision, torchaudio
  WARNING: The scripts convert-caffe2-to-onnx and convert-onnx-to-caffe2 are installed in '/home/zsk/.local/bin' which is not on PATH.
  Consider adding this directory to PATH or, if you prefer to suppress this warning, use --no-warn-script-location.
Successfully installed torch-1.9.0+cpu torchaudio-0.9.0 torchvision-0.10.0+cpu typing-extensions-4.0.1
```

图 12-7　PyTorch 安装

安装 torchvision(机器人端)：

```
$ sudo apt-get install libjpeg-dev zlib1g-dev libpython3-dev libavcodec-dev libavformat-dev libswscale-dev
$ git clone --branch <version> https://github.com/pytorch/vision torchvision
# see below for version of torchvision to download
$ cd torchvision
$ export BUILD_VERSION=0.x.0   # where 0.x.0 is the torchvision version
$ python3 setup.py install --user
```

12.2.3　yolov5 安装

在神经网络模型的选择上，我们选用了一套基于 PyTorch 搭建好的目标检测系统——yolo。yolo 是当前最为热门的一种实时目标检测系统，全称为 You Only Look Once(看一眼就能够识别出来)，可见 yolo 的效率之高。

完成 PyTorch 的安装后，继续目标检测系统 yolo 的安装，这里使用的是 v5 版本。yolov5 的安装并不复杂，在 PC 端和机器人端都是一样的，在终端中直接通过 git 指令把代码包下载到本地，并且根据其中的说明安装依赖包。

```
$ git clone https://github.com/ultralytics/yolov5.git
$ cd yolov5
$ pip3 install -r requirements.txt
```

在 yolov5 的文件夹里面包含了一个 requirements.txt，如图 12-8 所示。这个文件包含了所有 yolov5 依赖的包，我们需要把第 11 行和第 12 行注释掉，因为之前已经安装过 PyTorch，如果再安装一次，版本可能会冲突。

安装好后，为了避免多个 yolov5 文件夹互相干扰，还可以把 yolov5 文件夹重新命名，在这里修改为 yolov5_pedestrain。

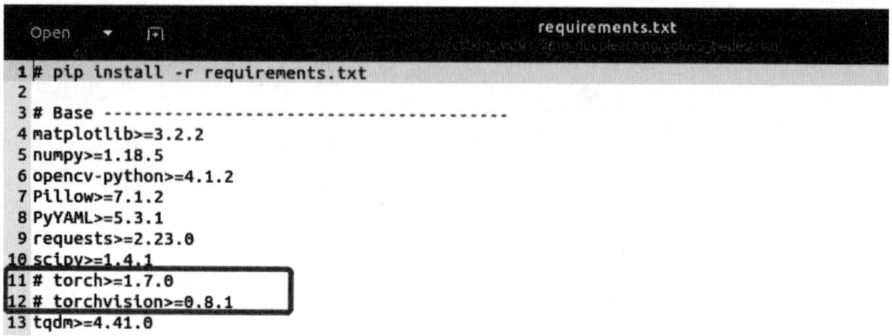

```
Open ▾ ⊞                    requirements.txt
1 # pip install -r requirements.txt
2
3 # Base ----------------------------------------
4 matplotlib>=3.2.2
5 numpy>=1.18.5
6 opencv-python>=4.1.2
7 Pillow>=7.1.2
8 PyYAML>=5.3.1
9 requests>=2.23.0
10 scipy>=1.4.1
11 # torch>=1.7.0
12 # torchvision>=0.8.1
13 tqdm>=4.41.0
```

图 12-8　requirements. txt 依赖列表

12.3　行人检测

完成环境的安装后，我们就以行人检测为例，带领大家完整实现机器学习的流程，感受机器学习的魅力。

在交通系统中，人是最为重要的参与角色。在道路上，会频繁有行人经过，甚至经常出现在不应该出现的地方，而且人的行为还难以预测。对于自动驾驶系统来讲，这就非常棘手，不仅要准确、快速地识别行人，还要预判行人下一步的动作，从而提前做好准备。行为轨迹预测如图 12-9 所示，右侧出现一个行人后，根据他的速度状态，就可以预判出未来一段时间内他的行为轨迹，汽车就可以提早避让了。

图 12-9　行为轨迹预测

接下来的重点就是要搭建一个行人检测系统，便于未来机器人自动驾驶应用的实现。我们在自动驾驶的沙盘上放置一些行人模型（即奥特曼），如图 12-10 所示。目标是让机器人在任何角度下都可以准确识别到每一个奥特曼。

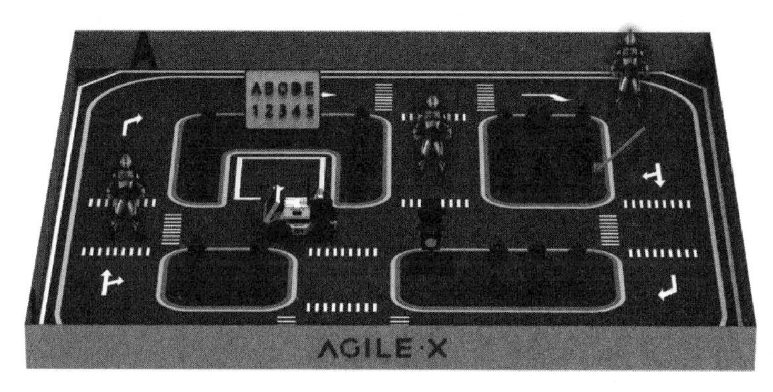

图 12-10　奥特曼模型沙盘

12.3.1　算法介绍

机器学习算法流程如图 12-11 所示。

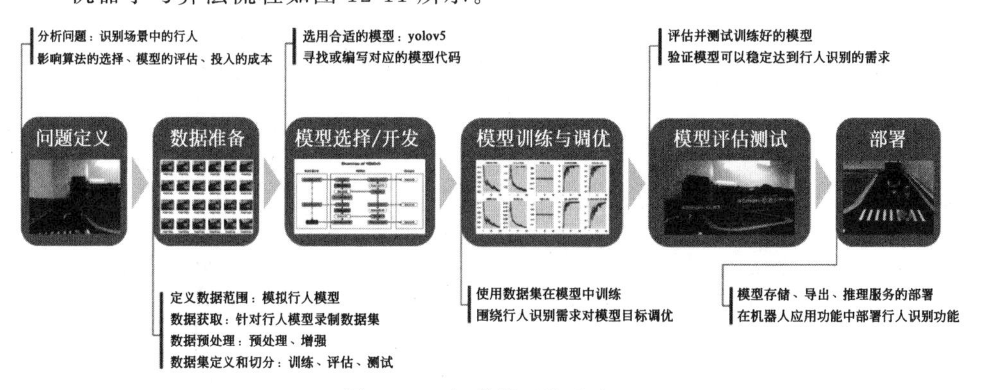

图 12-11　机器学习算法流程

对应到此时行人检测的应用，我们再来确认一下机器学习算法流程的每一个步骤。

第一步，问题定义。现在要实时识别图像中出现的行人，也就是奥特曼模型。

第二步，数据准备。数据从哪里来？我们可以让机器人在放置好行人模型的沙盘上运行一段时间，从各个角度拍摄一些包含行人的视频，接下来从这些视频中按照一定频率提取出 200 幅图像，作为这个场景下的行人数据集；在每一幅图像中，都需要使用专门的软件标注行人出现的位置和名称，之后再把这 200 幅图像划分成训练、评估和测试的子数据集。

第三步，模型选择/开发，选择合适的模型。这里使用的是之前已经安装好的 yolov5 模型，就不需要再开发了。

第四步，模型训练与调优。把准备好的200幅图像数据放到yolov5模型中进行训练，训练过程需要2小时左右，最终会得到一套优化后的模型参数。

第五步，模型评估测试。使用训练好的参数开始做测试，为了验证模型的泛化能力即识别之前数据集中不包含的图像，我们会重新录制一段视频，再放到模型中进行检测。

最后一步，在机器人上部署数据，模拟自动驾驶场景运行，这个会在后边的课程中做介绍。

接下来带领大家一步一步完成6个步骤的实践。

12.3.2 数据采集

本书配套的代码中，yolov5的文件夹里还有一个videos文件夹，文件夹里面分成两个视频，其中一个是altman_data，这个视频是数据集。此视频包含两分多钟的内容，是我们专门遥控LIMO机器人拍摄的带有各种各样奥特曼的图像。这些数据就是接下来做训练的基础信息，只有数据采集足够多，才能达到比较好、比较准确的效果。数据集的采集和获得对机器学习有很重要的作用，大家尽量要采集足够多、足够丰富的数据。数据集内容如图12-12所示。

图12-12 数据集内容

在scripts文件夹里面还有两个脚本，其中的get_image_sample.linux脚本可以把视频分割成很多幅图片，作为稍后要去标注的数据，内容如下：

```
# 导入所需要的库
import cv2
```

```
import numpy as np

# 定义保存图片函数
# image:要保存的图片名字
# addr;图片地址与图片名字的前部分
# num: 图片,名字的后缀,int 类型
def save_image(image, addr, num):
    address = addr + str(num) + '.jpg'
    cv2.imwrite(address, image)

# 读取视频文件
videoCapture = cv2.VideoCapture("../videos/altman_data.mp4")
# 通过摄像头的方式
# videoCapture = cv2.VideoCapture(1)

# 读帧
success, frame = videoCapture.read()
i = 0
# 设置固定帧率
timeF = 20 #20 帧一截
j = 0
while success:
    i = i + 1
    if (i % timeF == 0):
        j = j + 1
        save_image(frame, 'output/image', j)
        print('save image:', i)
    success, frame = videoCapture.read()
```

以上代码会读取某个视频文件,接下来每隔 20 帧去截一幅图片作为数据,如果大家有精力可以把 20 改得更小一点,还能产生 400 幅、600 幅、1000 幅图片且是手动的标注。

打开一个终端,使用如下命令运行脚本:

```
$ python3 get_image_sample.linux.py
```

运行过程就是从刚才的视频里面每隔 20 帧截取一幅图片,把图片保存到 output 文件夹中,如图 12-13 所示。

12.3.3 数据标注

以上采集完成的图片,机器现在还不认识,必须要告诉它一些信息,哪些是奥特曼、哪些是行人。此时,我们要用一个软件对每一幅图片进行标注,以便让机器从这 200 幅图片里面去学习什么样的特征是奥特曼。

标注软件有很多可选,这里使用的是精灵标注助手,在 Windows 中进行操作。大家可以在精灵标注助手软件的官方网站下载安装。

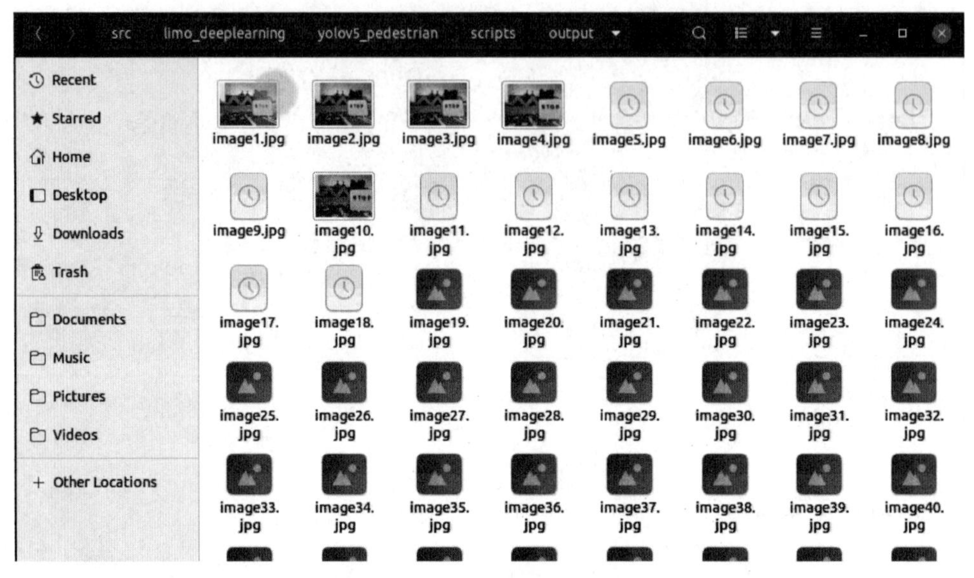

图 12-13 图片数据集

在标注之前我们已经把刚才采集的 200 幅图片放到 C 盘。双击打开进入软件,新建一个项目,弹出如图 12-14 所示的窗口,图片文件夹选择复制出来的 output 文件,接下来分类值可以修改为 altman,这个名字会作为识别目标的名称,单击创建按钮,接下来我们就要开始标注了。

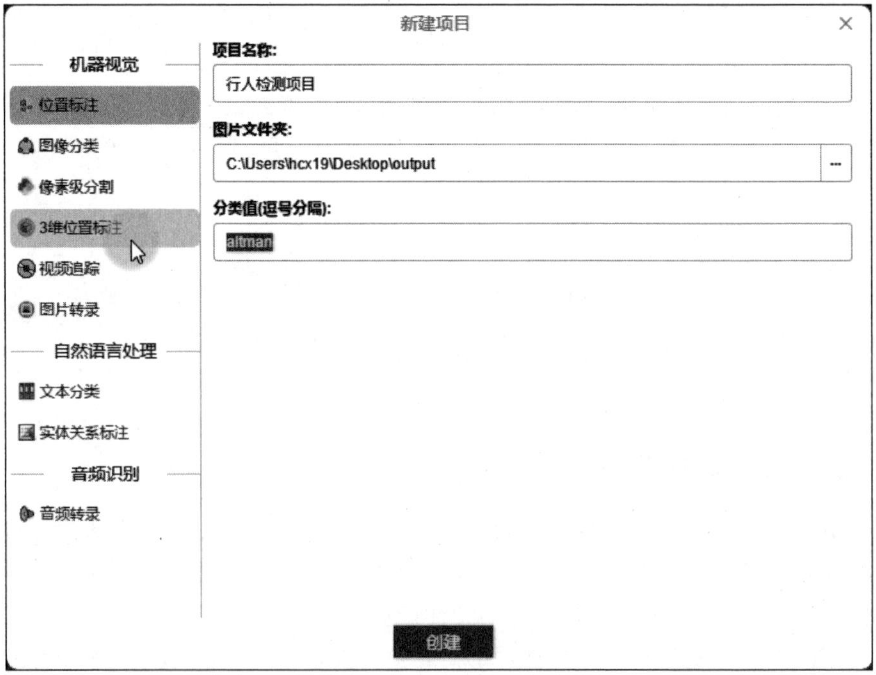

图 12-14 新建项目

标注工作量还是比较大的，因为有200幅图片，每幅图片里面的奥特曼都需要单独标注，并且选择刚才的分类信息。

大家在软件界面里选择矩形框，鼠标放到图片区域里面会变成一个十字符号，然后用它把奥特曼的位置框选出来。如图12-15所示，这个图片里面出现了三次奥特曼，就需要标注三次。第一幅图片标注完成后，单击下边的对钩保存。

图12-15　图片标注与保存

接下来第二幅图片要进行一样的操作，数据集里有200幅图片，需要花费30分钟的时间。完成所有图片的标注后，在软件中单击导出，在弹出的对话框里面选择XML格式，如图12-16所示。然后选择保存路径，这里还是保存到output文件夹中，接下来单击确定，等待进度条完成后，标注软件的任务就完成了。

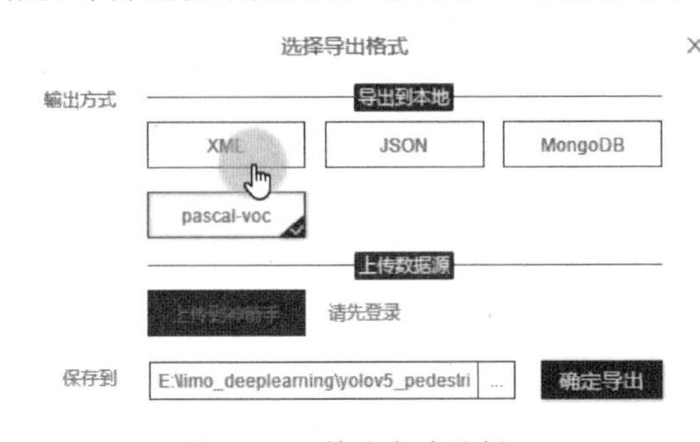

图12-16　输出方式选择

12.3.4　数据集切分

接下来将output文件夹复制到Ubuntu系统，继续设置yolov5训练模型所需要的数据格式。

第一步，在yolov5的data文件夹下创建一个新文件夹，命名为Annotations，然后把图片数据集的标注信息即XML文件复制到其中，如图12-17所示。

第二步，将图片数据集复制到data文件夹里的image文件夹中；

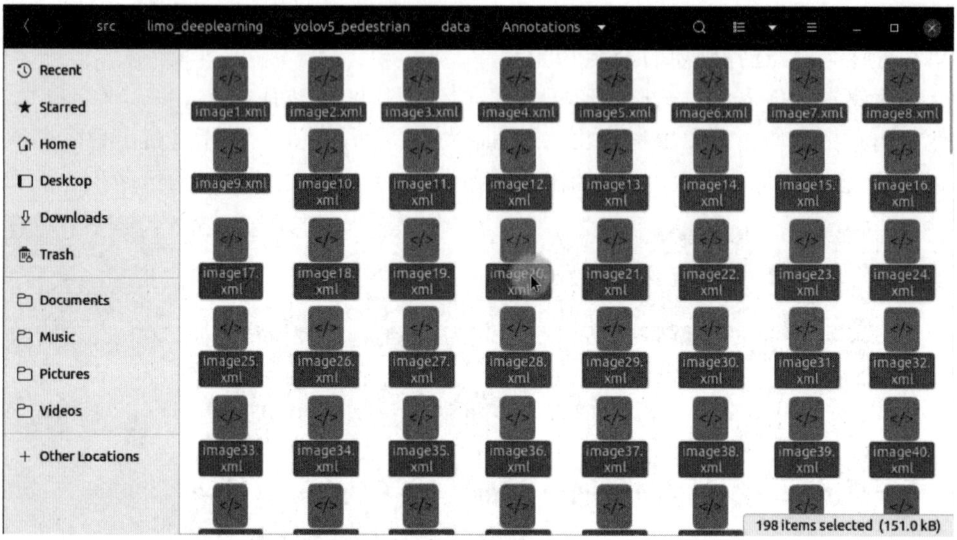

图 12-17　标注文件复制

第三步，对数据集做分类，这里要用到一个脚本——makeTxt.py。makeTxt.py 脚本针对刚才复制的数据集做分割，按照一定的比例将数据集划分成训练集、验证集和测试集，方便在训练过程中不断优化模型。

打开终端，把该脚本文件复制到 yolov5 文件夹里，然后在 data 文件夹中再创建一个 imageSets 文件夹，用来保存稍后切分出来的数据集文件，imageSets 文件夹创建如图 12-18 所示。

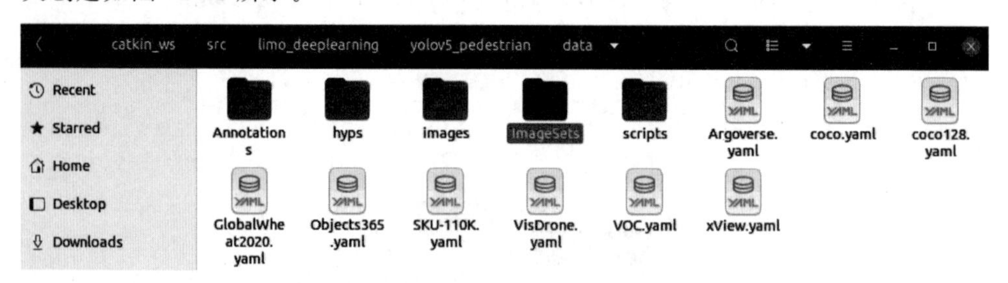

图 12-18　imageSets 文件夹创建

接着使用如下命令运行脚本。

```
$ python3 makeTxt.py
```

运行成功后，imageSets 文件夹里面默认产生四个 TXT 文件，这些文件中保存的就是训练集、测试集的图片名称。

接下来，把配套代码里面另外一个脚本 voc_label.py 复制到 yolov5 文件夹中，这个脚本可以针对训练集、测试集等，把标注信息也做分类，使用如下指令运行。

```
$ python3 voc_label.py
```

运行成功后，在 data 文件夹里的 labels 文件夹中，出现的每一个 TXT 文件都会对应到数据集中的一幅图像，用于稍后的数据训练。labels 文件夹如图 12-19 所示。

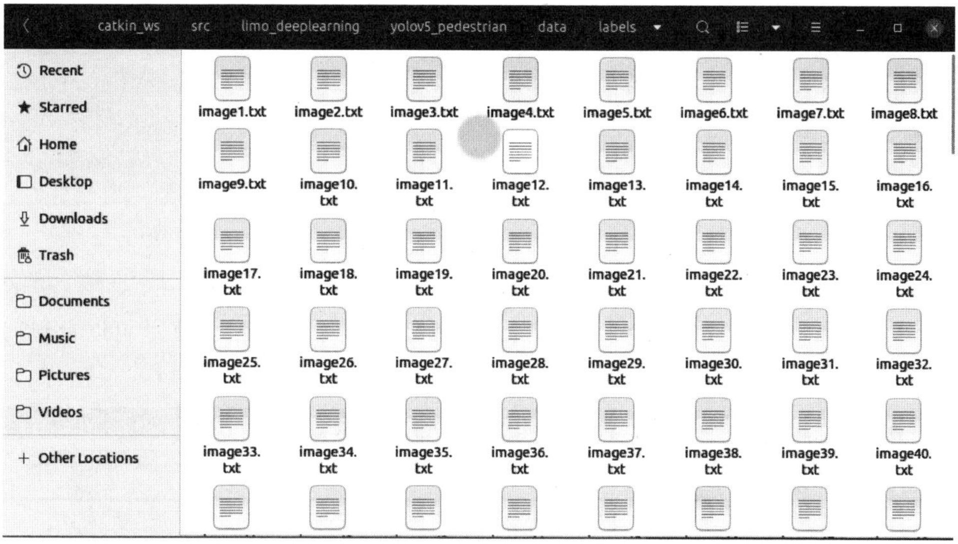

图 12-19　labels 文件夹

第四步，对 yolov5 原生的配置项做修改。打开 data 文件夹里面的 coco. yaml 文件，把 80 改成 1，对象名称改为 altman，如图 12-20 所示。

在 yolov5 文件夹里的 models 文件夹里面，再打开 yolov5s. yaml 模型配置文件，同样修改其中的识别类别，如图 12-21 所示。其他内容都保持默认即可。

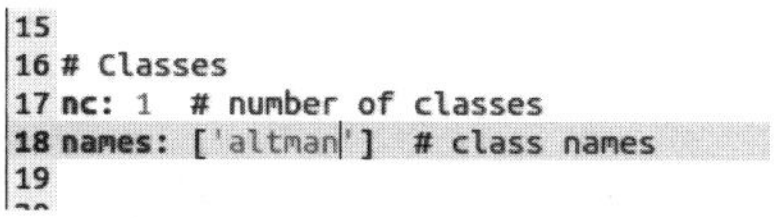

```
15
16 # Classes
17 nc: 1  # number of classes
18 names: ['altman']  # class names
19
```

图 12-20　配置项修改

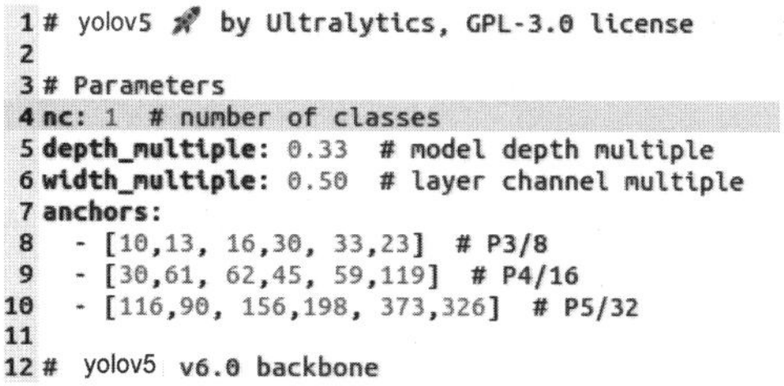

```
1 # yolov5 🚀 by Ultralytics, GPL-3.0 license
2
3 # Parameters
4 nc: 1  # number of classes
5 depth_multiple: 0.33  # model depth multiple
6 width_multiple: 0.50  # layer channel multiple
7 anchors:
8   - [10,13, 16,30, 33,23]  # P3/8
9   - [30,61, 62,45, 59,119]  # P4/16
10  - [116,90, 156,198, 373,326]  # P5/32
11
12 # yolov5 v6.0 backbone
```

图 12-21　模型配置修改

12.3.5　模型训练

开始针对模型做训练，训练脚本是原生 yolov5 文件夹里面的 train. py 程序，这个程序原本针对 yolov5 自带例程，我们需要做一些修改。大家可以用本书代码里面的 train. py 覆盖掉原本的文件，其中修改了数据集的路径，对模型也做了一些修改。

之后就可以开始训练了，使用如下指令运行，如图 12-22 所示。日志中，Epoch 表示训练的轮数，后面会显示对应的时间信息，当 99 轮都训练完毕后，就会完成整个训练过程，结合不同计算机的配置，这里的速度是不一样的。

```
$ python3 train.py
```

```
AutoAnchor: 5.61 anchors/target, 1.000 Best Possible Recall (BPR). Current anchors are a good fit to dataset ✓
Image sizes 512 train, 512 val
Using 4 dataloader workers
Logging results to runs/train/exp2
Starting training for 100 epochs...

     Epoch   gpu_mem       box       obj       cls    labels  img_size
      0/99        0G    0.1284   0.02931         0        77       512:  25%|██        | 2/8 [00:12<00:36,  6.10s/it]
```

图 12-22　训练过程

经过一两个小时的训练，训练结果会保存到 yolov5 文件夹下 runs 文件夹里的 train 文件夹中。生成的 exp 文件夹会保存训练之后的参数，打开之后可以看到训练过程中各种参数的可视化曲线描述，如图 12-23 所示。

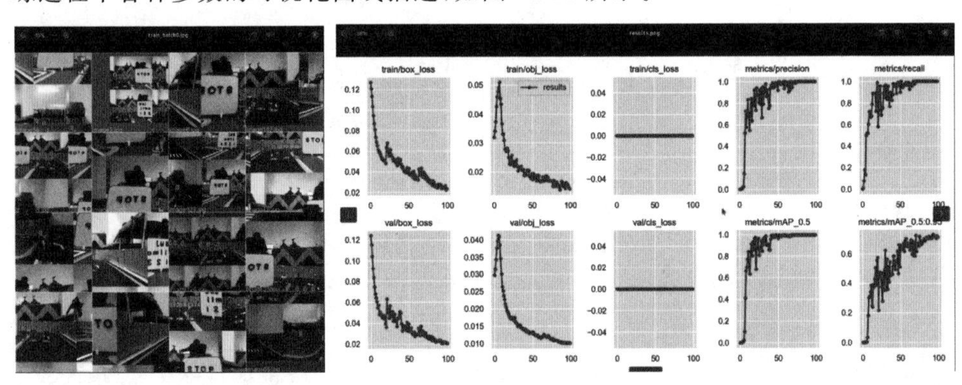

图 12-23　训练数据

其中 weights 文件夹里面有两个重要的. pt 文件，bath. pt 表示训练这么多轮次之后，得到的最优化权重信息；last. pt 表示最后一轮训练得到的参数。这两个文件就是训练的结果，也是稍后进行测试的模型参数。模型训练结果如图 12-24 所示。

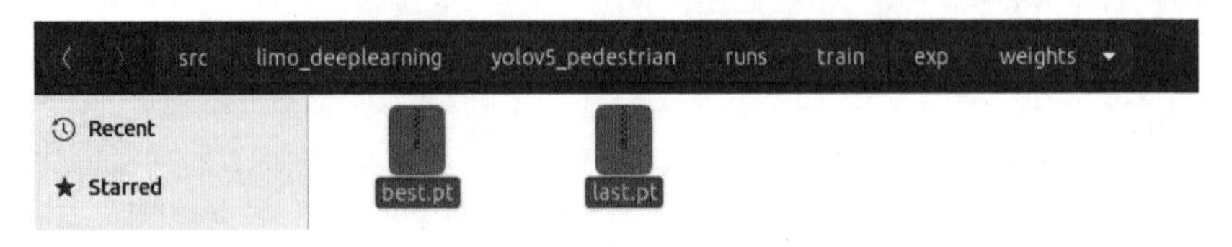

图 12-24　模型训练结果

至此，模型训练结束。

12.3.6 模型测试

验证训练好的模型效果如何，要用到 detect.py 脚本，如图 12-25 所示。大家可以从本书配套的代码当中复制过来，代码里用到的测试数据集是 videos 文件夹里的 altman_test 文件。

```
194     t = tuple(x / seen * 1E3 for x in dt)  # speeds per image
195     LOGGER.info(f'Speed: %.1fms pre-process, %.1fms inference, %.1fms NMS per image at shape {(1, 3, *imgsz)}' % t)
196     if save_txt or save_img:
197         s = f"\n{len(list(save_dir.glob('labels/*.txt')))} labels saved to {save_dir / 'labels'}" if save_txt else ''
198         LOGGER.info(f"Results saved to {colorstr('bold', save_dir)}{s}")
199     if update:
200         strip_optimizer(weights)  # update model (to fix SourceChangeWarning)
201
202
203 def parse_opt():
204     parser = argparse.ArgumentParser()
205     parser.add_argument('--weights', nargs='+', type=str, default=ROOT / 'runs/train/exp/weights/best.pt', help='model.pt path(s)')
206     #parser.add_argument('--source', type=str, default=ROOT / 'data/images', help='file/dir/URL/glob, 0 for webcam') #相机测试
207     parser.add_argument('--source', type=str, default='videos/altman_test.mp4', help='source')
208     parser.add_argument('--imgsz', '--img', '--img-size', nargs='+', type=int, default=[640,480], help='inference size h,w')
209     parser.add_argument('--conf-thres', type=float, default=0.25, help='confidence threshold')
210     parser.add_argument('--iou-thres', type=float, default=0.45, help='NMS IoU threshold')
211     parser.add_argument('--max-det', type=int, default=1000, help='maximum detections per image')
212     parser.add_argument('--device', default='', help='cuda device, i.e. 0 or 0,1,2,3 or cpu')
213     parser.add_argument('--view-img', action='store_true', help='show results')
214     parser.add_argument('--save-txt', action='store_true', help='save results to *.txt')
215     parser.add_argument('--save-conf', action='store_true', help='save confidences in --save-txt labels')
216     parser.add_argument('--save-crop', action='store_true', help='save cropped prediction boxes')
217     parser.add_argument('--nosave', action='store_true', help='do not save images/videos')
218     parser.add_argument('--classes', nargs='+', type=int, help='filter by class: --classes 0, or --classes 0 2 3')
219     parser.add_argument('--agnostic-nms', action='store_true', help='class-agnostic NMS')
220     parser.add_argument('--augment', action='store_true', help='augmented inference')
221     parser.add_argument('--visualize', action='store_true', help='visualize features')
222     parser.add_argument('--update', action='store_true', help='update all models')
223     parser.add_argument('--project', default=ROOT / 'runs/detect', help='save results to project/name')
224     parser.add_argument('--name', default='exp', help='save results to project/name')
225     parser.add_argument('--exist-ok', action='store_true', help='existing project/name ok, do not increment')
226     parser.add_argument('--line-thickness', default=3, type=int, help='bounding box thickness (pixels)')
227     parser.add_argument('--hide-labels', default=False, action='store_true', help='hide labels')
228     parser.add_argument('--hide-conf', default=False, action='store_true', help='hide confidences')
229     parser.add_argument('--half', action='store_true', help='use FP16 half-precision inference')
230     parser.add_argument('--dnn', action='store_true', help='use OpenCV DNN for ONNX inference')
231     opt = parser.parse_args()
232     opt.imgsz *= 2 if len(opt.imgsz) == 1 else 1  # expand
233     print_args(FILE.stem, opt)
234     return opt
235
236
237 def main(opt):
238     check_requirements(exclude=('tensorboard', 'thop'))
239     run(**vars(opt))
240
241
242 if __name__ == "__main__":
243     opt = parse_opt()
244     main(opt)
```

图 12-25 detect.py 脚本

我们专门录制了一段 LIMO 小车在沙盘路面上运行的过程，和训练过程中所标注的 200 幅图像数据集不是同一个视频，接下来看小车能不能准确识别到图像里面出现的奥特曼模型。

回到 yolov5 的主文件夹，使用如下命令运行 detect.py 文件，开始测试。

```
$ python3 detect.py
```

整个过程会持续一段时间，用刚才训练好的模型对视频文件中的每一帧数据做识别，再把每一帧的识别结果合成一个 MP4 文件，方便查看识别结果，最终结果会保存在 runs/detect/exp 文件夹里。

双击打开 altman_test.mp4 文件，在视频中可以看到模型已经开始识别奥特曼，效果还是比较准确的，如图 12-26 所示。奥特曼会被框出来，并且加入了之前

标注的名称，后边的数字表示识别到结果的概率。

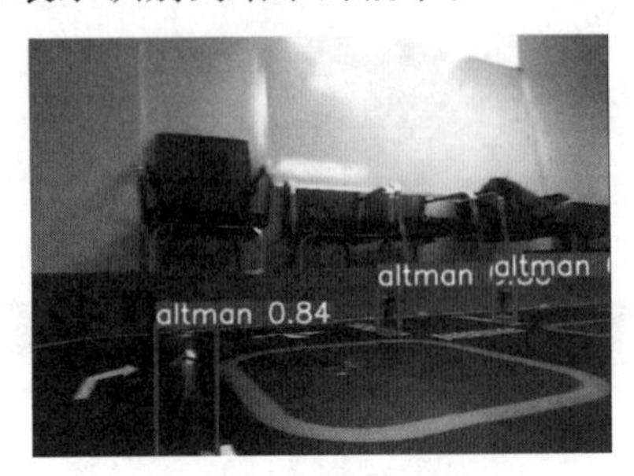

图 12-26　目标识别结果

经过以上操作，我们带领大家完成了数据采集、数据标注、数据分类，再到数据训练的机器学习流程，希望大家能够对机器学习有一个整体的认识。

12.4　本章小结

本章主要围绕自动驾驶中视觉感知相关的技术展开，从红绿灯识别和行人检测这两个典型应用入手，在介绍原理实现的同时，带领大家在真实的机器人上进行实践，加深对理论的理解。其中的红绿灯识别使用的是机器视觉中讲解过的模板匹配方法，行人检测使用的是近年来流行的机器学习方法，大家在学习过程中也可以对比两种方法的特点和实现效果。

第13章

自动驾驶综合场景应用

我们已经学习了移动机器人在自动驾驶场景中的路径规划与视觉感知两个知识点。实际上,自动驾驶并不是这些单一功能的实现,如何将这些知识点串联在一起,实现自动驾驶的综合应用,这是本章讲解的重点。

13.1 自动驾驶数据采集与训练

在开始应用之前,我们先做一些准备工作。在之前的章节中,我们基于机器学习算法实现了对行人的检测,现在针对自动驾驶中的更多元素进行数据的采集和训练。

如图13-1所示的这个自动驾驶的沙盘大家应该已经不陌生了,我们在沙盘上实现了很多功能。自动驾驶场景中不仅有行人,还有红绿灯、车库以及各种各样的路标,这些都需要让移动机器人识别出来,便于后续自动驾驶过程中的决策,比如看到右转标志就可准备右转弯,看到红灯亮起就准备停车。

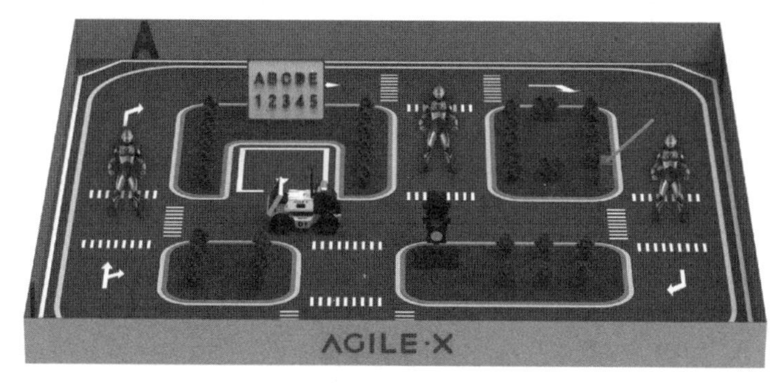

图13-1 各种路标的自动驾驶沙盘

13.1.1 算法介绍

我们介绍过机器学习的主要流程以及如何从零实现行人目标的检测，针对更多目标的检测，实现的方法依然类似，只不过在标注过程中需要把每一个目标明确地标注出来，再进行训练。

机器学习流程（识别场景中的主要元素）如图13-2所示。

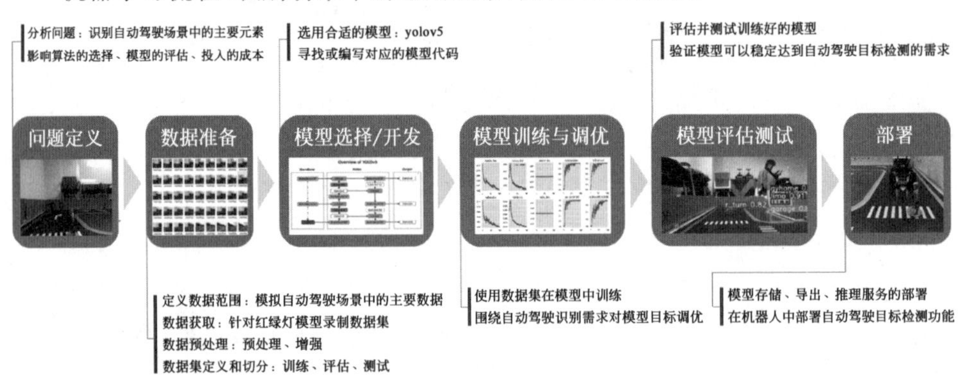

图13-2 机器学习流程（识别场景中的主要元素）

回顾一下机器学习的步骤。

第一步，现在的问题比行人识别要复杂一些，要识别的不仅有奥特曼模型，还有红绿灯和路标，此时的目的就是要实时且准确地识别自动驾驶沙盘上的常见目标。

第二步，针对以上问题我们需要准备一些数据。让机器人在沙盘上运行一段时间，相机录制出现的画面，尽量采集到各个方向的图像数据，接下来会从这些视频中按照一定频率提取出一些图片，作为自动驾驶场景的数据集；在每一幅图片中，都要使用标注软件标注每一个目标出现的位置和名称，之后再把这些标注好的图像划分成训练、评估和测试的子数据集。

第三步，这里使用的还是yolov5模型。

第四步，把准备好的图像数据放到yolo模型中训练，因为此时的数据量更多了，训练过程也会更长，需要3小时左右，最终得到一套优化后的模型参数。

第五步，使用训练好的参数开始做测试，为了验证模型的泛化能力，也就是识别之前数据集中不包含的图像，我们会重新录制一段视频，再放到模型中进行检测，此时各种目标都被识别到了。

最后一步是在机器人上部署算法模型，基于这些目标的检测实现机器人的各种功能。

13.1.2 数据采集

接下来带领大家简要回顾一下操作流程。

先进入 Ubuntu 系统，在之前的内容中，我们已经完成了 yolov5 以及 PyTorch 机器学习环境的安装，再打开 limo_deeplearning 功能包里面的 yolov5_autopilot 文件夹，数据集源文件放置在 videos 文件夹下面的 autopilot_data. mp4 文件中，利用小车的相机采集了自动驾驶沙盘当中的常见目标，后续想要识别的目标都会出现在这个图像里，比如沙盘上的标志、行人、字母等。videos 文件夹中的数据集如图 13-3 所示。

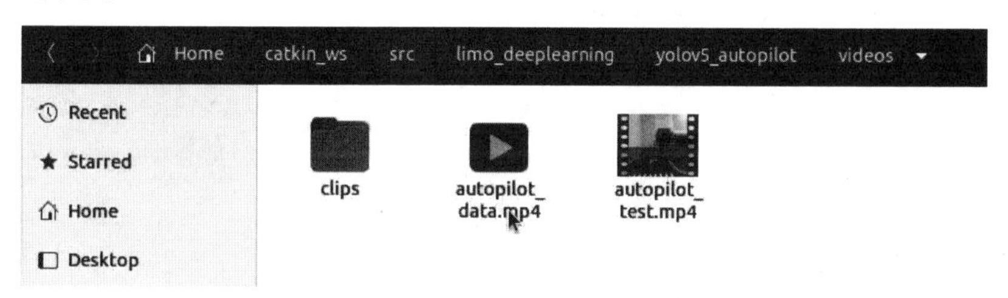

图 13-3　videos 文件夹中的数据集

回到 yolov5 中的 scripts 文件夹下，运行 get_image_ sample. linux. py 脚本，每 20 帧截取一张图片作为数据集，文件会保存到 scripts 下的 output 文件夹里面。完成所有图片的截选后，接下来打开 output 文件夹，一共有 494 幅图片，如图 13-4 所示。

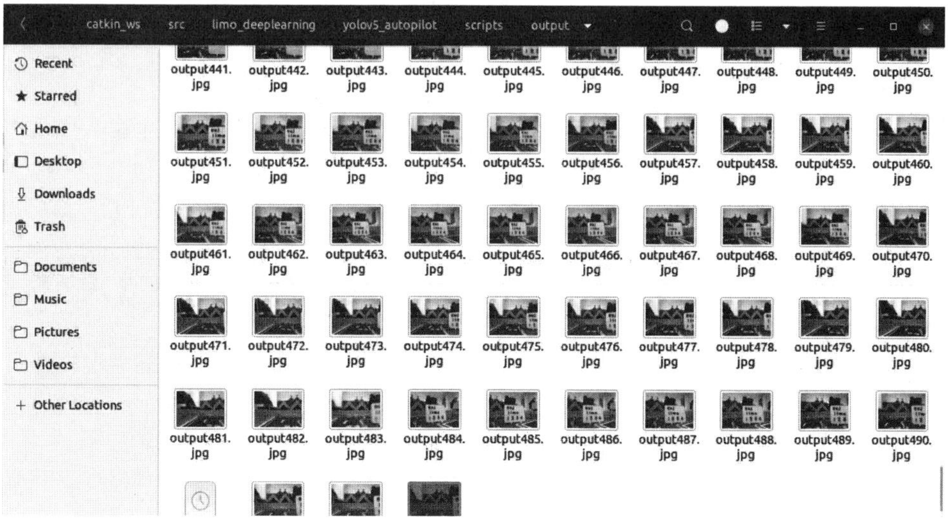

图 13-4　数据集图片

13.1.3　数据标注

接下来把图片数据集放到标注软件里，把 output 文件夹复制到 C 盘，使用精灵标注助手软件开始标注。

新建一个项目，大家可以自定义名称，路径选择复制过来的 output 文件夹，输入对应的分类值，也就是稍后要标注目标的名字，比如右转标志、红绿灯、字符等。这里输入了 17 个需要识别的目标名称，然后单击创建，如图 13-5 所示。

图 13-5　新建工程

接下来对图片里面的物体做标注，按照之前学习过的方式，把几百幅图片依次标注，消耗的时间比较长，需要大家耐心完成。所有图片都标注完成之后，按照 XML 格式导出标注信息，保存在 output 文件夹中。

如果大家没办法完成所有图片的标注，也可以使用本书配套源码中提供的数据集和标注信息。

13.1.4　数据集切分

导出的标注信息都放在 output 文件夹下面的 outputs 文件夹里面，复制到 Ubuntu 系统，然后按照之前学习的文件夹分配方式，把所有数据集图片放在 yolov5 文件夹下的 data 文件夹下的 images 文件夹中；标注之后导出的标注信息，放在 Annotations 文件夹里面。

接下来回到 yolov5 主文件夹下，打开终端，先运行第一个脚本 makeTxt. py，实现对数据集的切分，生成测试数据集和训练数据集。然后运行第二个脚本 voc_label. py，对数据集的标签文件做整理。最后，要对 yolov5 文件夹里的几个文件做修改，本书配套的源码里面已经做好了修改。

13.1.5　模型训练

模型训练还是要用到 train. py 脚本，这里训练的时间可能会比较长，进入训练过程后，此时数据量要比之前单纯的行人检测多两倍，数据量的增加也会直接造成训练过程的时间增长，大家还是要耐心等待。

训练结束后，参数结果保存在 runs 文件夹里的 train 文件夹下的 exp 文件夹中。

13.1.6　模型测试

训练完成后，要测试模型训练的结果是否能够满足目标检测的要求。测试数据集使用 videos 文件夹里的 autopilot_test. mp4 文件，这个视频同样是 LIMO 机器人在沙盘上运行时录制的一段内容，跟刚才训练使用的数据集完全不同。

同样运行 detect. py 脚本文件，这个脚本默认会使用刚才的视频做测试。稍作等待，视频就已经测试完成了，打开 runs 文件夹下面的 detect 文件夹里面的 MP4 文件，可以看到红绿灯、右转标志、字符等都可以稳定的识别出来。目标识别效果如图 13-6 所示。

图 13-6　目标识别效果

到这里为止，基于机器学习的目标检测系统就搭建完成了，我们可以识别图像中各种自动驾驶相关的目标，接下来进入部署环节，把这些目标检测的结果和机器人控制相结合，我们通过后续的内容详细实现。

13.2　红绿灯检测与机器人控制

我们已经完成过红绿灯的识别，识别结果如何与机器人控制相结合呢？接下来我们就一起操作。自动驾驶沙盘同图 11-4。

13.2.1　算法介绍

在红绿灯的识别中，是完全基于 HSV 颜色模型实现的，尽管加入了霍夫圆检测，但依然有可能误将类似的物品识别成红绿灯。有什么办法可以继续优化呢？

在之前的自动驾驶数据训练中，我们标注过红绿灯这个目标，如果可以先通过yolov5 模型检测出来红绿灯在哪里，然后只在这个物体范围内进行红绿灯判断，就可以过滤掉红绿灯之外的干扰。这样，机器学习+图像处理就可以配合到一起完成目标。

此外，红绿灯为机器人提供了运动状态的指示，识别的最终目的是希望机器人可以红灯停绿灯行，所以我们还得把机器人的运动结合进来。回想下之前机器人视觉巡线的内容，既然机器人可以通过视觉识别车道线，并且在道路中间运行，如果把红绿灯识别的功能也集成进来，就可以在机器人巡线过程中实现红灯停车，绿灯继续行驶的效果了。

红绿灯检测与机器人控制的技术框架如图 13-7 所示。现在的应用功能看上去复杂一些，包含了道路线检测、yolo 目标检测、红绿灯检测这三个核心模块。

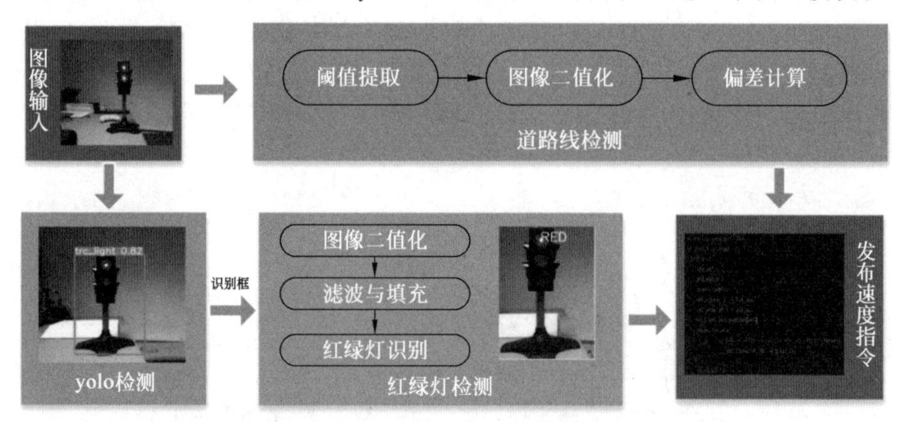

图 13-7 红绿灯检测与机器人控制的技术框架

当机器人的相机采集到环境图像时，图像被输入到了两个模块中。

第一个模块是道路线检测模块，和之前的实现方式完全一样，先通过设定的阈值对图像二值化处理，然后根据车道线的位置判断机器人的位置，从而计算给定机器人的线速度和角速度，机器人开始巡线运行。

同时，图像也输入到了 yolo 检测模块，结合之前训练好的模型，不断检测红绿灯，一旦有红绿灯出现在视野中，就会被标注出来。此时我们只知道红绿灯出现了，至于是红灯亮还是绿灯亮，要对红绿灯的波长范围进行识别。识别方法依然是基于 OpenCV 的图像处理，先根据红绿灯的阈值二值化，滤波后通过霍夫圆检测识别。一旦发现红灯亮，就要发布速度为零的指令，打断原本的巡线运动；如果绿灯亮，就不需要发布指令，继续巡线即可。

这就是红绿灯检测与机器人控制应用的实现思路。能否按照预期目标行动，我们进行测试。

13.2.2 功能运行

将机器人放置在自动驾驶沙盘外围道路的中间，启动机器人。启动成功后，远程登录机器人的控制系统，然后打开一个终端，输入第一个指令，开启视觉巡线和红绿灯检测的核心功能节点。

```
$ roslaunch limo_deeplearning yolo_tra.launch
```

打开一个新的终端，添加 cv_bridge 环境变量，并且切换到 yolo 对应的文件夹下。使用 python3 指令，启动目标检测节点，运行之前训练好的模型，开始检测各种目标。

```
$ source ~/cv_bridge_ws/install/setup.bash --extend
$ cd agilex_ws/src/limo_ros/limo_deeplearning/yolov5_autopilot
$ python3 detects.py
```

再打开 rqt_image_view 工具，订阅实时处理得到的图像，可以看到各种目标都被稳定地识别到了。

如果检测到红绿灯，就会进一步判断红灯的状态；如果红灯亮，机器人也会自动停止在斑马线前，等到绿灯亮起，继续通行。红绿灯检测与机器人控制的运行效果如图 13-8 所示。

图 13-8 红绿灯检测与机器人控制的运行效果

13.2.3 代码解析

我们成功实现了移动机器人在自动驾驶沙盘上的视觉巡线与红绿灯检测的集

成。这个应用具体实现过程如下。

大家可以进入 Ubuntu 系统或者 LIMO 的控制系统,然后打开 limo_deeplearning 功能包里面的 yolov5_autopilot 文件夹。先来看一下刚才运行的启动文件到底启动了哪些功能。

我们使用的启动文件是 yolo_tra. launch,代码如下。

```
<launch>
    <include file="$(find limo_bringup)/launch/limo_start.launch" />

    <node name="yolo_traffic_ight" pkg="limo_deeplearning" type="yolo_tra.py"
output="screen" />
    <node name="yolo_detect_lane" pkg="limo_deeplearning" type="yolo_lane.py"
output="screen" />
    <node name="yolo_follow_lane" pkg="limo_deeplearning" type="yolo_tra_run.
py" output="screen" />

</launch>
```

先启动小车底盘,让它具备运动的功能,接下来的三个节点实现主要功能。第一个节点要识别红绿灯,通过视觉图像找到红绿灯在哪里,并且分析是红灯亮还是绿灯亮;第二个节点要检测道路线;检测到道路线之后,还要让小车沿着道路线行驶,这是第三个节点 follow_lane 的功能。在巡线过程中,还需要考虑红绿灯的状态。接下来验证这三个节点在代码中的实现过程。

第一个节点程序是 yolo_tra. py,我们看一下代码的实现过程。

```
if __name__ == '__main__':
    try:
        # 初始化 ROS 节点
        rospy.init_node("yolo_traffic_light", anonymous=True)
        rospy.loginfo("Starting yolo traffic light")
        global x0,y0,x1,y1
        x0 = y0 = x1 = y1 = 0
        traffic_light()
        rospy.spin()
    except KeyboardInterrupt:
        print ("Shutting down yolo_traffic_light node.")
        cv2.destroyAllWindows()
```

main 函数初始化 traffic_light 节点,然后创建了全局变量 x0、y0、x1、y1,分别表示能识别到的红绿灯的位置,也就是目标左上角和右下角的像素坐标。

```
class traffic_light:
    def __init__(self):
        # 创建 cv_bridge,声明图像的发布者和订阅者
        self.image_pub = rospy.Publisher("traffic_detect_image", Image, queue_
size=1)
```

```
        self.light_mode_pub = rospy.Publisher("traffic_light_mode", traffic, queue_size=1)
        self.bridge = CvBridge()
        self.image_sub = rospy.Subscriber("/image", Image, self.callback)
        self.yolo_sub = rospy.Subscriber("identify_info", identify, self.yolodetect)
```

在 traffic_light 类里的初始化函数中，先创建了两个发布者。第一个发布者发布红绿灯识别之后的结果图像，把识别到的红绿灯框出来；第二个发布者发布当前是哪个灯在亮，使用的消息是自定义的 traffic 消息。traffic 消息中定义了两个数据内容，第一个为 string name，表示点亮的信号灯名字，第 2 个是 number，表示当前有几个灯同时点亮。

接下来创建 bridge，把 OpenCV 的图像数据和 ROS 的图像消息做互相转换。再创建两个订阅者，第一个订阅图像信息，另外一个订阅模型检测到的目标物体。

```
def callback(self,data):
    light_mode = traffic()
    light_mode.name = 'empty'
    light_mode.number = 0

    # 使用cv_bridge将ROS的图像数据转换成OpenCV的图像格式
    global x0,y0,x1,y1

    try:
        cv_image = self.bridge.imgmsg_to_cv2(data, "bgr8")
    except CvBridgeError as e:
        print e

    cv_image = cv_image[y0:y1,x0:x1]
    hsv = cv2.cvtColor(cv_image, cv2.COLOR_BGR2HSV)

    font = cv2.FONT_HERSHEY_SIMPLEX
    img = hsv
    cimg = img
```

两个回调函数的功能介绍如下。第一个回调函数为 callback，当收到图像消息后，会进入到 callback 处理图像，只针对红绿灯目标框做识别，所以这里对图像做了切割。切割的数据是上一步识别之后的结果，这个区域就是大家在视频里面看到框出来的红绿灯范围，可以减少在红绿灯范围之外的所有干扰，后面的处理过程和 12.1 节的内容一致。

```
def yolodetect(self,identifies):
    name = identifies.results
    clases = identifies.classes
    areas = identifies.area
```

```
    positions = list(identifies.position)
    accs = identifies.acc
    global x0,y0,x1,y1

    if clases == 1:
        x0 = int(positions[0])
        y0 = int(positions[1])
        x1 = int(positions[2])
        y1 = int(positions[3])
    else:
        x0 = 400
        y0 = 260
        x1 = 640
        y1 = 480
```

当节点收到 yolov5 发布出来的识别结果时，会进入第二个回调函数 yolodetect。通过 if 语句判断当前识别到的信息。如果当前检测结果是 1，则说明红绿灯已检测到，position 保存红绿灯的左上角和右下角的像素坐标。如果没有检测到红绿灯，就会进入 else 流程，此时让小车正常巡线运动即可。

第二个节点为 yolo_lane.py，用来检测道路线，从订阅的图像里面检测道路线在什么位置，把这个位置封装成消息发布出去，方便后面的节点做控制。

```
if __name__ == '__main__':
    try:
        # 初始化 ROS 节点
        rospy.init_node("yolo_lane", anonymous = True)
        rospy.loginfo("Starting yolo lane object")
        lane_converter()
        rospy.spin()
    except KeyboardInterrupt:
        print "Shutting down yolo_lane_detect node."
        cv2.destroyAllWindows()
```

main 函数的核心内容在 lane_converter 里面，包含了两部分的函数。

```
class lane_converter:
    def __init__(self):
        # 创建 cv_bridge,声明图像的发布者和订阅者
        self.image_pub = rospy.Publisher("lane_detect_image", Image, queue_size
= 1)
        self.target_pub = rospy.Publisher("lane_detect_pose", Pose,  queue_size
= 1)
        self.bridge = CvBridge()
        self.image_sub = rospy.Subscriber("/image", Image, self.callback)
```

第一部分是初始化函数，创建一个发布者去发布道路线检测的结果，做图像的实时显示；再创建一个道路线位置的坐标消息 pose，稍后道路线检测的结果会保

存在这个消息里；接着创建一个订阅者，订阅图像信息，每当有一幅图像收到后，在 callback 里面就会去检测道路线的位置。

```
def callback(self,data):
    # 使用 cv_bridge 将 ROS 的图像数据转换成 OpenCV 的图像格式
    try:
        cv_image = self.bridge.imgmsg_to_cv2(data, "bgr8")
    except CvBridgeError as e:
        print e
    hsv = cv2.cvtColor(cv_image, cv2.COLOR_BGR2HSV)

    lower_yellow = np.array([5, 80, 100])
    upper_yellow = np.array([28, 200, 255])

    kernel = np.ones((5,5),np.uint8)

    mask = cv2.inRange(hsv, lower_yellow, upper_yellow)

    mask = cv2.morphologyEx(mask,cv2.MORPH_CLOSE,kernel)
    color_x = mask[400,0:400]
    color_y = mask[400:480,300:340]
    color_sum = mask
    white_count_x = np.sum(color_x == 255)
    white_count_y = np.sum(color_y == 255)
    white_count_sum = np.sum(color_sum == 255)

    white_index_x = np.where(color_x == 255)
    white_index_y = np.where(color_y == 255)

    if white_count_y == 0:
        center_y = 240
    else :
        center_y = (white_index_y[0][white_count_y - 2] + white_index_y[0][0]) / 2
        center_y = center_y + 340
    if white_count_x == 0:
        center_x = 195
    else:
        center_x = (white_index_x[0][white_count_x - 2] + white_index_x[0][0]) / 2


    objPose = Pose()
    objPose.position.x = center_x;
    objPose.position.y = center_y;
    objPose.position.z = white_count_sum;
    self.target_pub.publish(objPose)

    try:
        self.image_pub.publish(self.bridge.cv2_to_imgmsg(mask, "mono8"))
```

```
        except CvBridgeError as e:
            print e
```

在 callback 回调函数中，将 ROS 的图像消息变换成 OpenCV 的图像数据，然后设置道路线黄色的阈值，对图像做二值化、腐蚀、膨胀处理，尽量把外围的干扰都过滤掉。继续判断白色线的 x、y 坐标，稍后封装成 pose 消息发布出去，方便控制小车运动。

第三个节点程序 yolo_tra_run.py 会结合之前的图像识别结果做机器人控制，让机器人巡线，并且看到红灯后停止运动。

```
class follow_lane:
    def __init__(self):

        self.traffic_sub = rospy.Subscriber("traffic_light_mode", traffic, self.
trafficcc)
        #rospy.loginfo("Subcribe light Info: mode: %s",
            #light)
        self.identify_sub = rospy.Subscriber('/identify_info', identify, self.
confirm)
        #订阅位姿信息
        #self.person = rospy.Subscriber("traffic_light_mode", Person, self.
personInfoCallback)
        self.Pose_sub = rospy.Subscriber("lane_detect_pose", Pose, self.
velctory)
        #发布速度指令
        self.vel_pub = rospy.Publisher('cmd_vel', Twist, queue_size=2)
```

以上是 follow_lane 的初始化函数，创建了几个订阅者。第一个订阅者订阅的是红绿灯的识别结果，即到底是红灯还是绿灯，哪个灯亮。第二个订阅者订阅的是 yolo 识别的结果。第三个订阅者订阅的是道路线识别的位置，方便控制小车运动。然后创建了一个发布者，发布者发布小车的速度指令。

```
def confirm(self,identifies):
    clases = identifies.classes
    areas = identifies.area
    positions = list(identifies.position)

    global stop,stop_label
    if clases == 1 :
        low_point = positions[3]
        if low_point >= 350 and stop_label == 1:      #Determine the distance
            stop = 1
        else:
            stop = 0
        print('low_point: %d' % low_point)
```

yolo的识别结果发布过来之后，主要关注的是红绿灯的识别范围，使用局部变量保存识别目标的类别（identifies. classes）、目标的面积（identifies. area）以及目标的位置信息（identifies. position）。如果classes＝1就表示检测到了红绿灯。这里我们关注的low_point是目标右下角的像素坐标，主要是为了让小车停在距离红绿灯比较合适的距离。

```
def trafficcc(self,traffic_mode):
    #print(light.type)
    light1 = traffic_mode.name
    light2 = traffic_mode.number
    #print(light1)
    global stop,stop_label,stop_label_man

    if light1 == 'RED':
        stop_label = 1
        print('RED')
    elif light1 == 'GREEN':
        stop_label = 2
    elif light1 == 'YELLOW':
        stop_label = 3
    elif light2 == 2:
        stop_label = 1
        print('two lights')
```

接下来订阅道路线检测的结果，回调函数和巡线控制的代码相似。首先拿到道路线的位置坐标，然后开始巡线，如果stop＝1则表示小车该停车了。

13.3 行人检测与机器人控制

在之前的内容中，我们通过yolov5目标检测系统，实现了对单一行人目标的检测，效果还是非常稳定的。接下来将这项功能部署到机器人中，实现机器人视觉巡线与行人检测的集成。

13.3.1 算法介绍

在自动驾驶的沙盘上依然放置奥特曼为代表的行人模型，同图12-10所示。通过自动驾驶数据的训练，我们不仅可以准确识别红绿灯和各种标志，也可做行人识别。那如何将行人识别集成到机器人视觉巡线的功能中呢？如机器人按照正常的巡线方式运行在沙盘上，一旦发现行人出现，就在适当的距离前停车，等待行人通行，直到行人消失后机器人再继续巡线运行。把这个步骤细化成技术框架。行人检测与机器人控制的技术框架如图13-9所示。

道路线检测会根据道路线的位置，计算得到机器人的运行速度，保持巡线运动。图像同时也发送给了yolo目标检测系统，其他目标暂时不管，一旦识别到行

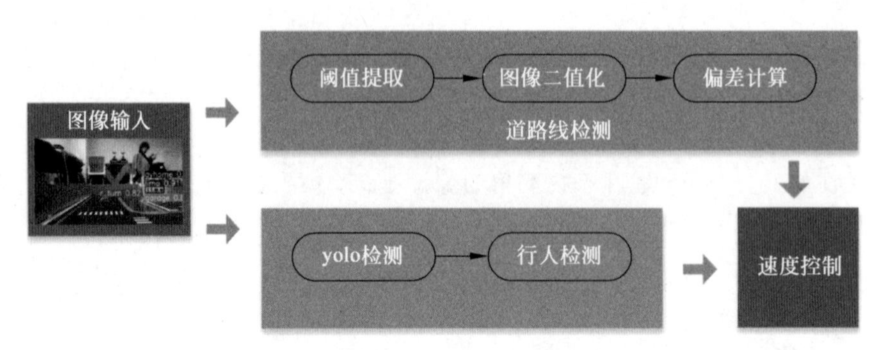

图 13-9　行人检测与机器人控制的技术框架

人，就及时发布停止运动的速度指令。为了保持和行人的距离，我们通过分析行人在画面中的位置，判断行人与机器人的距离，行人在画面中越靠下，就距离机器人越近。如果没有检测到行人，或者已经消失了，那就停止发布速度指令，机器人继续巡线运行。按照这样的实现思路，我们来看一看运行效果。

13.3.2　功能运行

还是将机器人放置在自动驾驶沙盘外围道路的中间，沙盘上随机放置一些行人模型（奥特曼）。

机器人启动成功后，远程登录机器人的控制系统，然后打开一个终端，输入第一个指令开启视觉巡线和行人检测的核心运动节点。

```
$ roslaunch limo_deeplearning yolo_ultra.launch
```

此时移动机器人开始巡线运动。打开一个新的终端，添加 cv_bridge 环境变量，并且切换到 yolo 对应的文件夹下，使用 python3 指令，启动目标检测节点，此时就开始运行之前训练好的模型，开始检测各种目标了。

```
$ source ~/cv_bridge_ws/install/setup.bash --extend
$ cd agilex_ws/src/limo_ros/limo_deeplearning/yolov5_autopilot
$ python3 detects.py
```

继续打开 rqt_image_view 工具，订阅实时处理得到的图像，可以看到各种目标都被稳定地识别，此时我们主要关心行人是否会出现。行人检测与机器人控制的运行效果如图 13-10 所示。

如果检测到行人，机器人就会在行人前停止运动，同时控制好和行人之间的距离，一直等到行人消失，才会继续运行。这样，我们就成功实现了移动机器人在自动驾驶沙盘上的视觉巡线与行人检测的集成。

13.3.3　代码解析

这两项功能是如何集成的呢？我们分析实现的代码。

图 13-10　行人检测与机器人控制的运行效果

刚才运行的启动文件是在 limo_deeplearning 文件夹下的 yolo_ultra.launch，内容如下。

```
<launch>
    <include file="$(find limo_bringup)/launch/limo_start.launch" />

    <node name="yolo_detect_lane" pkg="limo_deeplearning" type="yolo_lane.py"
output="screen" />
    <node name="yolo_follow_lane" pkg="limo_deeplearning" type="yolo_ultra_
run.py" output="screen" />

</launch>
```

其中除了启动机器人底盘之外，两个功能节点的实现分别是在 yolov5_autopilot/scripts 文件夹下面的 yolo_lane.py 和 yolo_ultra_run.py 文件中。在红灯检测与机器人巡线控制的应用中，已经给大家讲解过 yolo_lane.py 程序的实现过程，该程序的主要目标是检测道路线在图像里面的位置和面积，方便后续对机器人的控制。

另外一个节点程序 yolo_ultra_run.py，实现的逻辑跟红绿灯检测相似，只是识别的目标发生了一些变化。

```
if __name__ == '__main__':
    try:
        # 初始化 ROS 节点
        rospy.init_node("yolo_follow_lane", anonymous=True)
        rospy.loginfo("Starting yolo follow lane")
        global stop,stop_label
        stop = stop_label = 0
```

```
        follow_lane()
        rospy.spin()
    except KeyboardInterrupt:
        print "Shutting down yolo_follow_object node."
        cv2.destroyAllWindows()
```

在程序的 main 函数里，初始化节点之后创建了一些必要的标志位，然后进入到 follow _lane 中。

```
class follow_lane:
    def __init__(self):

        self.traffic_sub = rospy.Subscriber("traffic_light_mode", traffic, self.
trafficcc)

        self.identify_sub = rospy.Subscriber('/identify_info', identify, self.
confirm)
        #订阅位姿信息
        self.Pose_sub = rospy.Subscriber("lane_detect_pose", Pose, self.
velctory)
        #发布速度指令
        self.vel_pub = rospy.Publisher('cmd_vel', Twist, queue_size=2)
```

在 follow_lane 类的初始化函数中，创建了一个订阅者，订阅 yolov5 发布的识别结果，进入 confirm 回调函数里进行处理；另外一个订阅者订阅道路线检测的坐标结果，如果发现有道路线存在，就会进入到 velctory 回调函数里；初始化函数还创建了一个发布速度指令的话题，方便控制小车运动。

```
def confirm(self,identifies):
    clases = identifies.classes
    areas = identifies.area
    positions = list(identifies.position)

    global stop,stop_label
    if clases ==1 :
        low_point = positions[3]
        if low_point >= 350 and stop_label == 1:     #Determine the distance
            stop = 1
        else:
            stop = 0
        print('low_point:%d' %low_point)
```

在 confirm 回调函数中，clases 表示当前识别到对象的序号，areas 表示识别到对象的面积，positions 表示当前识别到对象左上角和右下角的像素坐标值。low_point 单独提取了对象右下角的坐标，方便判断小车和行人的距离，如果小车离行人比较近，要及时停车。

在后边的 if 语句判断中，如果 low_point≥450，此时小车距离行人比较近，进一步判断 classes≤4 或者 classes≥2，这分别表示三种奥特曼，也就是三种行人，一旦进入到这个判断里面，就说明有行人出现在图像中，所以 stop 标志位设为 1，后面的速度控制就会让小车停下。

```
def trafficcc(self,traffic_mode):
    light1 = traffic_mode.name
    light2 = traffic_mode.number
    global stop,stop_label,stop_label_man

    if light1 == 'RED':
        stop_label = 1
        print('RED')
    elif light1 == 'GREEN':
        stop_label = 2
    elif light1 == 'YELLOW':
        stop_label = 3
    elif light2 == 2:
        stop_label = 1
        print('two lights')
```

在 trafficcc 回调函数中，如果当前的行人消失了，为了平稳起步，会对图像识别做 stop_label 计数。每次识别到行人后，这个计数值会归 0。当行人消失之后，进入到 else 处理，对标志位做累加，多次发现行人消失，就让小车的 stop 标志位变成 0，小车继续运行。

```
def velctory(self,Pose):
    x = Pose.position.x
    y = Pose.position.y
    z = Pose.position.z
    y_count = Pose.orientation.y
    global stop
    print("stop: %d" % stop)
    #rate = rospy.Rate(50)
    vel = Twist()
    count = 0
    max_ang_vel = 0.8
    min_ang_vel = -0.8

    #  follow straight line
    if z <= 5 or stop == 1:

        lin_vel = 0
        ang_vel = 0
        time.sleep(1)
        vel.linear.x  = lin_vel
        vel.angular.z = ang_vel
```

```
        self.vel_pub.publish(vel)

        #rate.sleep()
        rospy.loginfo(
                "Publish velocity command[{} m/s, {} rad/s]".format(
                    vel.linear.x, vel.angular.z))
    else  :
        # mid 140 - 160
        if x<140 and x>160 :   #185,205
            lin_vel = 0.19
            ang_vel = 0
        #elif x<155 and x>165:
            #lin_vel = 0.15
            #ang_vel = 0
        elif x>500 or x<50:
            lin_vel = 0
            ang_vel = (1-x/150)   #210
        else:
            lin_vel = 0.19
            ang_vel = (1-x/150)*0.25   #200
        # clositest>400
        if x == 195 and y>=360:

            lin_vel = 0.19
            ang_vel = -0.45

    if ang_vel >= max_ang_vel:
        ang_vel = max_ang_vel
    if ang_vel <= min_ang_vel:
        ang_vel = min_ang_vel


    vel.linear.x  = lin_vel
    vel.angular.z = ang_vel
    self.vel_pub.publish(vel)

    #rate.sleep()
    rospy.loginfo(
            "Publish velocity command[{} m/s, {} rad/s]".format(
                vel.linear.x, vel.angular.z))
```

在 velctory 函数中，会进行两部分的速度控制，一个是巡线控制，另外一个是行人检测到之后的停止控制。第一部分跟之前红绿灯检测是类似的，如果 z≤5 就说明道路线很偏，或者 stop 标志位等于 1 时，就要停车，else 是正常巡线的过程。所以，不管是发现行人还是发现红灯亮，置位的都是 stop 标志位，以上就是行人检测与机器人巡线集成的实现过程。

13.4 自动驾驶综合应用

通过红绿灯检测、行人检测与机器人运动的应用，大家是不是能找到一点功能集成的感觉，不过这些应用只是自动驾驶中单一应用的实践，能不能把这些功能都集成到一起，做成一个更为综合的自动驾驶项目呢？本节我们就一起实践自动驾驶的综合应用。

沙盘上有行人、红绿灯、转弯的路标、车库，还有一些在小白板上放置的字符，如图 13-11 所示。利用这些元素，我们来设计一个小型的自动驾驶场景。

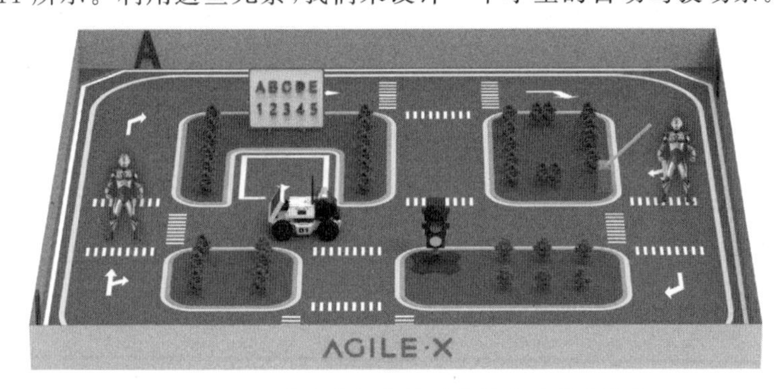

图 13-11 具有小白板字符元素的自动驾驶沙盘

在开始时，我们把机器人放在车库中，启动后机器人自动驶出车库，通过视觉识别车道线，开始自动驾驶，向目的地前进。前进过程中，会经过带有红绿灯的路口，既然是自动驾驶，当然要遵守交通规则，红灯停，绿灯行，严格按照红绿灯状态驾驶。经过路口时还会有行人经过，这时就要小心了，如果发现行人要保持好距离，该停车时就停车，等到行人离开后，再继续行驶。

如何判断到达目的地，我们可以利用白板上的字符，默认让机器人一直运行，如果在白板上贴上 stop 标志，并且放到任意一个位置，当机器人看到这个字符时，就知道快到目的地了。当然也不能随便停车，我们让机器人在最近的一个路口靠边停车。以上就是自动驾驶的小型场景设计。

13.4.1 算法介绍

针对这个综合场景应用，我们要用上之前所学的全部知识点，这也是一次综合项目实践。自动驾驶综合场景应用知识点如图 13-12 所示。

在底层的开发环境上，我们使用的是 ROS，ROS 运行在 Ubuntu 这个 Linux 系统中，主要使用 Python 编程实现各种功能，利用话题和服务完成功能间的数据传输，还会利用很多 ROS 中的组件，比如 rqt 做图像显示，Rviz 做机器人的位置显示等。

机器人移动和运动控制紧密相关，在这个场景中，包含了如下几种运动模式，

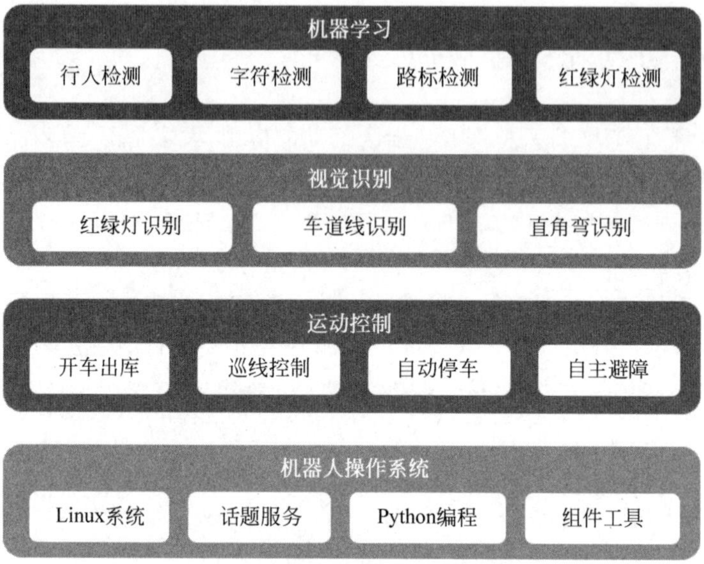

机器学习
行人检测 字符检测 路标检测 红绿灯检测

视觉识别
红绿灯识别 车道线识别 直角弯识别

运动控制
开车出库 巡线控制 自动停车 自主避障

机器人操作系统
Linux系统 话题服务 Python编程 组件工具

图 13-12　自动驾驶综合场景应用中涉及的知识点

比如开车驶出车库，沿着道路线行驶，遇到红灯停车，遇到行人自动保持距离避障等。

为了实现准确的运动，机器人也要对外界进行感知，主要通过视觉识别，比如红绿灯识别、车道线识别、直角弯识别。

为了达到更好的视觉感知效果，我们还在机器学习的平台上搭建了一套包含行人检测、字符检测、路标检测、红绿灯检测的目标检测系统。

通过以上这些功能的联动，才能够实现刚才设计的自动驾驶场景。大家可以先在脑海里勾勒一下这些功能之间的联系，也就是具体实现的技术流程。

我们把设计的自动驾驶场景量化成流程图，如图 13-13 所示，梳理出下一步编写代码的逻辑。

机器人的初始状态在车库中，启动后先要驶出车库，这个功能借助机器人运动控制就可以完成。接下来机器人进入沙盘道路上，默认巡线行驶。

在行驶过程中，有可能出现三种情况：出现行人、出现红灯、出现 stop 标志。这三种情况会不断循环判断。巡线行驶过程中不断判断是否有行人出现，如果发现有行人，就进入停车等待状态，机器人停止运动，此时会继续循环判断行人是否离开，当行人消失后，机器人继续巡线行驶。

红绿灯的识别也是同理，如果出现红绿灯，进一步判断红绿灯状态，当出现红灯时，就停车等待，否则巡线行驶。

假设视野范围内发现 stop 标志，就表示要结束运行了，机器人进入准备停车的状态，行驶到最近一个右转标志前停车。这个过程需要借助之前训练好的模型识别 stop 标志和右转标志。停车动作完成后，自动驾驶过程结束。

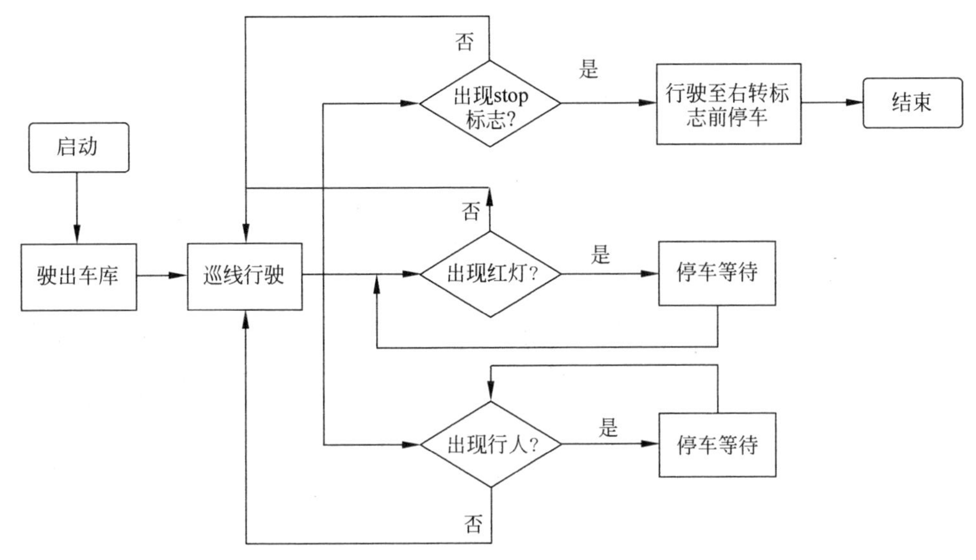

图 13-13 自动驾驶综合场景功能流程图

以上流程涉及的技术点之前都已经学习过，接下来利用 ROS 将它们集成到一起，实现自动驾驶的综合应用。

13.4.2 功能运行

接下来看看实现的效果如何。我们将机器人放置在自动驾驶沙盘的停车位中，沙盘上随机放置一些行人模型，红绿灯也摆放在外围的道路上，先不用放置带有 stop 的白板。

机器人启动成功后，远程登录机器人的控制系统，打开一个终端，输入第一个指令，开启机器人各项功能的核心运动节点。

```
$ roslaunch limo_deeplearning yolo_run.launch
```

此时移动机器人开始慢慢驶出车库，应用启动。打开一个新的终端，添加 cv_bridge 环境变量，并且切换到 yolo 对应的文件夹下，使用 python3 指令，启动目标检测节点，此时开始运行之前训练好的模型，检测各种目标了。

```
$ source ~/cv_bridge_ws/install/setup.bash --extend
$ cd agilex_ws/src/limo_ros/limo_deeplearning/yolov5_autopilot
$ python3 detects.py
```

可以继续打开 rqt_image_view 工具，订阅实时处理得到的图像，可以看到各种目标都被稳定地识别到了。

如果检测到红绿灯，就会进一步判断红灯的状态。如果红灯亮，机器人也会自动停止在斑马线前，等到绿灯亮起，继续通行。

如果检测到行人，机器人就会在行人前停止，同时控制好和行人之间的距离，一直等到行人消失，才会继续运行。

如果我们想让机器人停下来，就把带有 stop 的白板放置在沙盘上，机器人经过时就会准备停车。自动驾驶综合应用的实现效果如图 13-14 所示。

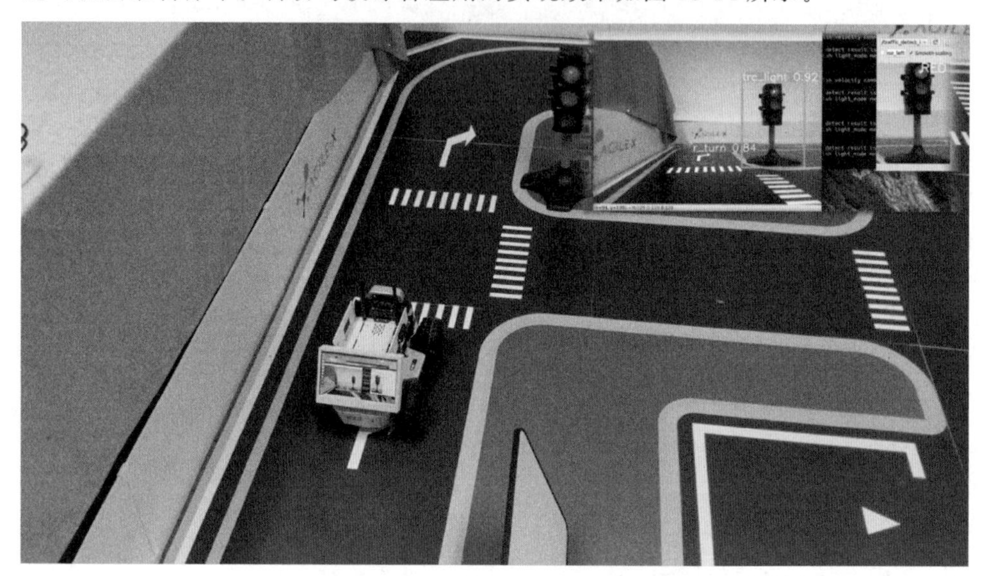

图 13-14 自动驾驶综合应用的实现效果

13.4.3 代码解析

代码的实现过程如下，打开 limo_deeplearning/scripts/yolo_run.launch 文件。

```
<launch>
    <include file="$(find limo_bringup)/launch/limo_start.launch" />

    <node name="yolo_traffic_light" pkg="limo_deeplearning" type="yolo_tra.py"
output="screen" />
    <node name="yolo_detect_lane" pkg="limo_deeplearning" type="yolo_lane.py"
output="screen" />
    <node name="yolo_follow_lane" pkg="limo_deeplearning" type="yolo_run.py"
output="screen" />

</launch>
```

启动文件中除启动机器人底盘之外，还启动了三个节点，它们的功能分别是红绿灯检测、道路线检测、巡线运动，这三个节点文件在 yolov5_autopilot 下的 scripts 文件夹里。

第一个节点程序——红绿灯检测，实现代码为 yolo_tra.py。在红绿灯检测与巡线控制的应用当中已经做过讲解，主要目的是订阅相机图像以及 yolov5 所识别到的对象结果，完成红绿灯状态的识别。

第二个节点程序——道路线检测，实现代码是 yolo_lane.py。它的主要目的是判断道路线在图像里面的位置。

第三个节点程序——yolo_run.py，这个程序相比之前小车控制的代码要长些，因为要判断的情况更多，包括右转的标志位、stop 标志以及行人和红绿灯，都会在这个程序中综合判断。

```
if __name__ == '__main__':
    try:
        # 初始化 ROS 节点
        rospy.init_node("yolo_follow_lane", anonymous = True)
        rospy.loginfo("Starting yolo follow lane")
        vel_pub = rospy.Publisher('/cmd_vel', Twist, queue_size = 5)
        rate = rospy.Rate(50)
        global stop,stop_label,stop_man,start,over,over_label
        start = 1
        stop = stop_label = stop_man = over = over_label = 0

        follow_lane()
        rospy.spin()
    except KeyboardInterrupt:
        print "Shutting down yolo_follow_object node."
        cv2.destroyAllWindows()
```

在 main 函数里面先初始化节点，然后创建了一个发布者，发布者发布对小车控制的速度指令，因为后续有很多种情况要判断，所以也定义了很多标志位。

```
class follow_lane:
    def __init__(self):

        self.traffic_sub = rospy.Subscriber("traffic_light_mode", traffic, self.
trafficcc)
        self.identify_sub = rospy.Subscriber('/identify_info', identify, self.
confirm)
        #订阅位姿信息
        self.Pose_sub = rospy.Subscriber("lane_detect_pose", Pose, self.
velctory)
        #发布速度指令
        self.vel_pub = rospy.Publisher('cmd_vel', Twist, queue_size = 2)
```

在 follow_lane 类的初始化函数中，创建了一个订阅者，订阅者订阅红绿灯识别的结果；还创建了一个订阅者，订阅者订阅 yolov5 的识别结果，发现当前有哪些对象出现在图像里面；因为还要做巡线运动，所以通过 pose_sub 创建了一个订阅者，订阅者订阅道路线识别结果；最后创建了一个速度发布者，通过发布者发布对小车的控制话题。

```
def confirm(self,identifies):
    clases = identifies.classes
    areas = identifies.area
    positions = list(identifies.position)
    accs = identifies.acc

    global stop,stop_label,stop_man,over,over_label
    if clases == 1 :
        low_point = positions[3]
        if low_point >= 350 and stop_label == 1:   # Determine the distance of
traffic light and result
            stop = 1
            stop_man = 0
        elif low_point >= 350 and stop_label == 2:
            stop = 0
            stop_man = 0
        print('low_point: %d' % low_point)
    elif clases <= 4 and clases >= 2:
        low_point = positions[3]
        if low_point >= 410:
            stop = 1
            stop_man = 0
            rospy.loginfo("%s in front, Stop!",identifies.results)
        print('low_point:',low_point)
        #print('stop: %d' % stop)
    elif clases == 14:
        if accs >=  0.88:
            over_label += 1
    elif clases == 0:
        if over_label >= 1 and accs >= 0.9:
            over = 1
        else:
            stop_man += 1
            if stop_man >= 8:
                stop = 0
    elif clases > 4 and clases < 14 or clases > 14:
        stop_man += 1
        if stop_man >= 8:
            stop = 0
```

在 confirm 回调函数中，如果 clases=1，表示能识别到红绿灯，如果 low_point 的距离合适，stop 标志位设为 1，小车要停止运动。

如果 clases≤4 且 clases≥2，就是 2、3、4 三种行人模型，表示识别到行人，此时会判断行人和小车的距离。如果距离合适，将 stop 标志位设为 1，小车停止运动。

如果 clases=14，表示识别到了 stop 字符，over_label 标志位加 1，多次检测到之后，小车同样要准备停车了。

如果 clases=0，表示检测到了右转标志，主要用于最终的停车控制。如果之前已经识别到 stop 标志，小车就会停到最近的一个右转标志靠边的位置，此时 over 标志位置位，整个自动驾驶应用结束，小车彻底停下来。

```
def trafficcc(self,traffic_mode):
    #print(light.type)
    light1 = traffic_mode.name
    light2 = traffic_mode.number
    #print(light1)
    global stop,stop_label,stop_label_man

    if light1 == 'RED':
        stop_label = 1
        print('RED')
    elif light1 == 'GREEN':
        stop_label = 2
    elif light1 == 'YELLOW':
        stop_label = 3
    elif light2 == 2:
        stop_label = 1
        print('two lights')
```

在回调函数 trafficcc 中，如果红灯亮，stop_label=1；如果绿灯亮，stop_label=2；如果黄灯亮，stop_label=3。如果是红灯和黄灯同时亮，stop_label=1，和红灯亮相同，便于后续的机器人速度控制。

```
def velctory(self,Pose):
    x = Pose.position.x
    y = Pose.position.y
    z = Pose.position.z
    y_count = Pose.orientation.y
    global stop,over,start

    print("stop:%d" % stop)
    #rate = rospy.Rate(50)
    vel = Twist()
    count = 0
    max_ang_vel = 0.8
    min_ang_vel = -0.8
    if start == 1:
        while(start):
            #vel = Twist()
            lin_vel = 0.32
            ang_vel = -0.91
            vel.linear.x  = lin_vel
            vel.angular.z = ang_vel
            #time.sleep(2)
            rate.sleep()
            rospy.loginfo(
```

```
                        "Publish velocity command[{} m/s, {} rad/s]".format(
                            vel.linear.x, vel.angular.z))
            vel_pub.publish(vel)
            time.sleep(0.1)
            start = start + 1
            print(start)
            if start > 30:
                start = -1
                rospy.loginfo("Start YOLO")
    #  follow straight line
    elif z <= 5 or stop == 1 or over == 1:
    #if z <= 5 :
        lin_vel = 0
        ang_vel = 0
        time.sleep(1)
        vel.linear.x  = lin_vel
        vel.angular.z = ang_vel

        self.vel_pub.publish(vel)

        #rate.sleep()
        rospy.loginfo(
                "Publish velocity command[{} m/s, {} rad/s]".format(
                    vel.linear.x, vel.angular.z))
    else  :
        # mid 140 - 160
        if x < 140 and x > 160 :   #185,205
            lin_vel = 0.19
            ang_vel = 0
        #elif x < 155 and x > 165:
            #lin_vel = 0.15
            #ang_vel = 0
        elif x > 500 or x < 50:
            lin_vel = 0
            ang_vel = (1 - x/150)   #210
        else:
            lin_vel = 0.19
            ang_vel = (1 - x/150) * 0.25   #200
        # clositest > 400
        if x == 195 and y >= 360:

            lin_vel = 0.19
            ang_vel = -0.45

    if ang_vel >= max_ang_vel:
        ang_vel = max_ang_vel
    if ang_vel <= min_ang_vel:
        ang_vel = min_ang_vel
```

```
        vel.linear.x   = lin_vel
        vel.angular.z = ang_vel
        self.vel_pub.publish(vel)

        #rate.sleep()
        rospy.loginfo(
                "Publish velocity command[{} m/s, {} rad/s]".format(
                    vel.linear.x, vel.angular.z))
```

在速度控制的 velctory 函数中，要一边控制巡线，一边处理各种不同的情况。

第一个过程是行驶出库，跟之前倒车入库的思路一致，通过给定的线速度和角速度，让小车按照指定速度行驶出来，这个速度是人为计算好的。

当小车驶出车库之后就要开始巡线运动，当小车在道路中间的位置时就会继续直行，如果发现道路线稍微有点偏，就要做一些转向的调整。当 $z \leqslant 5$ 时，说明道路线已经非常少的出现在图像里，小车已经很偏，必须要停车；当 stop=1，或是出现了行人或是出现了红灯，此时也要让小车停下来；当 over=1，就说明发现了 stop 标志，此时准备停车。除此之外，小车正常巡线运行。

13.5 本章小结

基于之前学习的所有内容，构建了更为综合的自动驾驶应用，比如将红绿灯识别与机器人控制结合到一起，实现红灯停、绿灯行的效果。把行人检测与机器人控制结合到一起，发现行人就及时停车，将所有知识点串联到一起，实现了一个全自主的自动驾驶综合应用，大家还可以在这些应用的基础上，实现更多创意设计。